铝业固废制备碱激发胶凝材料及其性能

叶家元 著

中国建设科技出版社有限责任公司
China Construction Science and Technology Press Co., Ltd.
北 京

图书在版编目（CIP）数据

铝业固废制备碱激发胶凝材料及其性能/叶家元著．北京：中国建设科技出版社有限责任公司，2025.3.
ISBN 978-7-5160-4328-8

Ⅰ．TB321

中国国家版本馆 CIP 数据核字第 2024VB4363 号

铝业固废制备碱激发胶凝材料及其性能
LÜYE GUFEI ZHIBEI JIANJIFA JIAONING CAILIAO JIQI XINGNENG
叶家元　著

出版发行：中国建设科技出版社有限责任公司
地　　址：北京市西城区白纸坊东街 2 号院 6 号楼
邮　　编：100054
经　　销：全国各地新华书店
印　　刷：北京联兴盛业印刷股份有限公司
开　　本：787mm×1092mm　1/16
印　　张：12.25
字　　数：260 千字
版　　次：2025 年 3 月第 1 版
印　　次：2025 年 3 月第 1 次
定　　价：68.00 元

本社网址：www.jskjcbs.com，微信公众号：zgjskjcbs
请选用正版图书，采购、销售盗版图书属违法行为

本书如有印装质量问题，由我社事业发展中心负责调换，联系电话：（010）63567692

前　言

当前我国经济已由高速增长阶段进入高质量发展阶段。优化产业结构、推动节能减排、促进绿色发展已成为我国工业深化供给侧结构性改革、实现高质量发展的一项重要内容。水泥是国民经济发展的基础性原材料，也是主要的能源资源消耗和二氧化碳排放行业之一。通常情况下，水泥工业的 CO_2 排放占工业 CO_2 排放总量的8%[1]。我国作为水泥生产及消费第一大国，水泥工业排放的 CO_2 所占比重更是达到了工业排放总量的13%左右[2]。随着人们对全球气候变暖及温室气体减排的日益关注，研究低碳技术和低碳产品成为水泥工业发展的迫切需求。

碱激发胶凝材料因制备过程能耗低、排放低，且能提供与硅酸盐水泥基胶凝材料相似的性能，被视为一种低碳胶凝材料[3-5]。因此，研究和发展这种胶凝材料成为当前水泥混凝土科学技术领域的热点。

尽管碱激发胶凝材料只有短暂的60多年发展历史，但其制备技术、性能优化、反应机制、应用技术、标准及规范等多方面均取得了突破性进展。尤其是在制备技术方面，它从最初的碱-矿渣胶凝材料逐渐发展到碱激发粉煤灰等多种体系，研究者们针对这些体系的性能特点采取了相适应的优化技术，使之具有快硬早强或高强、隔热耐火、耐酸耐盐卤等多种优异性能。一个不可忽视的事实是，国际上多数国家都将矿渣及粉煤灰等定义为固体废弃物，因此该胶凝材料的低碳、绿色不仅体现在制备过程中，而且还体现在其制备原料方面。正因如此，目前国外关于该材料性能的描述多数是基于矿渣、粉煤灰等废弃物制备的碱激发胶凝材料。与国外不同，我国废渣名录已删除矿渣及粉煤灰，在我国经济发达地区，它们已成为供不应求的资源。因此，若再以矿渣、粉煤灰等资源为主要原料制备该胶凝材料并研究其性能，不仅是国外工作的简单重复，更是脱离我国的实际情况。基于上述原因，本书选择我国特有的废弃物——铝土矿选尾矿、硅钙渣等固体废弃物作为主要原料，制备碱激发胶凝材料并研究它在不同条件下的组成及结构演化、性能变化，丰富和发展了该类胶凝材料的制备原材料，具有重要的现实意义。

需要特别指出的是，尽管碱激发胶凝材料因显著的低碳特色而广受关注，但其应用并没有出现遍地开花的局面，更没有进入目前很多国内外学者极力推崇的“替代硅酸盐水泥”阶段。究其原因，除其自身还存在着收缩大、脆性大、易泛碱等问题需要解决外，更为主要的原因是缺乏长龄期性能数据作为证明。因此，本书公开的6年龄期试样的强度及组成、微观结构等结果，可为该类材料的应用提供基础数据。

著　者

2024年7月

目录

1 绪　　论

1.1 碱激发胶凝材料的定义

碱激发胶凝材料是一种在制备工艺、反应机理等多方面有别于传统胶凝材料（如硅酸盐水泥）的水硬性胶凝材料。因此，要认识这种材料就必须首先给它一个准确的定义。

目前，对这种材料被较为接受的定义有三种：①富含硅铝矿物的粉末与液体碱激发剂混合，能够凝结硬化为固体材料，称之为地质聚合物（geopolymer）[6]；②低钙或无钙的硅铝酸盐（黏土质）和碱金属的溶液混合均匀后能够硬化的胶凝材料，称为土壤水泥[7]；③经历碱溶解及硅铝聚合凝结过程的胶凝材料，可分为碱激发胶凝材料（alkali-activated materials ）与地质聚合物（geopolymer）[8]。虽然上述定义的描述性语言不同，但都提及碱的重要作用，因此碱激发反应成为无论是高钙还是低钙体系的共同过程。基于此，从广义上讲，所有因与碱溶液拌和而能够凝结硬化的水硬性胶凝材料都可以被称为碱激发胶凝材料。

从中文上讲，以碱激发胶凝材料作为这类材料的统称很合乎习惯，也很容易让受众理解。但是，中文“碱激发胶凝材料”对应的英文为“alkali-activated cementitious materials”，而该英文名称在英文文献中通常对应的是碱激发矿渣等高钙体系。英文文献的作者（尤其是外国作者）根据原料含钙高低不同，将我们习惯的“碱激发胶凝材料”分为“alkali-activated cementitious materials”和“Geopolymer”两个体系。“alkali-activated cementitious materials”通常指高钙体系，如碱激发矿渣，其水化产物为低钙的C-S-H或C-A-S-H凝胶；“Geopolymer”通常指低钙体系，如碱激发粉煤灰或偏高岭土，其水化产物为贫钙的N（C）-A-S-H凝胶。尽管针对高钙及低钙体系有明确的称谓，但两者区分的界限不明显，况且还可能存在低钙的C-S-H或C-A-S-H凝胶与贫钙的N（C）-A-S-H凝胶共存的情况。另外，无论是高钙还是低钙体系，都必须满足四个基本要素：①以硅、铝、钙质废弃物或矿物为粉体原料；②以碱金属或（和）碱土金属盐为激发剂；③经历溶解、再聚合过程而凝结硬化；④具有水硬性，并拥有与硅酸盐水泥等传统胶凝材料相似的性能。因此，本书着眼于同为碱激发反应过程的本质特征，以“碱激发胶凝材料”这一名称指代这一类材料。

1.2 碱激发胶凝材料的发展历史

碱激发的思想最早可追溯至20世纪30年代德国学者Kühl进行的开创性工作：他利用氢氧化钾溶液研究矿渣的胶凝活性[9]。至1940年，比利时化学家Purdon首次以矿渣为原料、以氢氧化钠或碱金属盐为激发剂制备并获得了无熟料水泥[10]。自此，碱激发胶凝材料的研究便拉开了序幕。

1.2.1 碱激发胶凝材料在我国的发展

我国开展碱激发胶凝材料研究的历史稍晚于上述两人的开创性工作。

中华人民共和国成立后，百废待兴，基础建设热火朝天，相应地对水泥的需求量很大，但那时我国水泥产量仅有55万t[11]，远远满足不了需求。在当时这种特殊背景下，中国建筑材料科学研究总院于1958年就开展过无熟料、少熟料水泥（石灰烧黏土水泥）的研究。虽然所使用的激发剂主要为石灰，但从反应本质、胶凝材料特质角度出发，这类水泥都可归入碱激发胶凝材料范畴。在随后的数十年，我国对这种碱激发胶凝材料的研究一度停滞不前。直到20世纪70年代，我国冶金工业有了长足进步，冶金废渣排放量明显增加，为利用冶金废渣制备碱激发胶凝材料的研究创造了有利局面。

1971年，济南钢铁厂等单位利用高炉水淬钢渣及富含石膏的氢氟酸渣为原料，制备出强度高、安定性合格的无熟料钢渣水泥[12]。在这种水泥中，氢氟酸渣带入的石膏起激发剂的作用。

1973年，株洲市石料厂以煅烧煤矸石为原料，以石灰等为激发剂，制备出煤矸石无熟料水泥，并以该水泥作为胶凝材料制备了钢筋混凝土板等制品[13]。

1974年，颜松波等人以石灰、石膏激发粉煤灰，制备得到无熟料粉煤灰水泥，并详细研究了这种水泥的力学性能及烧碱等外加剂对强度的影响[14]。

从上述历史事件判断，20世纪70年代是我国碱激发胶凝材料研究的活跃时期，但这种材料的称谓多以“无熟料”冠名，且激发剂主要为石灰及石膏等碱土金属氧化物或化合物。

进入20世纪80年代，以碱金属的化合物作为激发剂制备的碱激发胶凝材料首次见诸报道。1985年，戴丽莱等人采用矿渣并复掺粉煤灰，以氢氧化钠及水玻璃作为激发剂，制备得到碱-矿渣-粉煤灰水泥[15]。该研究工作首次以“碱××”来命名这种胶凝材料。自此以后，这种胶凝材料在我国多以“碱激发××”及Geopolymer的译名“土聚水泥”或“地聚物”“地质聚合物”来命名。

进入20世纪90年代，碱激发胶凝材料的研究进入繁荣期，有大量关于其制备技术及性能表征的文献见诸报道。这些文献几乎囊括当时所有的硅铝或硅钙质废弃物，包括赤泥、炉渣、窑灰等。在这一时期，相关研究还显示了一个新的特点，即从胶凝材料研究延伸至混凝土的研究。

进入 21 世纪，碱激发胶凝材料的研究持续火热。其中，有两个标志性事件说明我国在该领域的研究进入了一个新的阶段：①2007 年，中国硅酸盐学会水泥分会化学激发胶凝材料专业委员会成立，自此相关研究者有了相互交流的平台；②2012 年，《用于耐腐蚀水泥制品的碱矿渣粉煤灰混凝土》（GB/T 29423—2012）颁布，标志着我国诞生了第一部有关碱激发胶凝材料的标准。

1.2.2 碱激发胶凝材料在国外的发展

自 1940 年 Purdon 的开创性工作后，他继续致力于这种胶凝材料（称为 L Purdo-cement）的推广和应用。在 20 世纪 50 年代，他在比利时建设了若干示范工程。实践表明，经历长达 60 年的服役时间，这些构筑物仍然可以正常使用[16]。

也是在 20 世纪 50 年代，由于苏联各加盟国的水泥供应量不足，乌克兰科学家 Glukhovsky 以低钙废渣制备得到了一种有别于碱激发矿渣的胶凝材料，他将其命名为土壤水泥（soil cement）。自此，该胶凝材料的应用在苏联地区蓬勃发展[17]：①乌克兰在 1960 年以碱激发胶凝材料为原料，生产了砌块及路面板、盖板等制品。在里波斯基有一座 2 层和一座 15 层的公寓楼就完全是用这种砌块建造的。②乌克兰还以碱激发胶凝材料为建筑材料，在 20 世纪 70 年代修建了仓库、水渠、饲料池等构筑物。这些构筑物经历了 30 多年的服役，其外观未见破坏，配筋也未见锈蚀。③俄罗斯于 20 世纪 80 年代，以碱激发胶凝材料为原料，生产了预应力混凝土枕轨，铺设了 5km、6km 的重载路面。在 2000 年取样检测时发现，枕轨状态良好、路面无破损。④俄罗斯还以该材料配制混凝土作为结构材料，在利佩茨克市建造了三座分别为 24 层、20 层、16 层的高楼。在 2000 年取样检测时，并没有发现现浇混凝土有开裂等劣化现象。碱激发胶凝材料的应用在苏联取得巨大成功时，乌克兰等国也制定了相应的标准及规范。这些标准及规范累计共有 60 多部，涵盖矿渣、钢渣、激发剂等生产原料标准［如 TU 14-113 UzSSR 11-91（1991）］、碱激发胶凝材料及混凝土等产品标准［如 TU 67 UkrSSR 181-74（1974）］、管道等构件的技术规范［如 TU 33 UzSSR 03-82（1982）］、碱激发水泥与混凝土的生产与使用建议［如 RSN 25-84（19984）］等[7]。进入 21 世纪，乌克兰对已有标准进行整合、修订，形成了新的标准体系——《碱激发水泥》（DSTU B. V. 2. 7-181：2009）[18]，这是全球首部关于碱激发胶凝材料的完备标准体系，其为该胶凝材料的推广和应用提供了重要参考。

进入 20 世纪 70 年代，碱激发胶凝材料的发展进入另一个里程碑时代。法国的陶瓷学家 Davidovite 在研究有机聚合物的阻燃性问题时，开发了偏高岭土基无机陶瓷，并将这一工作引申至低温制备无机聚合物，并以“Geopolymer”来命名这一聚合物。自此，碱激发胶凝材料有了统一称谓。至今，Geopolymer 专指那些低钙或无钙、产物主要为N（C）-A-S-H凝胶的碱激发胶凝材料体系。Davidovite除在制备技术方面做出突出贡献外，还是这种胶凝材料商业化应用的主要推动者。他不仅申请了“早强矿物聚合物”等美国专利，还注册了诸如Pyrament、Geopolycem、Geopolymite等数个商标。他根据该材料的性能，汇总了诸如隔热耐火材料等13种潜在用途，并列举了自其诞生以来30年内的应用案例[19]。

尽管Glukhovsky进行相关工作的时间更早，且取得了理论、应用等一系列成果，但由于Davidovite的成果多以英文发表，其影响力较Glukhovsky更为显著。因此，自从Davidovite的成果公开后，碱激发胶凝材料的研究自20世纪80年代起进入繁荣时期。

后继者除专注于利用各种硅铝质原料制备碱激发胶凝材料外，往往更加关注这种材料的推广和应用。其中，澳大利亚墨尔本大学的van Deventer及其团队是这方面的典型代表。其将碱激发胶凝材料应用于房屋顶板、外墙板及人行道板等预制构件的制备，并应用于桥梁维护等领域[3]。

在碱激发胶凝材料的推广应用过程中，出现了多个商标。如美国推出的Greenstone、芬兰的F-Concrete、法国的PZ-Geopoly、澳大利亚的E-Crete、中国的凝石等。

1.3 碱激发胶凝材料的理论基础

时至今日，经过几十年快速发展，碱激发胶凝材料在原材料选用、材料制备工艺、产物组成、反应机制、性能优化等方面的研究均取得长足进步。

1.3.1 原材料选取

矿渣、粉煤灰、偏高岭土是碱激发胶凝材料使用最为广泛的原材料。以其为原料制备碱激发胶凝材料的相关技术已为人所熟知。除此之外，随着全世界科技工业者对该类材料关注程度的逐渐提高，其制备原料的来源范围也逐渐扩大。钢渣[20-22]、磷渣[23-24]、炉渣[25-27]、镍/铁渣[22,28-31]、赤泥[15,32]、锂渣[33-35]、垃圾焚烧灰[36-38]、甘蔗渣灰[39-40]、稻壳灰[41-42]、废玻璃[43-45]等具有潜在胶凝活性的多种固废已被成功应用于碱激发胶凝材料的制备。除此之外，利用陶瓷废料[41,46]、废弃红砖[41,47-48]、砒砂岩[49-51]等低活性原料制备碱激发胶凝材料也被证实具有一定的可行性。沸石、硅藻土、天然火山灰等天然矿物材料也可在一定条件下制备出足够强度的碱激发胶凝材料[52-54]。甚至相关研究表明，凡是在强碱作用下能消解形成稳定水化物的硅铝酸盐原料，无论天然还是人工的，原则上都可作为碱激发胶凝材料的制备原料[55]。然而，由于不同工业固废的化学及矿物组成差异较大，用它们制备出的碱激发胶凝材料性能也具有较大的差异，因此以地域性固废为原料时，往往须结合其组成特点进行针对性研究。

需要说明的是，由于大多数国家将矿渣、粉煤灰被归类于工业固废范畴，因此国外学者进行的多数为基于矿渣、粉煤灰、偏高岭土制备碱激发胶凝材料的相关研究。偏高岭土往往须在850℃左右通过煅烧高岭土而获得，因此以其为原料制备碱激发胶凝材料时，低碳属性往往会大打折扣。矿渣和粉煤灰因其相对稳定的原料来源和较高的胶凝活性，在我国往往用于水泥混合材或混凝土掺和料。随着水泥工业节能减排技术的大力推广，矿渣、粉煤灰早已脱离固体废弃物范畴，逐渐成为我国水泥混凝土行业不可或缺的重要原材料资源。在部分发达地区，甚至由于供不应求而导致矿渣、粉煤灰价格持续升高。因此，在我国若继续单纯以矿渣、粉煤灰为原料进行碱激发胶凝材料的制备及相关性能研究，其低碳及成本优势将不复存在。因此，结合我国实际国情，只有开拓新的固废作为碱激发胶凝材料的制备原料，才能使该材料继续保持显著的低碳效应和成本优势，才能使其具备大规模推广和应用的可能性。

1.3.2 产物组成

原材料组成对于碱激发胶凝材料的产物组成有着决定性的影响。通常情况下，根据原材料中钙含量的不同，碱激发胶凝材料可分为低钙和高钙两种体系。这两种体系的主要产物组成存在明显差别[18,56]。

对于矿渣、高钙粉煤灰等钙含量较高原料（主要成分为CaO、SiO_2和Al_2O_3）制备的高钙碱激发胶凝材料体系，其主要反应产物为呈链状结构的C-S-H凝胶［图1-1(a)］[57-58]。由于桥硅氧四面体中的Si容易被Al取代，因此该凝胶往往以C-(A)-S-H凝胶形式存在。

对于粉煤灰、偏高岭土等钙含量较低原料（主要成分为SiO_2和Al_2O_3）制备的低钙碱激发胶凝材料体系，其反应产物主要为呈三维网络状结构的N-A-S-H凝胶［图1-1(b)］[57-58]。在这种结构中，由于Al部分取代Si，Na^+往往作为电荷平衡离子而键合于结构中以保持结构电荷中性[59]。

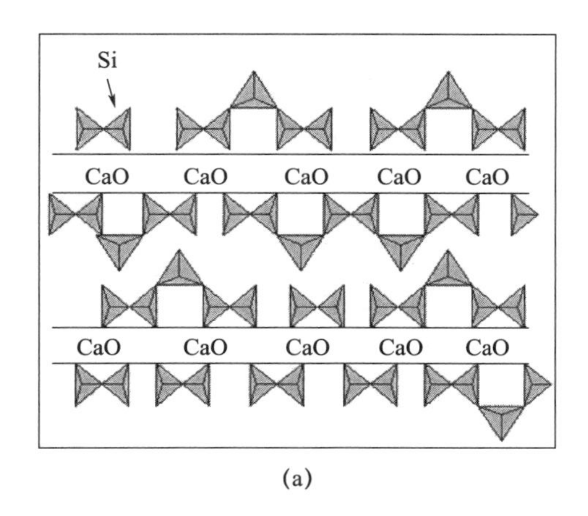

(a)

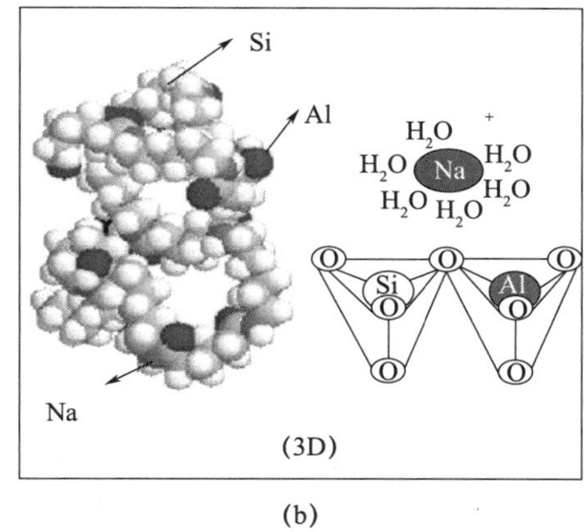

(b)

图1-1 C-S-H凝胶和N-A-S-H凝胶的结构[57-58]

单一凝胶的碱激发胶凝材料具有明显的性能特点，如碱激发矿渣胶凝材料具有快硬早强特点，碱激发粉煤灰胶凝材料表现出优异的耐高温性能。为了使碱激发胶凝材料具有更优异的综合性能，往往向硅铝体系中引入高钙组分以构成高钙-低钙复合体系。已有研究表明，在一定条件下 C-(A)-S-H 与 N-A-S-H 在同一体系中可同时共存[57,59-61]，尽管体系中凝胶生成过程、结构特征及稳定性等随体系组成的不同而显著不同[62-63]。众所周知，产物组成、微观结构、稳定性等特性是胶凝材料体系具备强度等宏观性能并能长期保持稳定的决定性因素，而在复合碱激发胶凝材料体系中，这两种凝胶在生成动力学上可能存在竞争关系，且在生成环境、时空分布（生成时间及相分布等）等方面存在差异。因此，在长龄期条件下复合体系中产物组成的发展变化将对胶凝材料的性能发展起决定性的作用。

1.3.3 反应机制

关于碱激发胶凝材料的反应机制，不同学者根据自己的研究对象分别提出了不同的假设，但均以强碱作用条件下固相原料中原有化合键的断裂、硅铝组分的溶出、重组为基本前提。目前，关于碱激发胶凝材料的反应机制，认可度较高的为苏联学者 Glukhovsky 提出的模型。该模型将反应过程分为解构-重构、重构-凝聚以及凝聚-结晶三个阶段（图 1-2）[64]。虽然反应模型属于线型模式，但实际上各部分几乎同时进行。整个反应主要包括：①溶出，固态的硅铝酸盐相在强碱环境下溶解，并释放出类离子态硅铝单体；②物相平衡，硅铝酸盐相在溶解过程中逐渐形成由硅/铝酸盐组成的复杂体系；③凝胶化，硅铝酸盐相的持续溶解使液相中的硅铝酸盐单体处于饱和状态，体系开始出现凝胶化反应，生成低聚态凝胶并逐渐形成网络结构；④重构，低聚态凝胶之间相互交联，逐渐形成三维网络状基体结构；⑤硬化，体系进一步脱水聚合硬化。纵观这一模型中各个阶段硅铝酸盐相的变化历程，其经历了初始结构溶解形成单体，单体数量增多形成低聚物，低聚物再形成网络结构的过程。其实质上与 J. Davidovits 提出的“解聚-缩聚”理论有异曲同工之处[65]。

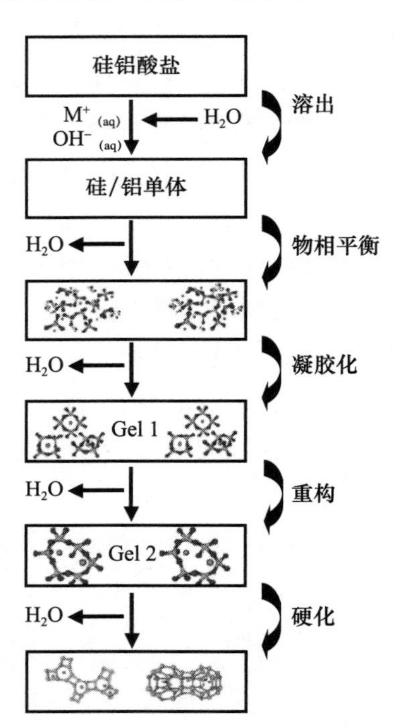

图 1-2　Glukhovsky 模型[64]

针对同为低钙原料的粉煤灰体系，西班牙学者 Fernández 等人提出了粉煤灰的碱激发机理模型（图 1-3）[66]。该模型可分为粉煤灰中硅铝相溶解、碱溶液扩散、硅铝凝胶的生成以及硅铝凝胶的沉积 4 个阶段，具体包括：碱从粉煤灰中玻璃体表面上的某点开始侵蚀［图 1-3（a)］，并逐渐扩展成为较大的孔洞［图 1-3（b)］。碱溶液通过孔洞扩散进入玻璃体内部，使粉煤灰颗粒开始遭受双面侵蚀，最终生成的硅铝凝胶产物沉积在玻璃体外部和内部，将未反应的玻璃体部分包裹起来，直至粉煤灰中玻璃体完全反应［图 1-3（c)］。

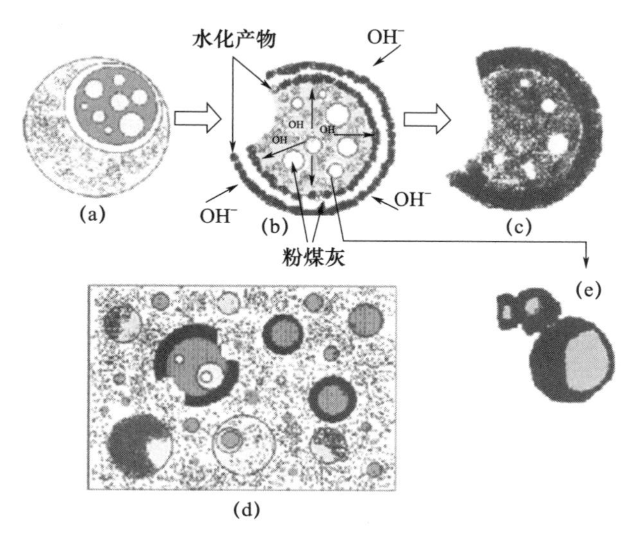

图 1-3 粉煤灰的碱激发机理模型[66]

当体系中含钙时，由于 Ca—O 键的键能要远小于 Si—O、Al—O 键的键能，因此在同等条件下 Ca—O 键往往会优先断裂，导致 Ca 组分溶出。针对含钙组分受碱激发时的溶出机制，Duxon 等人提出了单组分碱激发胶凝材料体系中含钙硅铝相在水化反应过程中的溶出机理（图 1-4)[67-68]。该机理包括离子交换、水解、解聚及硅铝单体的溶出，具体为：碱溶液中 H^+ 与固相中的 Ca^{2+}、Na^+ 发生离子交换反应；溶液中的 H_2O 和 OH^- 开始侵蚀玻璃体，使 Al—O—Si 键断裂；玻璃体解聚；硅铝相分离，并释放出类离子态硅铝单体。单组分碱激发胶凝材料是指碱激发剂以粉体的形式事先加入到矿渣等前驱体中，并混合均匀且复合粉体拌合时如同水泥一样只需添加水的胶凝材料。

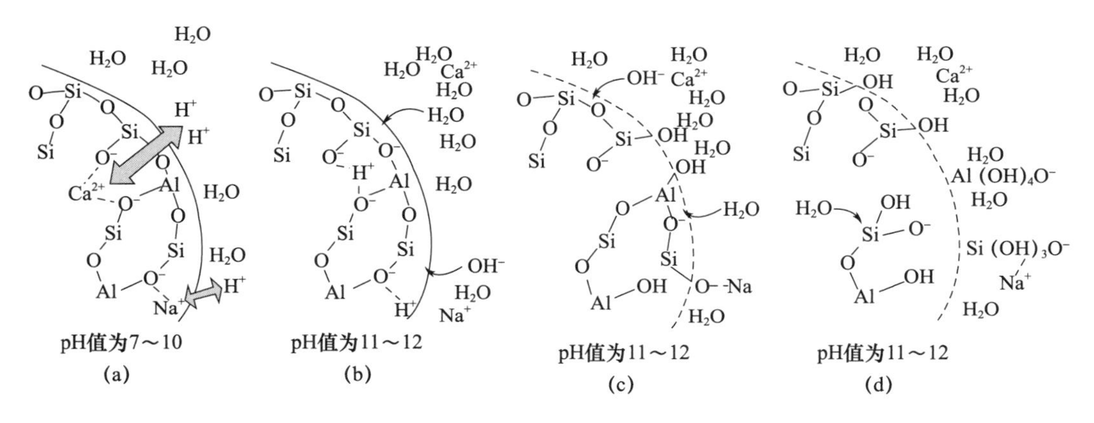

图 1-4 单组分碱激发胶凝材料体系中含钙组分的溶解机理[67-68]

对双组分碱激发胶凝材料体系中，尤其对以水玻璃为激发剂时，含钙组分在碱性环境中释放出 Ca^{2+} 后，由于溶液中已含有大量的硅酸根离子，因此这些 Ca^{2+} 可与溶液中的硅酸根离子结合，生成低 Ca/Si 比的 C-S-H 凝胶。这是水玻璃激发条件下高钙体系通常比低钙体系凝结硬化快、早期强度发展快的原因。

在上述机理模型中，各阶段反应并非线性进行。溶解作用是整个反应过程中最重要的一步，它贯穿于整个反应过程中，尤其在反应初始阶段对于整个反应过程的进行起着控制作用。随着反应的进行，扩散作用逐渐对整个反应的进行起控制作用。

1.4 碱激发胶凝材料的应用现状

历经近 80 年的发展，虽然碱激发胶凝材料已取得了上述诸多成果，并成功实现了商业化应用，但目前世界范围内该类材料并未实现大规模化的推广和应用。其主要原因在于：①碱激发胶凝材料自身仍存在部分性能缺陷。受高碱特性影响，与传统硅酸盐水泥相比，碱激发胶凝材料缺乏配套的外加剂体系，并存在干缩较大、在空气中易发生碳化、易发生“泛碱”等不足[3,19]。这是碱激发胶凝材料未得到大规模推广应用的根本原因。②生产过程中产品的质量控制难度较大。碱激发胶凝材料的原料来源较硅酸盐水泥广泛，这使得其质量控制面临巨大挑战[19]。③低碳及成本优势受到挑战。矿渣、粉煤灰是碱激发胶凝材料使用最为广泛的原材料。随着这些传统工业固废在水泥混凝土行业中的规模化应用，其已成为传统硅酸盐水泥生产和应用过程中不可或缺的原料资源，故以其为原料制备碱激发胶凝材料时显著的低碳及经济效应将不复存在[18]。此外，虽然碱激发胶凝材料主要以工业固废为原料，且制备过程中无须经历高温煅烧过程，但由于需要掺入一定量的碱以激发固废活性，这使得该类材料的成本与传统硅酸盐水泥相比并不具备明显优势。

对碱激发胶凝材料的应用方向，目前主要有两种主流观点：发挥胶凝性能替代传统硅酸盐水泥等胶凝材料，以及发挥性能优势、作为特种胶凝材料用于特种工程中。第一种观点主要着眼于该类材料低碳属性，通过替代传统水泥以达到降低水泥工业 CO_2 排放的目的；第二种观点则基于该类材料自身存在的部分性能缺陷，认为其应着眼于某种优势性能而被应用于特定领域[69]。

尽管存在上述分歧，但如何改善碱激发胶凝材料性能方面的不足，进一步降低其生产成本，毫无疑问是该类材料推广应用过程中不可避免的问题。因此，结合我国国情开发新的碱激发胶凝材料制备原料，并针对新的碱激发胶凝材料体系中进行机理、性能等针对性研究，实现该类材料性能、成本的进一步优化，这是未来一段时间内我国碱激发胶凝材料发展与应用的必然趋势。

2 碱激发胶凝材料的原材料

2.1 碱激发剂

（1）水玻璃用作激发剂，模数为 2.43，固含量为 45.77%（13.64% Na_2O、32.13% SiO_2）。为了获得模数适宜的水玻璃，采用添加氢氧化钠蒸煮的方法调整其模数。在调整其模数时，根据设定模数计算并称取相应量的氢氧化钠，均匀地加入水玻璃中并充分搅拌。掺有氢氧化钠的水玻璃置于电阻炉上，并用玻璃片覆盖容器口，缓慢加热至沸腾。移开沸腾的水玻璃，封闭置于室内环境，冷却至常温，并静置 24h 以上以使溶液达到平衡，备用。

（2）NaOH（分析纯）用于调整水玻璃模数及配制浸取活化尾矿中硅、铝的碱性溶液（0.5mol/L）。同样来源的 NaOH 也用作激发剂制备碱激发材料。$KAl(SO_4)_2$、Na_2CO_3、KOH、$CaSO_4$、Na_2SO_4等分析纯化学试剂也被用作激发剂制备碱激发材料。同样来源的 Na_2SO_4在硫酸盐侵蚀试验中还用于配制浸泡胶砂试块的硫酸钠溶液。$MgSO_4$（分析纯）用于配制浸泡胶砂试样的硫酸镁溶液。

（3）CaO、$CaCl_2 \cdot 6H_2O$、$Ca(NO_3)_2 \cdot 4H_2O$、$CaSO_4 \cdot 2H_2O$、$Ca(OH)_2$、$CaCO_3$等分析纯化学试剂用于增钙试验，探索在碱激发胶凝材料中掺入钙后其性能、产物、结构的变化。

2.2 铝业固废

2.2.1 铝土矿选尾矿

铝土矿选尾矿用作碱激发胶凝材料的主要粉体原材料，取自中国铝业股份有限公司山东分公司，其化学组成见表 2-1。

表 2-1 铝土矿选尾矿、烧结法赤泥的化学组成（%）

组分	SiO_2	Fe_2O_3	Al_2O_3	CaO	MgO	MnO	TiO_2	Na_2O_{eq}	SO_3	LOI	Σ
铝土矿选尾矿	32.2	8.7	37.4	3.2	0.9	—	2.3	0.9	—	13.7	99.3
赤泥	18.9	12.3	10.3	35.6	—	—	3.2	5.7	—	11.2	97.2

铝土矿选尾矿含有绢云母、高岭石、一水硬铝石等矿物，并含有石英、锐钛矿等其他矿物，如图 2-1 所示。采用 K 值法（α-Al_2O_3为内标物），计算得到各矿物的含量：绢云母，49.9％；高岭石，30.2％；一水硬铝石，15.0％；石英，3.3％；锐钛矿，1.6％。

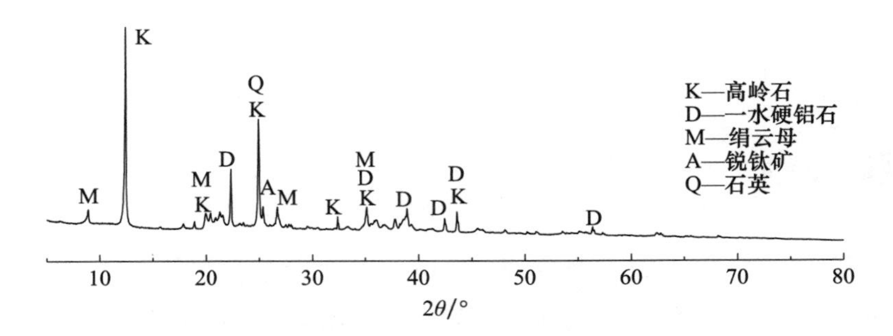

图 2-1　铝土矿选尾矿的 XRD 图谱及其矿物组成

由于该尾矿浆不易沉降、易吸水，不便于堆存，往往还向其中添加约 25％粉煤灰以便于压滤。

取上述两种尾矿分别薄摊于托盘，置于 105℃的烘箱中烘干，备用。

由图 2-1 可知，铝土矿选尾矿中含有高岭石，故需对其煅烧处理（活化）才可能具有反应活性。众所周知，高岭石的活化温度区间为 500～800℃。为此，将该尾矿在 800 ℃下煅烧 1 小时，结果表明它所含的高岭石脱水而无定形化为偏高岭土；一水硬铝石脱水转变为 α-三氧化二铝（刚玉），而其他物相保持不变。活性指数实验表明，经该活化制度处理尾矿的 28 天水泥胶砂强度比达到 95.7％（活化尾矿的掺量为 30％），因此在后续的实验中所有尾矿的活化制度均设定为 800 ℃下煅烧 1 小时。

2.2.2　赤泥

烧结法赤泥用作碱激发胶凝材料的添加组分，取自中国铝业股份有限公司山东分公司，其化学组成见表 2-1。

XRD 分析表明，该赤泥的主要结晶相为 β-硅酸二钙等，如图 2-2 所示。取这种赤泥薄摊于托盘，置于 105℃的烘箱中烘干，备用。

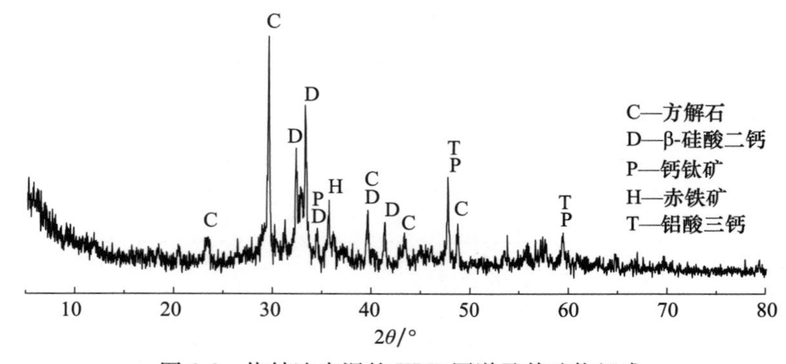

图 2-2　烧结法赤泥的 XRD 图谱及其矿物组成

2.2.3 硅钙渣

硅钙渣用作碱激发胶凝材料的主要粉体原材料，取自内蒙古大唐国际再生资源开发利用有限公司。来样原状硅钙渣为含水（约 35.4%）淡黄色块状固体［图 2-3（a）］，密度 2.83g/cm^3。将原状硅钙渣在 105℃条件下烘干后，经实验室球磨机（5kg）磨细［图 2-3（b）］，然后装桶密封保存备用。

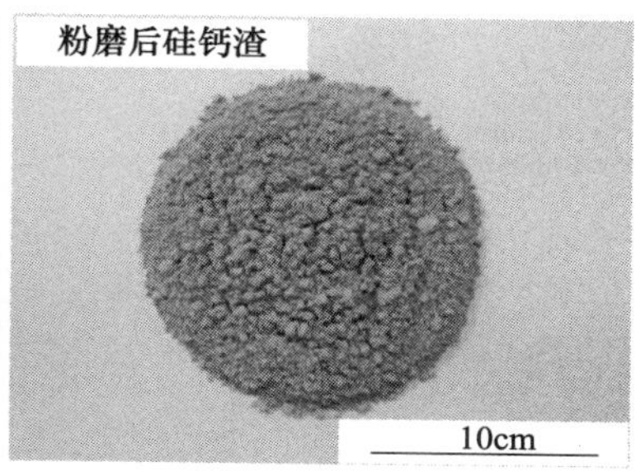

图 2-3 原状硅钙渣与预处理后的硅钙渣

硅钙渣的化学组成见表 2-2。由表可知，硅钙渣的主要化学组成为 CaO、SiO_2。此外，硅钙渣中的 Na_2O 含量较高，约为 3.30%。

表 2-2 硅钙渣的化学组成（%）

SiO_2	Fe_2O_3	Al_2O_3	CaO	MgO	K_2O	Na_2O	SO_3	LOI	Σ
25.29	2.55	7.44	48.25	2.39	0.34	3.30	0.55	8.80	98.91

硅钙渣的 XRD 图谱和粒度分布分别如图 2-4、图 2-5 所示。由图可知，硅钙渣的矿物组成为硅酸二钙（Dicalcium silicate，Ca_2SiO_4-C_2S）以及少量的方解石（Calcite，$CaCO_3$）和水化石榴石［Katoite，$Ca_3Al_2(SiO_4)_4(OH)_8$-C_3ASH_4］。硅钙渣的粒度分布较为分散，呈三峰分布。其 d（0.1）约为 1.03μm，但 d（0.9）约为 106.11μm。

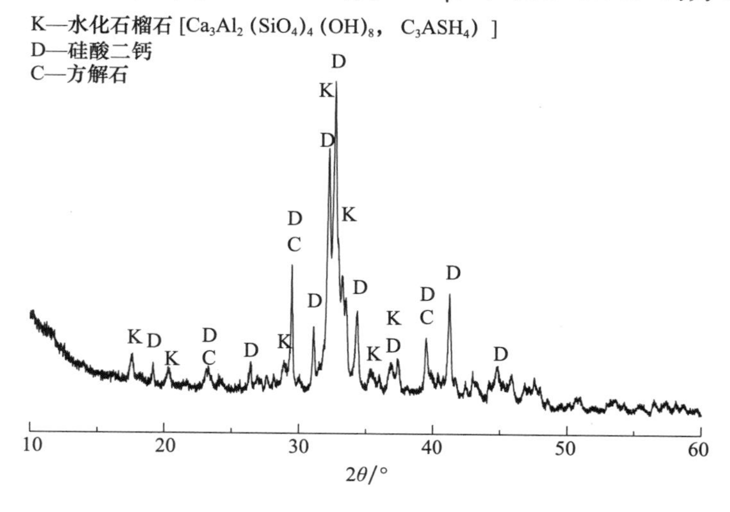

图 2-4 硅钙渣的 XRD 图谱及其矿物组成

为明确硅钙渣中各矿物相的含量情况，采用内掺 α-Al_2O_3结合 X 射线 Rietveld 全谱拟合法对硅钙渣进行半定量分析。将无定形 Al_2O_3（分析纯）置于 1200℃硅钼电炉中煅烧 180min，随炉冷却至 800℃后取出于空气中自然冷却，制备得到 α-Al_2O_3样品（图 2-6）。按照质量比 1∶1 称取 α-Al_2O_3与硅钙渣于玛瑙研钵中混合均匀，在扫描范围 10°～60°、步长 0.01°、速度 0.1s/步的条件下进行 XRD 图谱采集。对采集到的衍射数据进行 Rietveld 全谱拟合定量分析。结果如图 2-6 所示。

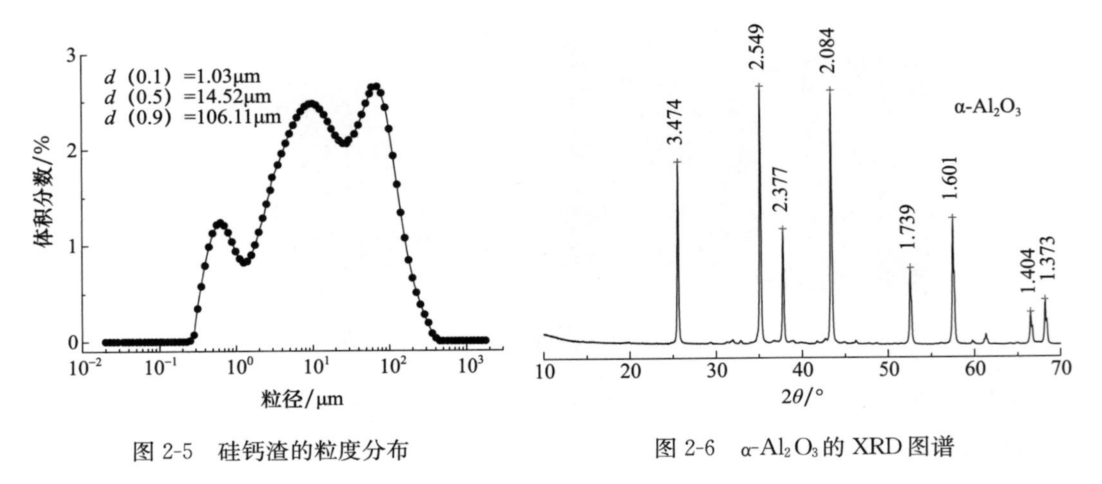

图 2-5 硅钙渣的粒度分布

图 2-6 α-Al_2O_3的 XRD 图谱

由图 2-7 可知，硅钙渣中的硅酸二钙由 β-C_2S 和 α'-C_2S 两种晶型组成，Na_2O 主要以 $Na_2CO_3 \cdot H_2O$ 形式存在。此外，Rietveld 拟合结果中 α-Al_2O_3的含量结果与实际情况有所差距，这说明硅钙渣中含有一定量的非晶相。这可能是由于硅钙渣中的 C_2S 在堆存过程中部分水化生成凝胶产物导致的。经计算可知，硅钙渣中 C_2S 的含量约为 66.5%。

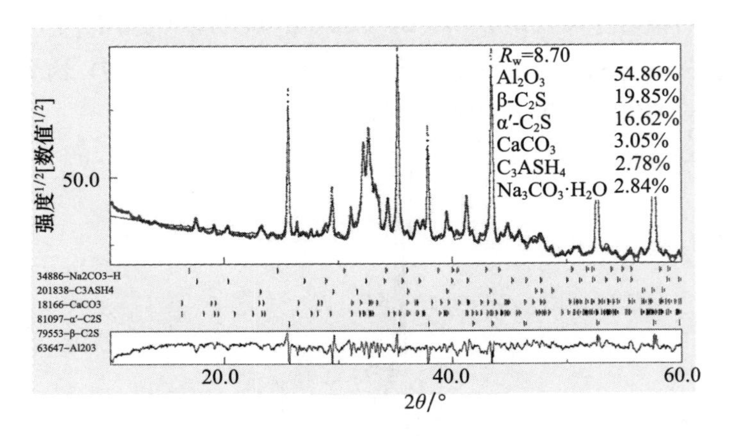

图 2-7 “50%α-Al_2O_3+50%硅钙渣”的 Rietveld 拟合结果

硅钙渣颗粒的 SEM 照片如图 2-8 所示。由图可知，硅钙渣颗粒的表面较为粗糙，其内部为多孔结构。这可能是由于堆存过程中硅钙渣中的 C_2S 在碱性环境中部分水化导致的。

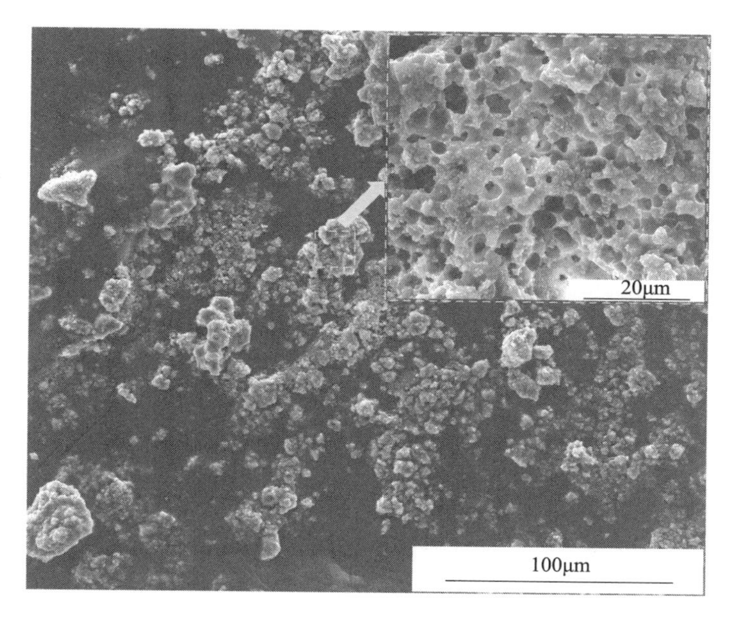

图 2-8 预处理硅钙渣的 SEM 照片

硅钙渣颗粒的多孔结构特性，导致其内比表面积较大。氮吸附测试结果（图 2-9）表明，硅钙渣颗粒的内比表面积高达 8.18m²/g。

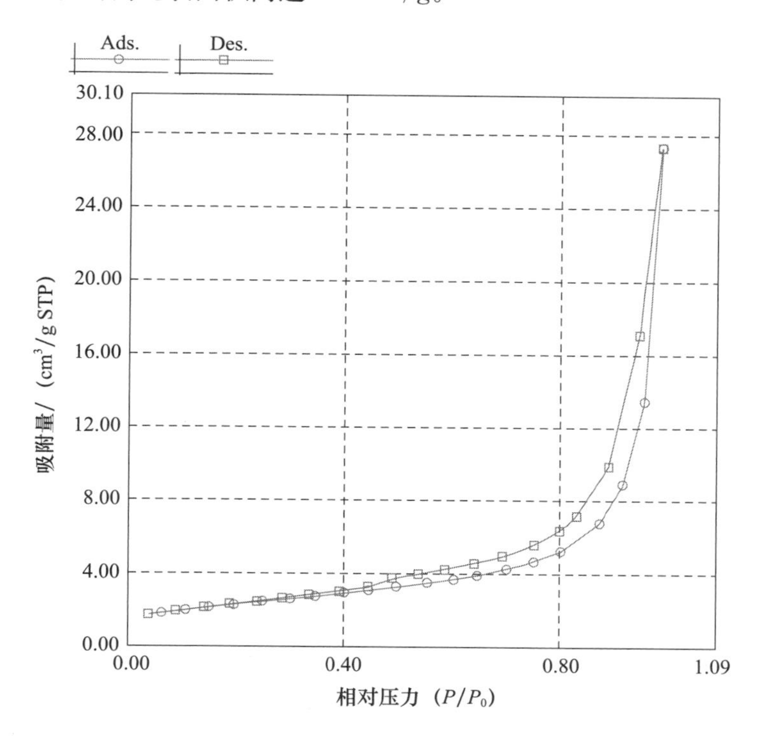

图 2-9 预处理硅钙渣的氮吸附及脱附曲线

2.3 矿渣

矿渣用作制备碱激发胶凝材料的活性组分。来样为淡黄色水淬颗粒［图 2-10（a）］，密度 2.85g/cm³。将水渣颗粒置于烘箱中于 105℃条件下烘干后，经实验室球磨机（5kg）磨至比表面积（400±10）m²/kg［图 2-10（b）］。将磨细的矿渣粉装桶密封保存备用。

图 2-10　粒化高炉矿渣及粒化高炉矿渣粉

（a）粒化高炉矿渣；（b）粒化高炉矿渣粉

矿渣的化学组成见表 2-3。由表可知，矿渣主要由 CaO、SiO_2、Al_2O_3 以及 MgO 组成。

表 2-3　矿渣粉的化学组成（%）

SiO_2	Fe_2O_3	Al_2O_3	CaO	MgO	MnO	TiO_2	SO_3	LOI	Σ
33.51	1.20	12.49	38.12	9.08	0.60	1.00	2.50	1.3	99.80

在电压 40kV、电流 100mA、扫描速度 1°/min、步长 0.02°（2θ）的测试条件下，对该矿渣进行 XRD 测试。测试结果如图 2-11 所示。由图可知，矿渣主要由非晶态玻璃体组成。以上述结果为依据，按照《用于水泥、砂浆和混凝土中的粒化高炉矿渣粉》（GB/T 18046—2017）中附录 C“矿渣粉玻璃体含量的测定方法”，测得该矿渣粉玻璃体含量为 97.5%。

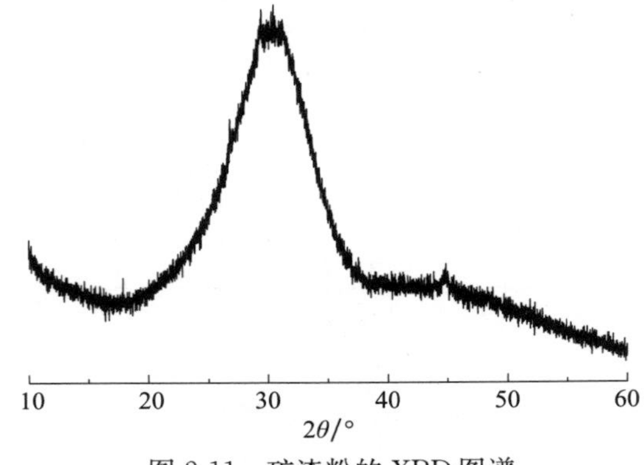

图 2-11　矿渣粉的 XRD 图谱

矿渣粉的粒度分布如图 2-12 所示。由图可知，矿渣粉的粒度分布较为集中。其 d（0.1）、d（0.5）、d（0.9）分别约为 2.55μm、15.53μm、60.10μm。

矿渣粉的 SEM 照片如图 2-13 所示。由图可知，矿渣粉主要呈不规则颗粒状。

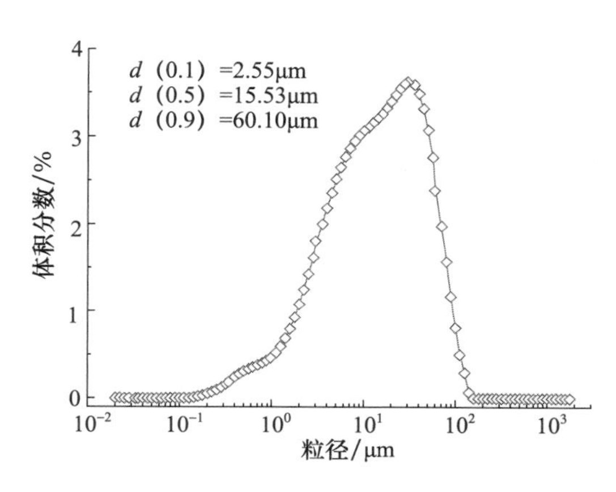

图 2-12　矿渣粉的粒度分布

图 2-13　矿渣粉的 SEM 照片

2.4　粉煤灰

粉煤灰用作制备碱激发胶凝材料的活性组分。来样为灰色粉体（图 2-14），密度 2.28g/cm^3。其化学组成及 XRD 图谱分别如表 2-4、图 2-15 所示。由表可知，该粉煤灰主要由 SiO_2、Al_2O_3组成。由图可知，该粉煤灰主要由石英（Quartz，SiO_2）、莫来石（Mullite，$3Al_2O_3 \cdot 2SiO_2$）以及玻璃体组成。

图 2-14　粉煤灰的照片

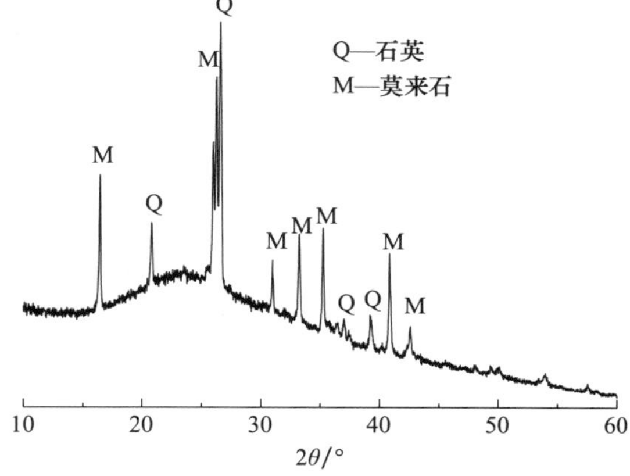

图 2-15　粉煤灰的 XRD 图谱

表 2-4　粉煤灰的化学组成（%）

SiO_2	Fe_2O_3	Al_2O_3	CaO	MgO	K_2O	Na_2O	SO_3	LOI	Σ
42.85	4.32	41.26	3.89	0.56	—	—	0.16	1.25	94.29

粉煤灰的粒度分布如图 2-16 所示。由图可知，其粒度存在双峰分布。其 d（0.1）、d（0.5）、d（0.9）分别约为 6.58μm、38.12μm、131.01μm。

粉煤灰 SEM 照片如图 2-17 所示。由图可知，粉煤灰主要由大小不一的球状玻璃体组成。除此之外，粉煤灰中还含有一定量的颗粒状富铁微珠和粒径较大的不规则颗粒。

按照《用于水泥和混凝土中的粉煤灰》（GB/T 1596—2017）附录 C“粉煤灰强度活性指数试验方法”，测得该粉煤灰的活性指数为 70.5%。

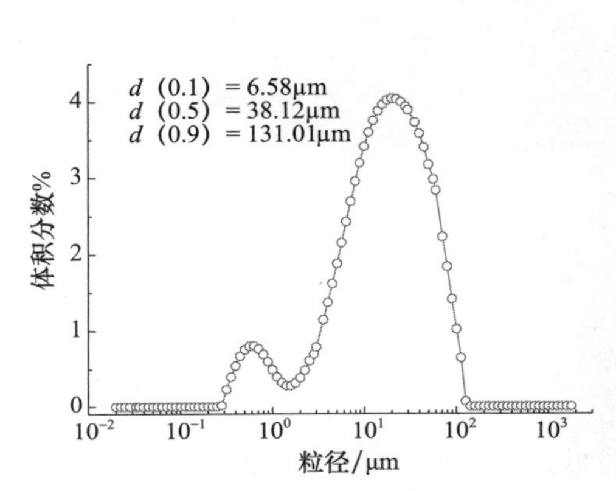

图 2-16　粉煤灰的粒度分布

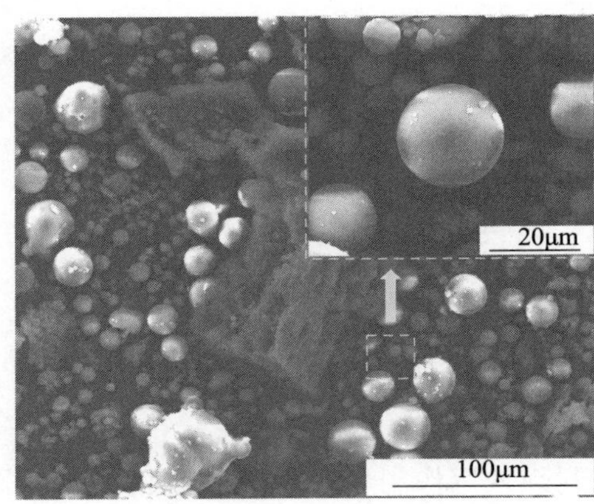

图 2-17　粉煤灰的 SEM 照片

3 碱激发胶凝材料的配比设计

3.1 活性尾矿基碱激发胶凝材料的配比设计

3.1.1 水玻璃模数选择

水玻璃是碱激发胶凝材料的最常用激发剂，其性质对材料的性能有重要影响[75]。水玻璃的性质与其模数密切相关：当 SiO_2/Na_2O 大于 2.0 时液相中的 SiO_2 处于聚合状态；当 SiO_2/Na_2O 小于 1.6 时 SiO_2 处于高度离解的离子态；当 SiO_2/Na_2O 为 1.6～2.0 时，水玻璃溶液处于离子态～聚合态之间的过渡态，即处于一种高活性状态。根据这一理论，碱激发胶凝材料用水玻璃的模数多分布于 1.6～2.0。

已有研究结果表明，利用模数为 1.6～2.0 的水玻璃作为激发剂，均能获得较高强度的碱激发胶凝材料[54,76-77]。然而，市售水玻璃只有模数约为 2.4 及 3.6 的两种产品，因此要获得设定模数的水玻璃就必须添加氢氧化钠以降低其模数。基于此，水玻璃模数越低，氢氧化钠添加量越多，溶液不仅碱性越强，而且单位成本更高。因此，本研究在探索水玻璃模数对试样强度的影响时，除了设定介于 1.6～2.0 的模数外，还将模数提高至 2.2 和 2.4。

不同模数水玻璃对砂浆试样（水灰比为 0.5）的强度影响见表 3-1。由该表可知，对于活化尾矿及矿渣粉的复合体系，存在水玻璃最佳模数。水玻璃模数过低，虽然溶液碱性强而对硅铝组分从原料中溶出有利，但可溶性硅数量少而对溶出硅铝组分的再聚合不利，进而强度偏低。水玻璃模数过高，虽然溶液中可溶性硅的数量大幅度增多，但碱性下降而不利于硅铝组分从原料中溶出。硅铝组分的溶出是整个聚合反应的控制性步骤，在可溶性硅（来自水玻璃溶液）充足的条件下，早期溶出组分与可溶性硅聚合而生成凝胶覆盖在原料颗粒表面。这显然不利于溶出组分向溶液中扩散，这就造成高模数水玻璃激发试样强度偏低。根据水玻璃模数对试样强度的影响结果，选定模数为 2.0 的水玻璃作为激发剂。

该表还展示了这样的现象：当矿渣用量较低时，虽然试样在 3d 时已经凝结硬化，但其强度极低，甚至用手轻掰即可使试块断裂，以至于压力机都不能读出数据；当提高矿渣用量时，即使水玻璃用量仍然处于较低水平，试样的强度明显提高。根据上述试验结果，可推断矿渣是常温下获得较高强度试样的必要组分。为此，在本次试验确定水玻璃模数为2.0的基础上，在后续试验中将提高矿渣用量以获得更高强度的碱激发胶凝材料。但为了控制胶凝材料的原材料成本，矿渣的用量不能太高，宜控制在25%～35%。

表 3-1　水玻璃模数对碱激发砂浆强度的影响

配比/%			水玻璃模数	3d强度/MPa		28d强度/MPa	
热活化尾矿	矿渣粉	水玻璃		抗折	抗压	抗折	抗压
90	10	15	1.6	—	—	—	—
			1.8	—	—	2.9	11.7
			2.0	2.5	8.4	3.9	22.5
			2.2	—	—	3.0	13.5
			2.4	—	—	—	—
80	20	15	1.6	—	—	2.9	10.5
			1.8	2.2	7.6	3.6	17.4
			2.0	2.8	9.4	3.9	21.5
			2.2	2.0	8.1	3.5	18.7
			2.4	—	—	2.5	9.0
80	20	25	1.6	2.2	8.4	3.5	15.4
			1.8	2.9	12.5	4.5	25.8
			2.0	3.6	18.0	5.6	30.1
			2.2	3.0	13.1	5.0	27.4
			2.4	2.3	10.5	3.6	18.4
80	20	35	1.6	2.8	11.5	5.2	33.3
			1.8	3.8	20.8	6.4	42.8
			2.0	5.5	28.1	6.9	44.4
			2.2	3.7	18.1	6.3	40.1
			2.4	3.3	15.2	5.9	37.3

注：水玻璃的掺量为其固含量占粉体的质量百分比。在后文中无特殊说明，均如此。

作者也曾尝试用NaOH代替水玻璃作为激发剂，以提高浆体的流动性能，但在碱用量（以Na_2O计）相同的前提下，试验结果表明：相同配方试样虽然能够凝结硬化，但强度极低，3d抗压强度不超过10.0MPa，并且极易泛碱。

3.1.2　矿渣的影响

试验结果表明，仅以活化尾矿粉和水玻璃这两种组分制备碱激发胶凝材料，在常温条件下有的试样甚至不能凝结。众多已有研究结果表明，以偏高岭土为原料制备碱激发胶凝材料，通常要在高温养护条件下试样才具有较高强度。本研究所用活化尾矿中的活性组分正是偏高岭土，为此有必要在该体系中引入矿渣粉，使试样在常温条件下能够正常凝结硬化并具有足够高的强度。

前期探索性实验结果表明，在掺有矿渣粉的前提下，试样的强度明显提高。表 3-2 为掺有矿渣粉的条件下净浆试样的强度。由该表可知，在矿渣用量固定为 25%～35% 的范围内，提高水玻璃用量可显著提高强度。当水玻璃用量分别提高至 25%、30%时，对应试样强度明显高于其他试样。因此，上述具有较高强度的配方在进行砂浆试验时可作为参考。

表 3-2 掺入矿渣后水玻璃激发活化试样（净浆）的强度

配比/%			3d 抗压强度/MPa
热活化尾矿	矿渣粉	水玻璃	
100	0	15	—
75	25	15	16.9
70	30	15	29.4
65	35	15	28.1
75	25	20	38.6
70	30	20	45.8
65	35	20	44.5
75	25	25	48.9
70	30	25	54.9
65	35	25	52.7
75	25	30	52.4
70	30	30	58.9
65	35	30	57.4

表 3-3 为掺矿渣粉条件下碱激发胶凝材料的凝结时间。由该表结果可知，掺入矿渣粉可显著缩短浆体的初、终凝时间；在相同水玻璃用量的配方中，浆体的凝结时间随矿渣粉掺量的增加而逐渐缩短；不同配方的初、终凝时间变化范围很大，短则数十分钟，长则数小时。凝结时间的这种大范围变动，为制备“凝结时间可调”的胶凝材料提供了可能。

表 3-3 碱激发胶凝材料（净浆）的凝结时间

配比/%			凝结时间/min	
热活化尾矿	矿渣粉	水玻璃	初凝时间	终凝时间
100	0	15	175	210
75	25	15	30	40
70	30	15	30	35
65	35	15	20	25
75	25	20	45	60
70	30	20	40	55
65	35	20	35	50
75	25	25	55	65
70	30	25	50	60
65	35	25	40	55
75	25	30	125	180
70	30	30	95	130
65	35	30	60	75

在相同矿渣粉掺量条件下，水玻璃用量越低浆体的凝结时间反而越短，可能与浆体中水的状态有关。在矿渣粉掺入量一定的前提下，在水玻璃用量较低时，由水玻璃溶液带入的“水”就较少，那么为了达到设定水灰比，就需要额外添加更多的水。添加的水是“自由水”，与水玻璃带入的“水”截然不同。如前所述，对于模数为 2.0 的水玻璃，溶液相处于离子态～聚合态的过渡状态，即意味着有很大一部分水键合于聚合结构中或者结合于胶团粒子中，因此其性质完全不同于“自由水”。在低水玻璃用量且一定水灰比条件下，添加的“自由水”多，被聚合结构或胶团键合/结合的“水”较少，即有更多的“自由水”浸润粉体颗粒，因而浆体表现出良好的流动性。在碱激发胶凝材料中，硅铝组分从原料颗粒中溶出而形成单体 $[SiO_n(OH)_{4-n}]^{n-}$ 和 $[Al(OH)_4]^-$、单体再聚合及最后的缩聚都必须发生在溶液中[78]，而在低水玻璃用量体系中显然有更多“溶液”存在，即此时从原料中溶出的硅、铝组分及水玻璃中可溶性硅等组分的扩散就变得相对容易一些，也即硅铝聚合反应就会更迅速，从而表现为凝结时间短。与之相反，虽然提高水玻璃用量增强了体系的碱性，并有可能使硅铝组分尽快从原料中溶出，但随着“自由水”减少，浆体逐渐黏稠，组分扩散受到限制，进而表现为凝结时间的延长。

上述这种关于恒定矿渣掺量条件下水玻璃用量对凝结时间影响的描述，也可以从水玻璃特性研究的已有成果中获得印证。对于相同模数的水玻璃，Na_2O 含量越高，其黏度越大，这是因为每个 Na^+ 需要 5.5 个水分子才能形成其水化膜[3]。在本试验中，水玻璃的模数固定为 2.0，试样的水灰比固定为 0.4（包括水玻璃溶液带入的水），那么提高水玻璃掺量时就相当于掺入了更多的氧化钠，即在固定用水量的条件下相当于提高了氧化钠的浓度，这无疑需要更多的水来形成水化 Na^+。例如，以 100g 粉料、30%水玻璃用量（模数为 2.0，固含量为 46.74%）、0.4 的水灰比为计算基准，净浆用水量为 40g，水玻璃用量为 30g（以水玻璃溶液的固含量折算，仅指水玻璃溶液带入的固体）。为了实现上述条件，还需额外添加约 6g“自由水”。水玻璃带入的 Na_2O 为 0.187mol，这部分 Na_2O 若完全水化，则需水 1.87mol（对应 33.6g 水）。尽管模数为 2.0 的水玻璃呈离子态-聚合态的过渡状态，且在 30%用量条件下其自身会带入 34.2g 水，但考虑到水玻璃聚合结构或胶团对水分子的竞争，这部分 Na^+ 水化肯定不完全，即要争夺添加的“自由水”用于 Na^+ 水化，那么相应地用作溶剂而形成溶液的“自由水”就少了。因此，在该水玻璃用量条件下，扩散受到严重限制，相应地表现为凝结时间延长。

对于相同水玻璃用量的体系，浆体凝结时间随矿渣粉掺量的增加而逐渐缩短，这是因为矿渣粉提供了更多可溶出硅钙组分，从而加速了硅铝聚合反应。

3.1.3 硅酸盐水泥熟料的影响

同矿渣一样，硅酸盐水泥熟料也能为碱激发胶凝材料体系提供快速溶出的硅钙组分，虽然后者的硅钙主要存在于晶体矿物中。表 3-4 为碱激发胶凝材料中添加少量熟料后的强度及凝结时间。

表 3-4 硅酸盐水泥熟料对碱激发胶凝材料（净浆）强度及凝结时间的影响

配比/%			3d 抗压强度/MPa	凝结时间/min	
热活化尾矿	水泥熟料	水玻璃		初凝时间	终凝时间
100	0	15	3.7	175	210
99	1	15	9.0	30	40
97	3	15	27.8	15	20
95	5	15	41.3	—	7

由该表可知，仅添加 1%熟料，凝结时间就大幅度缩短，但强度提高不明显。凝结时间缩短可能是因为熟料释放出的钙离子与溶液中的可溶性硅（主要来自水玻璃溶液）快速发生反应而生成凝胶，这使浆体在宏观上表现为凝结及硬化。但由于熟料添加量过少，能够提供的钙及硅数量不足，因而对强度的提高作用不明显。增加熟料掺量，在水玻璃用量固定为 15%的前提下，浆体的凝结时间将进一步缩短，以致在 5%熟料掺量的情况下浆体在数分钟内即凝结。如此短的凝结时间，肯定影响砂浆的搅拌及成型操作，因此低水玻璃用量、高熟料掺量的配方不应考虑，即使对应净浆试样的 3d 抗压强度能够达到 40.0MPa 以上。

净浆试样的强度随熟料掺量的增加而提高，其原因可能为初期从熟料中溶出的硅及钙等，在强碱及可溶性硅数量充足的液相环境中，会生成低钙硅比的水化硅酸钙凝胶，从而密实基体、提高强度[78-79]。

如上所述，相比矿渣粉的促凝增强作用，熟料与前者的主要区别在于：熟料的促凝效果极好，5%的熟料掺量就有可能使浆体凝结过快而不能控制；熟料的强度提升效果有限，这是因为受浆体凝结行为的限制而不能添加过多熟料，相应地对体系的硅、钙补充效果不明显。

3.1.4 赤泥的影响

所用赤泥的细度为 17.5%（45μm 方孔筛筛余）。

与矿渣一样，烧结法赤泥同样以硅钙为主要组分，且其还含有约 5%的 Na_2O。若烧结法赤泥在碱激发条件下也能提供足够的硅与钙，且释放的碱能够起激发剂的作用，那么无疑在水玻璃激发体系中可减少矿渣粉及碱激发剂的用量，进而降低材料制备成本。

表 3-5 为在水玻璃用量固定为 25%条件下，赤泥代替矿渣粉后净浆试样的强度。由该表可知，随着矿渣粉替代量（赤泥添加量）的增加，试样的强度逐渐下降，但当矿渣粉被赤泥完全替代时净浆试样 3d 强度仍然保持在 20.0MPa 以上。这说明赤泥虽

然不具备矿渣粉那般显著的促凝增强作用，但赤泥带入的硅钙确实能够在一定程度上促进硅铝聚合反应，否则试样将如同水玻璃激发无矿粉试样一样而不能在常温下凝结。事实上，以矿渣粉及赤泥为主要原料可以制备得到强度大于 50.0MPa 的碱激发胶凝材料，其主要水化产物为低钙的 C-S-H 凝胶[76]。

表 3-5　掺入赤泥对碱激发胶凝材料（净浆）强度的影响

配比/%				3d 抗压强度/MPa
热活化尾矿	矿渣粉	赤泥	水玻璃	
70	30	0	25	55.8
70	25	5	25	52.7
70	20	10	25	44.3
70	15	15	25	39.7
70	10	20	25	34.6
70	5	25	25	29.0
70	0	30	25	22.0

另外，从该表中试样强度随着赤泥掺量增加而逐渐下降的趋势可知，赤泥带入的约 5%的碱（以 Na_2O 计）并不能发挥激发作用。其主要原因如下：

（1）烧结法赤泥中的碱主要以硅铝酸盐形式存在。已有研究表明，在常压、高温（约 100℃）条件下，虽然可发生钙与钠的置换反应释放出碱金属离子[77-79]。但是，本体系不仅处于常温，而且钙也并非来源于 $Ca(OH)_2$ 等外掺组分，而是来源于原料在强碱条件下的溶解，况且溶解出的钙会立即与溶液中的硅、铝等组分反应生成含钙硅铝凝胶或低钙水化硅酸钙凝胶。因此，从反应条件及硅铝聚合反应对钙的竞争优势可判断赤泥中的这部分碱并不能发挥激发剂作用。

（2）烧结法赤泥中的碱还可能以少量碳酸盐形式存在。众多研究结果表明，碳酸钠等碱金属盐虽然具有一定激发效果，但均不如水玻璃有效[4,7]，因此赤泥中这部分碱的激发效果有限。

如上所述，对于水玻璃激发体系，富含硅钙的烧结法赤泥并不具备矿渣粉一样的促凝增强效果，且其所含的碱也不能发挥激发剂的激发作用。

3.1.5　硫酸钠的影响

采用水玻璃与其他碱金属盐构成的复合激发剂制备碱激发胶凝材料已成为该材料制备的常用手段[6,80-81]。在采用硫酸钠作复合激发剂时，需要注意试样开裂及泛碱等问题。试验结果表明，在掺入矿渣粉的前提下，以水玻璃做激发剂时再掺入 Na_2SO_4，对胶凝材料的激发效果良好，且随 Na_2SO_4 掺量增加净浆试样的强度有明显提高。Na_2SO_4 对碱激发胶凝材料强度的影响见表 3-6。

表 3-6 掺入 Na_2SO_4 对碱激发胶凝材料（净浆）强度的影响

配比/%				3d 抗压强度/MPa
煅烧尾矿	矿渣粉	水玻璃	Na_2SO_4	
70	30	25	0	52.4
			0.5	53.1
			1.0	55.8
			2.0	57.9

3.2 活化尾矿基碱激发胶凝材料的环境影响因素探索

通常来说，反应温度每提高 10℃，化学反应加速一倍。碱激发胶凝材料在凝结硬化中涉及的凝胶生成属于化学过程，因此温度显然对这一化学过程有影响。而材料性能又与水化过程及最终产物有必然联系，因此养护温度对材料的性能有重要影响。另外，水为溶解、离子扩散提供介质，甚至在水化过程中还参与反应[82]，因此水对碱激发胶凝材料的水化过程、硬化体性能有必然影响。而在不同湿度条件下，试样中水与环境中水间存在交互行为，因此湿度对材料的性能也有重要影响。基于上述认识，本节研究了不同温度及不同湿度养护条件下试样强度发展、产物演变及微观结构演化的规律。

3.2.1 不同养护条件的影响

砂浆试样配比为“65%活化尾矿（含约 25%粉煤灰）＋35%矿渣粉＋30%水玻璃”，水灰比为 0.5，胶砂比为 1/3 水玻璃模数为 2.0。虽然在该配比中矿渣及水玻璃用量均较高，但含有粉煤灰的尾矿可能是未来其排放的主要形式，因为粉煤灰可显著改善尾矿浆的流动性，这便于其处置。

砂浆试样先在标准养护［$T=(20\pm1)$℃，RH＝95%±5%］条件下养护 24h，拆模后分别置入 5 种环境养护至设定龄期。这 5 种环境为：高温水浴，$T=(60\pm1)$℃，所用水为去离子水，记为 HW；高温蒸汽，$T=(60\pm1)$℃，记为 HA；常温水浴，$T=(20\pm1)$℃，记为 OW；封闭的潮湿恒温空气，$T=(20\pm1)$℃，RH＝95%±5%，记为 AA；恒温室内敞开空气，$T=(20\pm2)$℃，RH＝40%～60%，经历了秋冬两季，记为 EA。

ϕ5cm×1cm 的净浆试样（水灰比为 0.4）经历了与砂浆试样相同的养护历程。净浆试样用于 XRD、FTIR 分析。

(1) 对强度发展的影响。图 3-1 为不同养护条件下碱激发胶凝材料强度发展情况（部分试样的最长龄期至 360d）。由该图可知，提高养护温度对试样的早期强度发展极为有利。例如，在 60℃水中养护的试样（HW）和在 60℃蒸汽中养护的试样（HA），两者 48h（先标准养护 24h，再高温养护 24h）抗折强度就能达到 5MPa 以上，抗压强度甚至超过 50MPa，远远高于常温养护试样的强度。当龄期延至 3d（先标准养护 24h、再高温养护 48h）时，两者抗折强度又有较大程度增长，HA 试样的抗折强度甚至接近 10MPa，而常温养护试样仅约 5MPa；相应的抗压强度超过 60MPa，堪比常温养护试样的后期强度。因此，为了获得较高的早期强度，提高碱激发胶凝材料的养护温度是必要的。

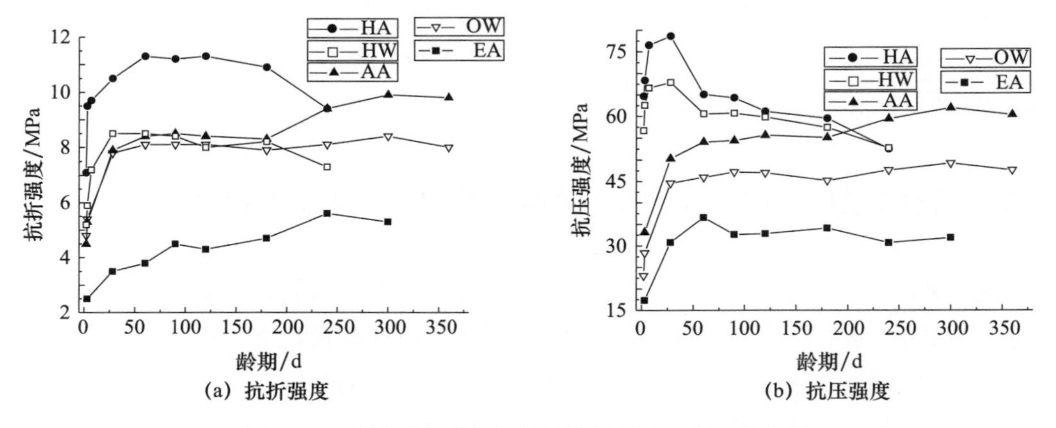

(a) 抗折强度　　(b) 抗压强度

图 3-1　不同养护条件下不同龄期试样（砂浆）的强度

然而，长时间高温养护不利于碱激发胶凝材料的后期强度发展。如 60℃蒸汽养护的试样（HA），其抗压强度在 28d 时达到最大值（78.6MPa），而后随龄期延长而逐渐下降，到 240d 时强度较最大值降低了约 26MPa（降低至约 52MPa）。在 60℃水浴中养护的试样（HW）也存在着类似强度倒缩现象。长时间高温养护会引起强度下降的现象在以粉煤灰等为原料制备的胶凝材料中也有所体现。例如，采用水玻璃激发粉煤灰，密封试样先分别在 75℃和 95℃的条件养护 24h，再置入常温（20℃）空气中养护，其强度在 7d 时达到极值，此后强度将逐步下降[72]。对于偏高岭土制备的水玻璃激发胶凝材料，即使仅在 80℃先养护 4h，再在常温（20℃）空气中继续养护，其 28d 强度反而较 1d 强度有所降低[55]。对于水玻璃激发的偏高岭土/粉煤灰复合体系（偏高岭土/粉煤灰＝1.5/1），其在 80℃热水及蒸汽中养护，在 7d 周期内试样强度均出现了下降[83]。引起强度倒缩原因可能为凝胶在高温环境中发生了结晶[84]，且随着时间的推移晶体逐渐发育长大，进而使硬化体变得多孔，最终表现为试样强度下降。

与高温养护不同，常温水浴养护试样（OW）及密闭的常温潮湿空气养护试样（AA）的强度一直稳步发展。例如，在相对湿度为 95%、温度为 20℃的潮湿空气中养护的试样（AA），其抗折强度由 2d 时不足 5MPa 逐渐增长至 360d 的 10MPa 左右，相应地抗压强度由约 25MPa 发展到 360d 的约 60MPa，其原因为碱激发反应随龄期延长而持续地进行。结合高温养护有利于提高早期强度及常温湿养有利于强度稳定发展的优势，为了获得最终强度更高的试样，可采用短时高温养护后再常湿养护的养护制度，如先在高温条件下养护 24h，再在常温水浴或潮湿环境中养护至规定龄期。

在恒温室内敞开空气条件下养护的试样（EA），其强度不仅非常低（最高抗折、抗压强度分别为 4.7MPa、37.0MPa），而且抗压强度在后期还会出现倒缩。其主要原因为养护期间空气相对湿度低（40%～60%），试块不时有水损失。碱激发胶凝材料在凝结硬化过程中涉及的溶解、再聚合、缩聚都必须发生在溶液中，水的损失必然导致上述化学过程受到影响[83]，进而使试样强度偏低。除水损失影响碱激发反应外，其还有可能造成较大干缩，这也会有害于强度发展。与恒温室内敞开空气养护相反，在封闭的恒温潮湿空气中养护的试样（AA）不仅强度较高，而且在长达360d的养护周期内强度都能稳定而持续地增长。由此可见，保持养护环境足够的空气湿度是获得较高强度的必要条件之一。

（2）两种高温养护试样强度发展异同及原因初探。尽管60℃水浴、60℃蒸汽条件下养护的试样强度发展趋势大致相同，但两者的强度相差较大。60℃蒸汽养护试样（HA）在各龄期的强度总要比60℃水浴养护试样（HW）的高，这说明60℃水浴的养护条件对试样强度有一定程度的不利影响，这也可能是其后期强度倒缩的原因之一。事实上，养护结束时60℃水浴箱体的底部已经出现了一层厚厚的白色物质（图3-2）。

图3-2　沉积于60℃水浴箱底部的白色沉淀

XRD分析（图3-3）表明，这种沉淀物主要物相为碳酸钙（方解石）和水化硅酸钠。电镜分析表明，该白色沉积物为被絮状物质黏结在一起的小颗粒，其大小约5μm（图3-4）。相应的EDS分析结果表明，其主要成分为C、O、Na、Mg、Si、Ca（图3-5），各占比例（原子数量分数，5点平均值）为14.7%、63.6%、1.8%、3.4%、4.8%、11.3%。在该白色沉积物的红外吸收光谱（图3-6）中，位于3450cm^{-1}及1650cm^{-1}的吸收谱带分别对应水分子的伸缩及弯曲振动，1450cm^{-1}对应CO_3^{2-}非对称伸缩振动[85-87]，1000cm^{-1}对应Si—O—Si非对称伸缩振动[86-89]，453cm^{-1}对应Si—O—Si弯曲振动，由此可知其主要组成为碳酸盐及硅酸盐。热分析结果（图3-7）表明，在773℃处存在明显吸热特征并对应显著失重，其是由碳酸钙分解引起的；685℃处的微小吸热及对应的失重是由少量碳酸镁分解而引起的；805℃对应的微小吸热峰可能是由钠的碳酸盐熔化而引起的。综合上述试验结果，可判定该白色沉积物主要由碳酸钙、硅酸钠构成，并可能含有少量镁及钠的碳酸盐。

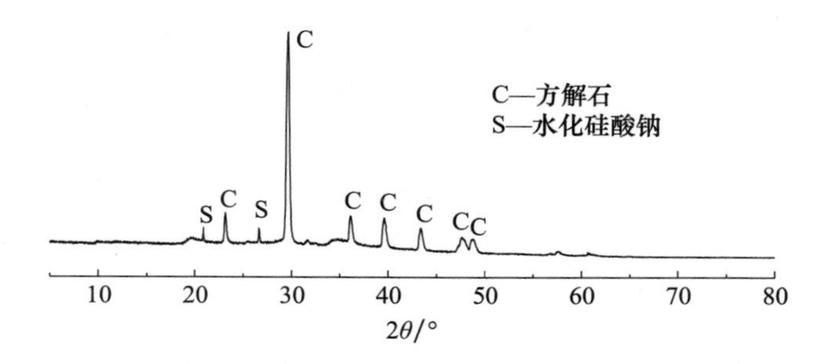

图 3-3　60℃水浴养护结束后箱体底部白色沉积物的 XRD 图谱

图 3-4　60℃水浴养护结束后箱体底部白色沉积物的 ESEM 照片

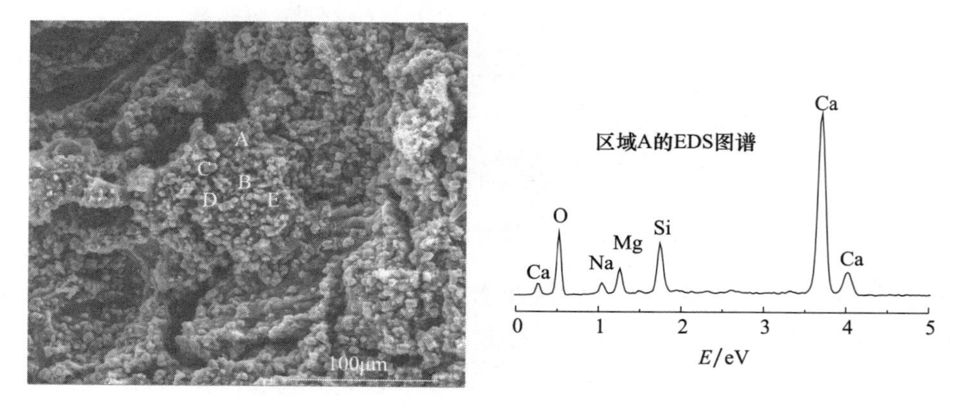

图 3-5　60℃水浴养护结束后箱体底部白色沉积物的 EDS 分析结果

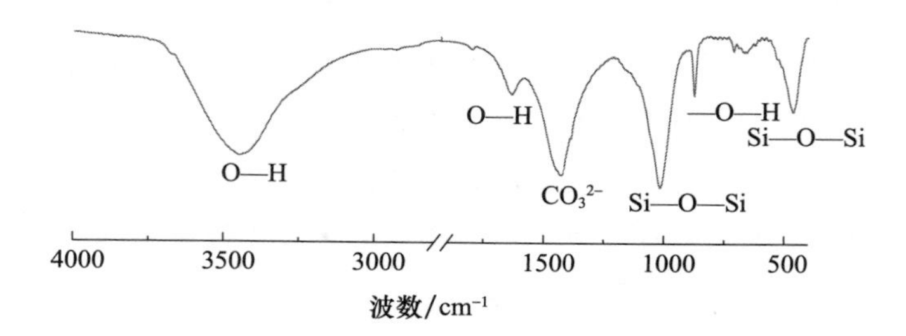

图 3-6　60℃水浴养护结束后箱体底部白色沉积物的红外光谱

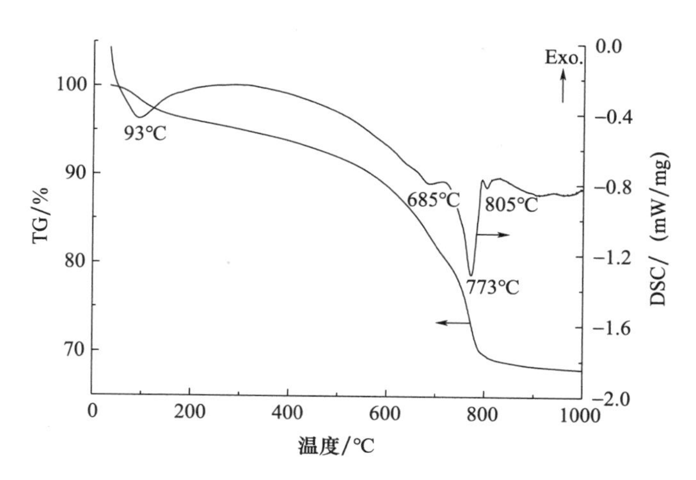

图 3-7 60℃水浴养护结束后箱体底部白色沉积物的 TG-DSC 曲线

除碳外，Na、Mg、Si、Ca 只能来自试样的溶出，尤其是 Mg 和 Ca 的存在且 Ca 为主要组分，足以说明在 60℃水浴养护条件下本应形成硅铝聚合凝胶的组分扩散进入热水。虽然这种过程不能与侵蚀性介质对凝胶结构的破坏而析出离子的过程相提并论，但结果是一样的，都会造成强度主要来源的凝胶数量变少。因此，为了获得高强且强度能够稳定发展的材料，除需提高早期养护温度外，还需避免热水对试体的“溶蚀”。

Na 和 Si 的溶出很容易理解，主要来自未完全反应的水玻璃。试样在放入水浴之前，仅仅在常温潮湿空气中养护了 1d，尽管碱激发反应迅速，但一定还存在为数众多的水玻璃，否则试样后期强度将无从增长。这些未反应的水玻璃一定会向热水中释放 Na 和 Si。

Mg 与 Ca 的溶出主要来自矿渣，因为活化尾矿中镁、钙含量很低。矿渣中 Mg 主要存在于富钙（镁）的玻璃相中[90]，当矿渣受到强碱溶液作用而释放出 Ca^{2+}、Mg^{2+} 和 $[SiO_n(OH)_{4-n}]^{n-}$、$[Al(OH)_4]^-$ 时，钙、硅、铝三组分发生反应生成类托贝莫来石且低钙的 C-S-H 凝胶或 C-A-S-H 凝胶[3]。这种凝胶呈层状三明治结构，硅氧、铝氧四面体以短链状结构键合而被包夹于钙氧层之间。在这种结构中，由于 Mg^{2+} 半径的不匹配而几乎不被键合，只能形成类水滑石的层状双金属氧化物的第二相[3]。第二相的形成必须有足够的三价阳离子，虽然在碱激发胶凝材料中能够提供众多的 Al^{3+}，但由于 C-S-H 或 C-A-S-H、N-A-S-H 凝胶形成对 Al^{3+} 的竞争，使 Mg^{2+} 被“孤立”，只能向低浓度溶液中扩散，最终进入热水。

根据本试验所用矿渣的成分，当矿渣中的富钙（镁）玻璃体结构解体后，释放出 1 份 Si 将同时释放 1.7 份 Ca，此时若有足够数量的 Si 和 Al，将形成低钙硅比的 C-S-H 或 C-A-S-H 凝胶（$Ca/Si<1$）。但在试样表层中将有所不同，此时由于水玻璃溶解于热水而损失了一定数量的 Si，进而使 Si 数量不足，C-S-H 或 C-A-S-H 凝胶形成受到一定限制。另外，无论是在类托贝莫来石的 C-A-S-H 结构中，还是在三维网络结构的 N-A-S-H 中，因铝代硅的发生都需要阳离子作为电荷平衡离子而使结构保持电中性，而

Ca^{2+}也可作为电荷平衡离子而被键合。然而，在高碱的碱激发胶凝材料中有足够数量的一价阳离子 Na^{+}，其因半径小而较 Ca^{2+} 具有更大优势而作为 C-A-S-H 结构中的层间阳离子（电荷平衡离子）及 N-A-S-H 结构的电荷平衡离子。况且，在类托贝莫来石的 C-S-H 结构中，只有位于桥硅氧四面体的硅才能被铝取代，也就是说在链状的硅氧四面体结构中能被铝取代的硅数量有限。通常来说，在这种结构中铝代硅后 Al/Si 最大值也不会超过 0.2[3]，也就是说作为电荷平衡离子而被键合于 C-A-S-H 结构中的 Ca^{2+} 数量不会太多。基于上述分析，Ca^{2+} 因试样表层中 Si 的损失及较 Na^{+} 不占竞争优势而向热水迁移。

沉淀物中几乎未见 Al，原因主要为 Al 从活化尾矿中释放的速度较慢且 N-A-S-H 凝胶的三维网络结构 SiQ^{4}（mAl）对 Al 的需求大。Al 主要赋存于活化尾矿中，而在矿渣中含量较低。在高碱条件下，相对矿渣中玻璃体快速释放出 Si 和 Ca，活化尾矿中无定形态偏高岭土释放出 Si 和 Al 的过程要延迟一些，这就是偏高岭土基碱激发胶凝材料在常温下通常凝结较缓慢的原因。在活化尾矿与矿渣构成的合成体系中，Al 大量释放发生在矿渣中 Si、Ca 快速释放之后，而此时溶液中 Si、Ca、Na 充分，这为 Al 形成硅铝凝胶提供了充分条件，即本就延迟释放的 Al 倾向于形成凝胶。另外，本实验所用活化尾矿释放 1 份 Si 将同时释放 1.4 份 Al，而当 Al/Si>1 时将不可避免地在 N-A-S-H 凝胶的三维网络结构 SiQ^{4}（mAl）中形成 Al—O—Al[91]，也就是说在这种结构中，铝对硅的取代将不受位置限制，甚至可形成铝氧四面体共顶连接的结构，这意味着这种硅铝聚合反应对铝的需求几乎无极限。因此，只要 Al 从活化尾矿和矿渣中溶出，即使不再补充水玻璃带入的可溶性硅，在碱金属离子充足的条件下这部分铝与其同时溶出的硅就可以聚合为 N-A-S-H 凝胶。上述两个原因造成 60℃水浴养护试样的沉积物中几乎未见 Al。

上述组分进入热水后，将与热水中的 CO_3^{2-}（来自大气中 CO_2 的溶解）作用而生成难溶的碳酸盐，这将使 Mg、Ca 等组分源源不断地“流向”热水，最终表现为厚厚的箱底沉积物。

在 60℃水浴养护过程中，不排除含有 CO_3^{2-} 的溶液浸入试样，与 C-A-S-H 凝胶作用而生成碳酸钙。但这种情况下生成的碳酸钙在试样中大多就地沉积，而不会被输送至热水中而沉积于箱底。基于这种判断，箱底中沉积物生成过程是：Mg、Ca 等组分溶出而进入热水，与大气中 CO_2 溶解而形成的 CO_3^{2-} 作用，生成难溶的碳酸盐而沉积于箱底。这一过程在后果上表现为对试样的“溶蚀”（强度下降、倒缩），而 60℃水浴提供的高温环境加速了这一过程的进行。

（3）室内敞开空气养护条件下强度倒缩原因初探。干燥空气条件下试样因水蒸发而导致的干缩会非常明显。如图 3-8 所示，在室内敞开空气中养护 28d 试样的表面明显可见微小裂纹，这些裂纹是造成试样后期强度不升反降的主要原因。

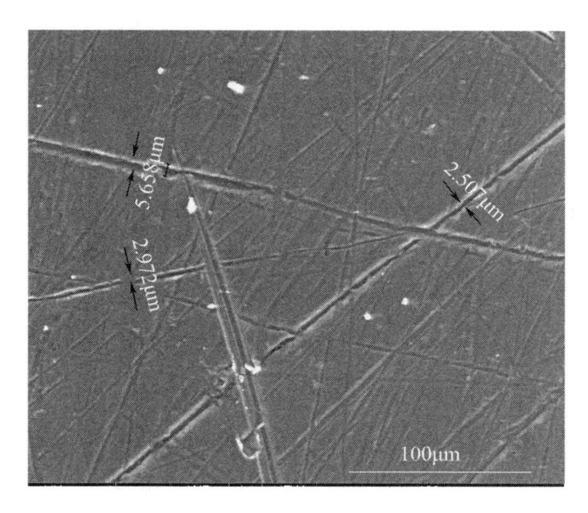

图 3-8 在室内空气氛围中养护 28d 砂浆试样（EA）表面的裂纹

试样在置入恒温室内空气中养护之前经历了 1d 时间的标准养护，而 1d 时间的标准养护还不足以使凝胶大量生成。前文所述的 1d 强度不足 28d 强度的 1/5 就证实了这一点。若延长试样标准养护时间，使碱激发反应有足够时间进行，试样微观结构发育足够充分，再置入空气养护试样的强度是否可以维持较高水平？

图 3-9 为不同龄期标准养护试样再置入室内敞开空气及标准养护条件下养护 3d 的强度对比。需要指出的是，由于在标准养护条件下事先养护了一定龄期再置入其他条件下养护，所以对于置入室内敞开空气养护等试样，其龄期要再加上 3d。例如，图中所示龄期为 1d，那么除标准养护试样外其他试样经历的龄期为 4d。

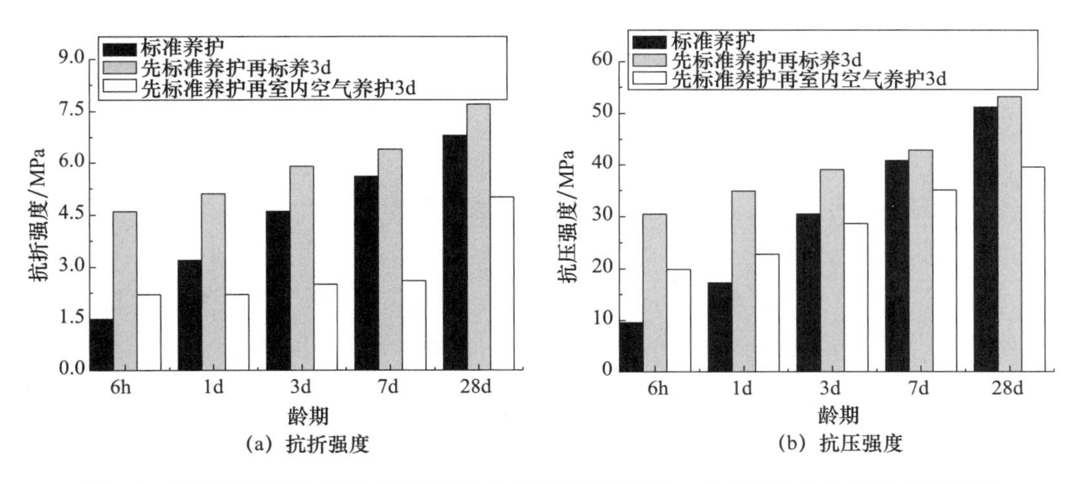

图 3-9 不同龄期标准养护试样及其再分别置入标准养护、室内空气中养护 3d 后的强度

由该图可知，标准养护试样再在室内空气中养护 3d，其强度不仅较同龄期的标准养护试样低得多，甚至较空气养护前（3d 前）的强度也低，即在空气养护期间试样强度不仅没有增长反而出现了倒缩。这种倒缩现象在后期体现得尤其明显，而早龄期标准养护

试样（6h、1d）再在空气中养护3d，其抗压强度是有所增长的。这可能是因为在后期碱激发反应速度放缓，且已经生成了数量众多的凝胶，那么新生成凝胶对强度增长的贡献将变弱，此时干缩引起的强度劣化将得不到这种强度增长的明显补偿而被放大；而早龄期试样的碱激发反应速度处于较高水平，虽然在空气中养护也会出现干缩，但快速发生的碱激发反应将生成足够的凝胶而使强度增长。虽然早龄期试样的碱激发反应还处于活跃状态，对再在空气中养护试样的强度增长有显著贡献，但因失水而发生的干缩使这种强度增长作用打折扣，因而其强度始终低于同龄期标准养护试样的强度。正是因为干缩对强度的不利作用，各龄期空气中养护试样的强度均低于同龄期标准养护试样的强度。

本次试验所处的室内空气相对湿度为40%～60%，而砂浆干缩试验要求的相对湿度为50%±4%，因此试样所处的环境在某些时段比干缩试验要求的环境更干燥。如前所述，碱激发胶凝材料的干缩通常很显著[7,70,92]。因此，即使试样已经经历了28d的标准养护，其碱激发反应及结构发育都已较充分，但较大程度的干缩还是会引起试样强度下降。

将28d标准养护试样再在上述室内干燥空气中养护，延长养护龄期，其强度还会进一步下降？再在空气中养护30d，其抗折、抗压强度分别下降至3.5MPa、35.2MPa。由此可见，即使已经历较长龄期的标准养护试样，但若其长期处于干燥环境中，干缩引起的强度下降会随空气养护龄期的延长而日益显著。

为了印证干燥空气养护使试样失水，进行了88d龄期标准养护试样及28d标准养护再在室内空气中养护60d试样的热分析对比研究。图3-10为始终处于标准养护条件下净浆试样与先标准养护再置入室内空气中养护净浆试样的TG-DSC曲线。由该图可知，尽管先28d标准养护再进行60d室内空气中养护，试样的DSC曲线特征与同龄期标准养护试样的DSC曲线特征一致，但TG曲线所示的失重行为明显不同：①前者的失重量小于后者的失重量。由于在DSC曲线中未见碳酸盐分解引起的吸热峰（700℃左右），因此整个失重都可归因于水的脱除。前者的累计失重量为12.57%，比后者小1.67%，这部分差值可认为是试样在室内空气养护过程中因水蒸发而造成的。②在低温阶段（<300℃），前者的失重量明显小于后者。在该温度范围内，失重通常认为是由自由水、吸附水等水蒸发引起的，因此可推断试样在空气养护过程中就已经因水蒸发而损失了部分水。基于上述分析可知，尽管试样经历了较长时间的标准养护，但转移至干燥空气中继续养护确实会发生水蒸发，而这种水损失必然会导致试样收缩，进而有害于强度增长。

3.2.2 对反应产物的影响

（1）X-射线衍射分析。图3-11至图3-15为不同养护条件下不同龄期试样的XRD图谱。

由衍射图谱可知，无论经历何种养护条件，无论养护龄期的长短，试样具有如下相同的衍射特征：①所有试样中均可见位于20°～35°（2θ）之间的衍射峰包，这对应硅铝凝胶，这说明不同养护条件下都生成了具有相同衍射特征的无定形产物。②在所有试样中均可见云母等活化固废带入的矿物，这再次说明这些矿物对于碱激发反应的惰性，哪怕是在高温条件下。

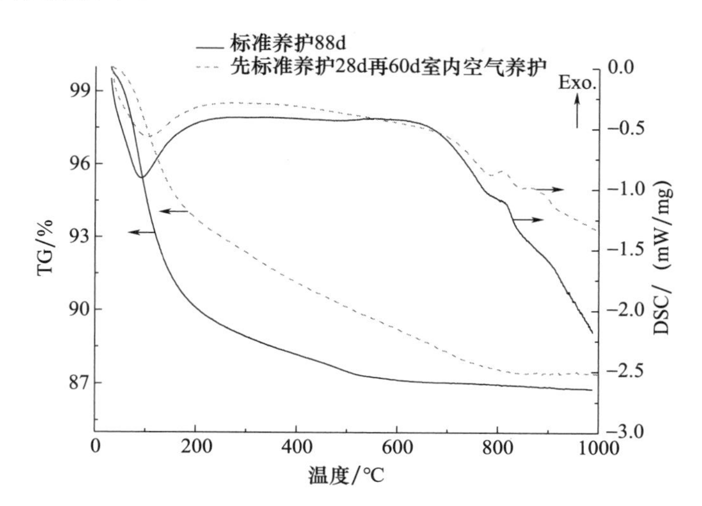

图 3-10 88d 龄期标准养护试样及先 28d 标准养护再 60d 室内空气养护试样的 TG-DSC 曲线

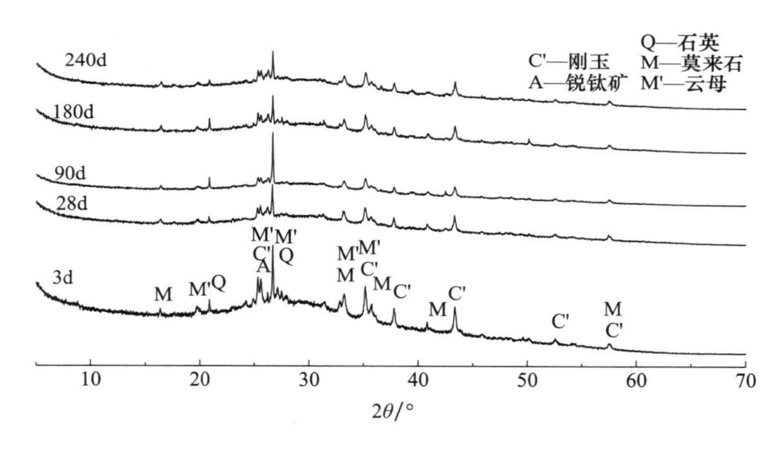

图 3-11 不同龄期 60℃蒸汽养护试样的 XRD 图谱

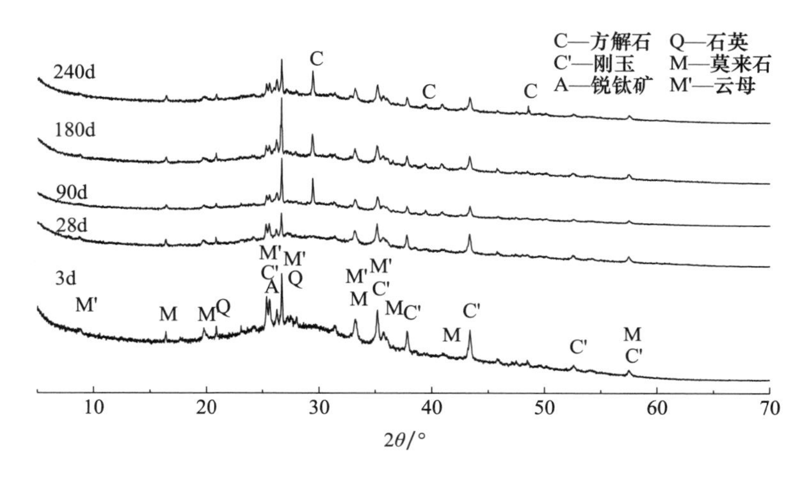

图 3-12 不同龄期 60℃水浴养护试样的 XRD 图谱

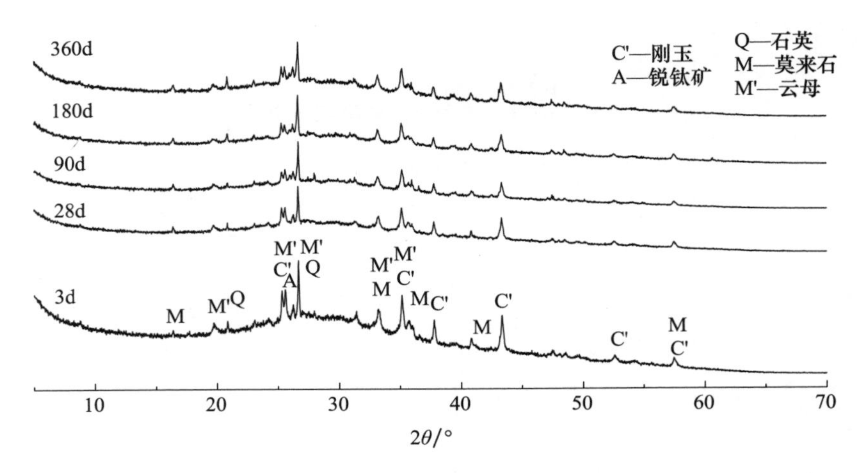

图 3-13 不同龄期 20℃潮湿空气养护试样的 XRD 图谱

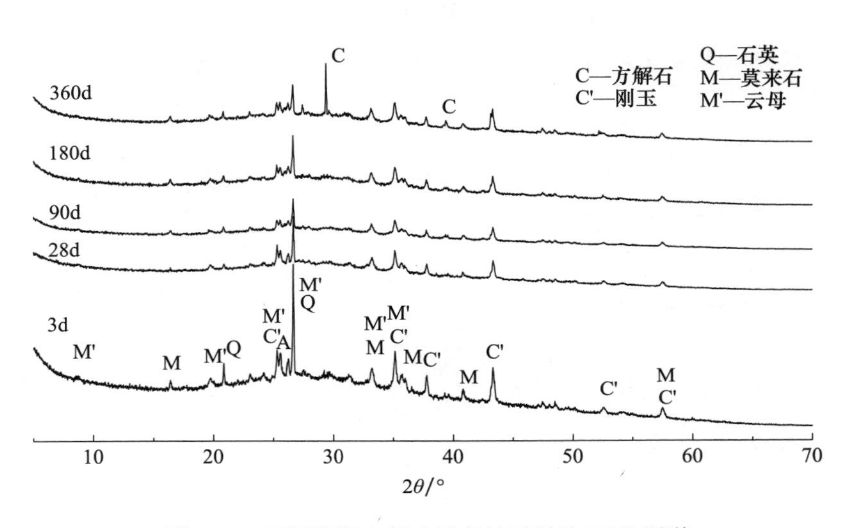

图 3-14 不同龄期 20℃水浴养护试样的 XRD 图谱

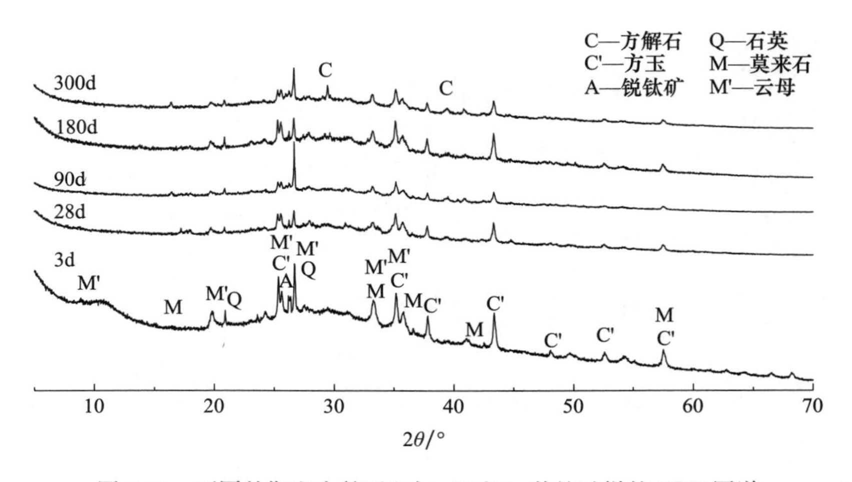

图 3-15 不同龄期室内敞开空气（20℃）养护试样的 XRD 图谱

已有研究表明，采用高温养护很可能导致结晶，生成沸石类矿物。例如，氢氧化钠激发粉煤灰胶凝材料在85℃条件下养护7d，在产物中可明显观察到碱菱沸石的存在[57]。即使仅在95℃条件下短暂养护6h再在常温中养护，在5d龄期的氢氧化钠激发粉煤灰制样中也观察到了羟基方钠石及斜方沸石等晶体[79]。对于水玻璃激发偏高岭土制备的试样，其在110℃下养护1个月，产物结晶化异常明显，结晶为方沸石[84]。即使不提高养护温度，对于掺有20%矿渣的水玻璃激发偏高岭土/矿渣胶凝材料，仅在27℃条件下养护，采用高分辨X-射线衍射技术在产物中可观察到斜方沸石和十字沸石等多种类沸石矿物[93]。

在本实验中，高温养护试样的XRD图谱中并没有发现上述类沸石晶体，其原因可能为：①采用的激发剂为水玻璃，而已有研究结果中观察到有结晶相的试样为氢氧化钠激发粉煤灰。事实上，当以水玻璃激发粉煤灰时，在85℃和95℃的养护条件下并未观察到诸如沸石的结晶相，至多在XRD图谱中反映出半结晶的硅铝酸盐[71-72]。②采用的活化尾矿的主要活性组分虽然为偏高岭土，但高温养护时试样养护温度为60℃，相比于已有报道（110℃）其温度更低，即本实验采用的养护温度可能还不足以使产物结晶到XRD能显示的显著程度（包括结构有序性及数量等）。③采用的X-射线衍射技术为常规衍射，有可能不能如同高分辨XRD技术那样鉴别结晶相，也有可能是结晶相含量还不足以使其在衍射图谱中体现其衍射特征。基于上述描述，本实验进行的XRD衍射分析还不足以证实高温养护条件下强度倒缩是由结晶为硅铝酸盐矿物引起的，还需要其他手段来解释强度倒缩的原因。

需要指出的是，对比不同养护条件下试样的XRD图谱，最显著的差别就是是否有方解石（碳酸钙）对应的衍射特征峰出现。在60℃水浴、20℃水浴、20℃室内空气养护的试样中都观察到了碳酸钙的衍射峰，说明在上述氛围内碱激发胶凝材料发生了碳化；而在60℃蒸汽、20℃潮湿空气中的试样中未观察到这种碳化现象。已有研究表明，碳化与试样所处的氛围密切相关：水泥基胶凝材料在干燥环境或湿度为100%时，碳化反应难以进行[7]。在干燥环境中，试样表面的水蒸发而留下无溶液填充的孔或裂纹，尽管有利于CO_2在试样中扩散，但不利于CO_2的溶解及随之进行的碳化反应；在饱和空气中，试样表面的孔或裂纹充满溶液，尽管有利于CO_2溶解及碳化反应，但CO_2扩散的通道被堵塞[94]。60℃蒸汽、20℃潮湿空气养护时空气湿度都接近饱和或处于饱和状态，因此碳化受到抑制，相应地在中长龄期试样中未观察到碳酸钙。

对于60℃水浴、20℃水浴、20℃室内空气养护的试样，其碳化情况又有所不同。60℃水浴养护试样在较早龄期（如90d）就出现了碳酸钙的衍射峰，这是因为热水环境不仅为离子迁移提供了有利条件，而且为碳化这一化学过程创造了有利条件。在热水中，尽管CO_2的溶解度变小，但碳酸钙的溶解度较常温条件下更低，且高温加速了碳化反应（通常而言温度每提高10℃，化学反应将加速1倍）。因此，在热水中碳化反应的速度将成倍提高，而一旦有碳酸钙形成，就将以沉淀的形式析出，这将促使碳化反应持续不断地进行。另外，提高温度也加速了碱激发反应的进程，即矿渣等受强碱的作用而大量释放钙等组分的时刻大为提前，这也为碳化创造了有利条件。上述两个方面的有利作用，造成60℃水浴养护试样在较早龄期就出现了碳酸钙晶体。相比于60℃水浴养护试样，常温养护（20℃水浴、20℃室内空气）试样由于动力学因素（反应速度放缓）而使在其中观察到碳酸钙的时间大幅度延后。

由于60℃水浴养护试样早在90d就出现了碳化现象，因此其在后期养护过程中持续碳化也有可能是造成其强度倒缩的原因之一。

（2）热分析。如图3-16所示为不同龄期60℃水浴养护试样的TG-DSC曲线。由该图可知，当养护龄期延长至90d时，DSC曲线在700℃附近出现了一明显吸热峰，相应地在TG曲线中出现了一明显失重阶段。上述特征对应着碳酸钙的分解，因此TG-DSC展示的结果印证了XRD分析时在90d龄期试样中观察到碳酸钙的结论。

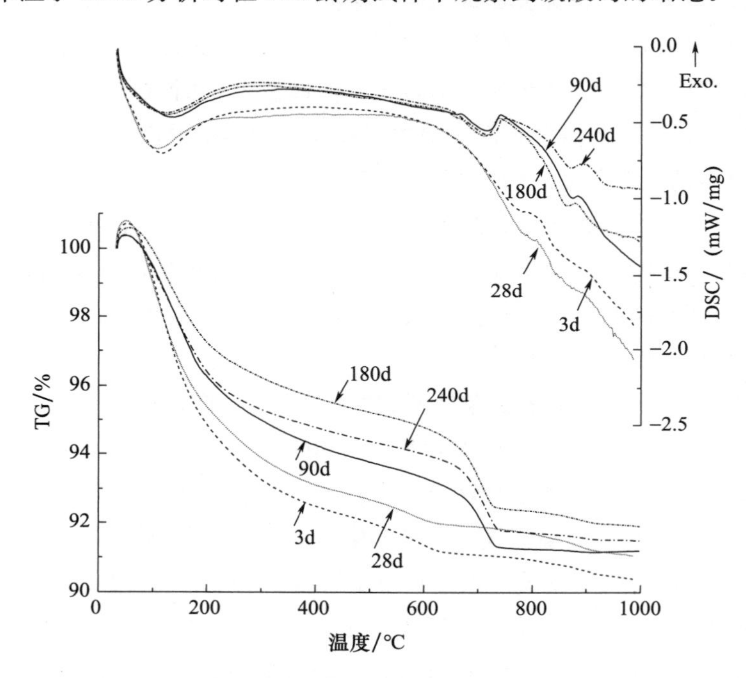

图3-16　60℃水浴养护条件下不同龄期试样的TG-DSC曲线

图3-16中的TG曲线基本上展示了这样的规律：随着龄期的延长，其失重量逐渐减小（若存在碳酸钙分解则扣除）。除碳酸钙分解引起的质量损失外，整个失重阶段对应了水（包括自由水、吸附水及结构水等）的损失。水在整个碱激发反应过程中具有重要作用，但不同阶段作用不同。在早期，水作为溶剂溶解组分并为离子水化提供水，并有部分水以—OH形式键合于硅、铝单体（$[SiO_n(OH)_{4-n}]^{n-}$和$[Al(OH)_4]^-$）或低聚物；随后，单体及低聚物进入缩聚阶段，释放出水[82]。随着龄期的延长，碱激发反应必然进行得越发充分，即大量水作为反应产物——H_2O的形式存在。因此，在长龄期试样中大量水并不键合于硅铝聚合结构，而与之相反在早龄期试样中还存在着

大量—OH 形式的水。本实验在将试样进行热分析前，均先在无水乙醇中浸泡 14d 后再在 65℃真空条件下烘干 48h，因此即使试样中仍然有 H_2O 存在，其在烘干时也大多被排除。因此，热分析所示的失重除碳酸钙分解外主要来源于非蒸发水的脱除。在早龄期中存在更多—OH 形式的水（非蒸发水），因此其失重量要大于后期试样的。

如图 3-17 所示为早龄期 60℃水浴、20℃水浴养护试样的 TG-DSC 曲线。由该图可知，在早龄期试样中并无明显的碳酸钙分解吸热峰及失重；在 DSC 曲线中 800℃的微小放热峰是未反应完的水玻璃结晶而引起的。对比高温及常温养护试样，最明显的区别在于各龄期高温养护试样的失重量比对应龄期常温养护试样的低。如前所述，在进行热分析试验之前所有样品均进行了无水乙醇浸泡、烘干处理，因此其失重主要由非蒸发水损失引起。由于提高温度可显著促进碱激发反应，这种促进作用包括硅、铝单体（或低聚物）缩聚，因此在高温养护试样中以—OH 形式存在的水较常温养护试样的少，这导致前者的失重量较后者的低。这种现象在水玻璃激发的偏高岭土/粉煤灰胶凝材料中同样观察到：80℃养护试样的非蒸发水量较 20℃养护试样的低约 1.1%[83]。研究者将这种现象归因于高温条件下的“脱水”（dehydration），意指高温条件对缩聚反应的促进作用。

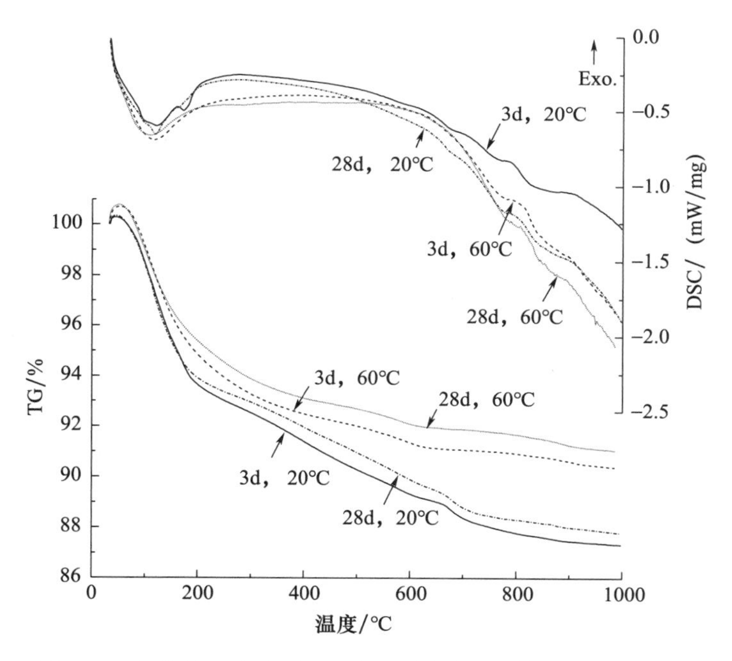

图 3-17 早龄期 60℃水浴、20℃水浴养护试样的 TG-DSC 曲线

如图 3-18 所示为不同养护条件下中长龄期试样的 TG-DSC 曲线。根据衍射分析结果，本次热分析的研究对象为衍射分析中最初发现碳酸钙对应龄期的试样。对于在整个养护周期内没有观察到碳酸钙的试样，则取最长龄期的试样作为研究对象。因此，恒温（20℃）室内敞开空气养护试样（EA），取 300d；封闭恒温（20℃）潮湿空气养护试样（AA），取 360d；常温（20℃）水浴养护试样（OW），取 360d；高温（60℃）

水浴养护试样（HW），取 90d；封闭高温（60℃）蒸汽养护试样（HA），取 240d。

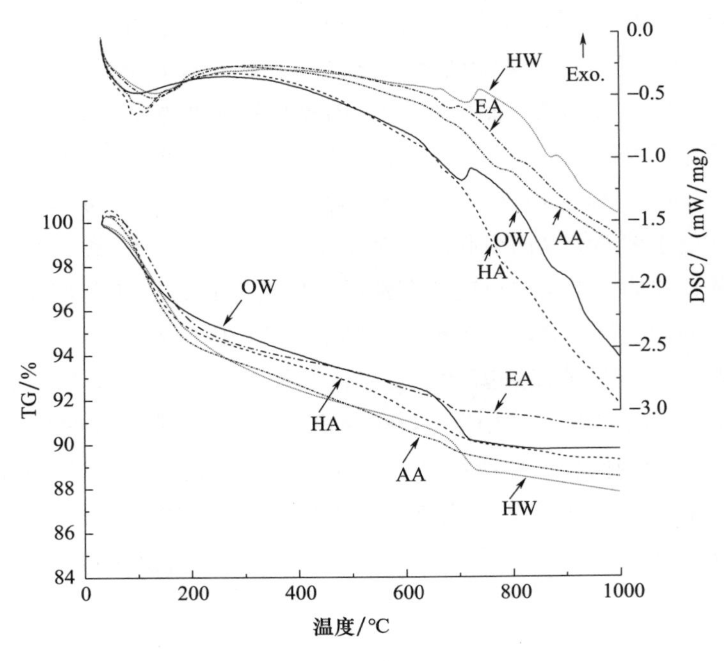

图 3-18　不同养护条件下中长龄期试样的 TG-DSC 曲线

由图 3-18 可知，热分析曲线最显著的两个特征为持续失重、碳酸钙分解引起的吸热峰及其对应的明显失重。在不同养护条件下，经过较长龄期的养护，所有试样均表现为持续失重，该过程对应自由水、吸附水及羟基等化学结合水的脱除。所有试样的这一过程均大致相似，因为试样已经经历了足够长时间的反应，即碱激发反应已进行得较充分，生成了大量凝胶，而这些凝胶具有相似的脱水行为。但不同养护条件下的试样累计失重量还是有所差别的。扣除碳酸钙分解引起的失重，在 20℃室内敞开空气中养护试样（EA）的失重量最小，这再次印证了敞开条件下养护的试样中水因蒸发而损失。碳酸钙分解对应的吸热（700℃左右）及失重特征展示的规律与 XRD 分析结果一致：60℃水浴养护 90d（HW）及 20℃水养护 360d（OW）的试样，均出现了明显的碳酸钙分解引起的吸热及失重阶段，而相应的 XRD 分析表明这两种试样中均有明显的碳酸钙特征峰；20℃室内空气中养护 300d 试样（EA）中出现了微弱的碳酸钙分解吸热峰及微小的失重，说明碳酸钙生成量比前两者少得多；20℃潮湿空气（AA）及 60℃蒸汽养护（HA）试样并未出现明显的碳酸钙分解特征，而相应的 XRD 分析表明无碳酸钙特征峰，这说明在这两种试样中碳化程度确实有限。

3.2.3　对微观结构的影响

（1）环境扫描电镜观察及能谱分析。图 3-19 至图 3-23 为不同养护条件下最长龄期试样的 ESEM 图像。

由这些图像展示的结果可知，经长时间反应所有试样均获得了较致密的结构，但在室内敞开空气中养护的试样中可见裂纹。这种裂纹是试样在空气中失去水、发生收缩而引起的，这印证了在分析空气养护试样强度偏低及强度倒缩时的推测。相比于常温养护试样，高温养护试样的结构更致密，其原因为高温促进了碱激发反应，生成了更多的凝胶。这些凝胶占据空隙、孔洞及原材料颗粒所处的空间，进而表现为致密化。

图 3-19　60℃蒸汽养护 240d 试样的 ESEM 照片

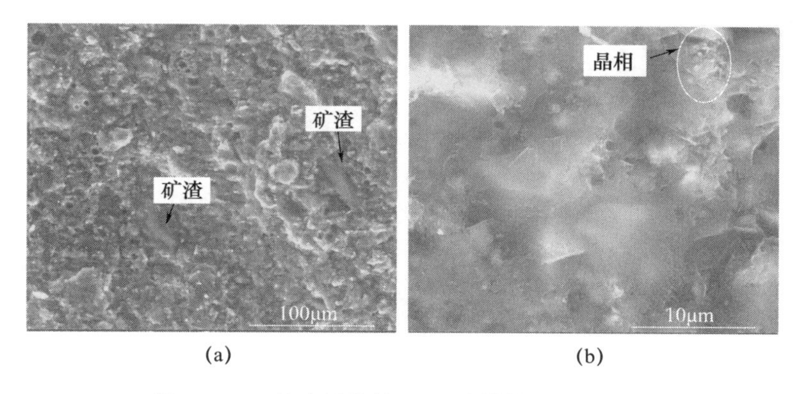

图 3-20　60℃水浴养护 240d 试样的 ESEM 照片

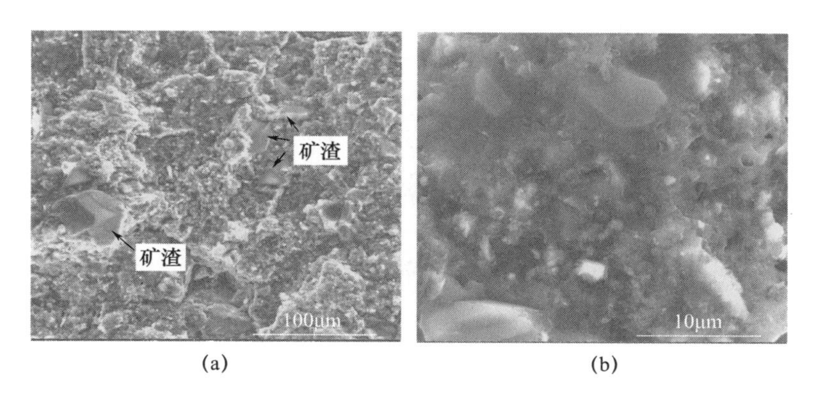

图 3-21　20℃潮湿空气养护 360d 试样的 ESEM 照片

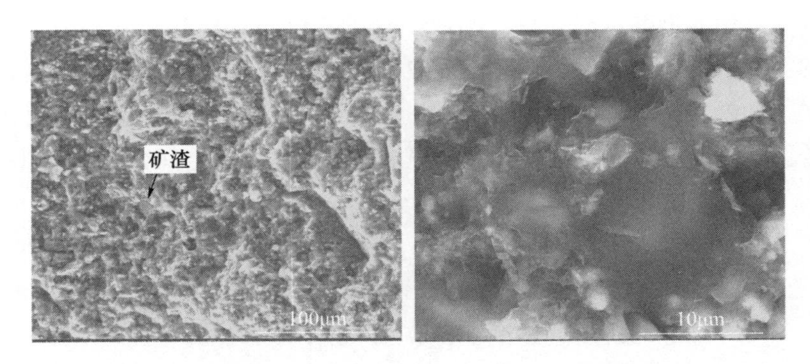

图 3-22　20℃水浴养护 360d 试样的 ESEM 照片

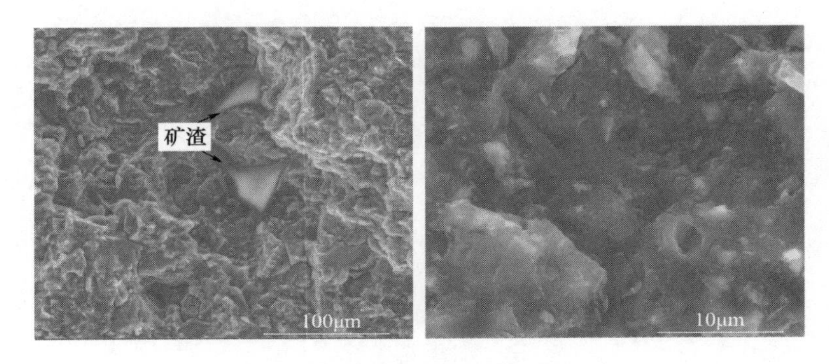

图 3-23　20℃室内敞开空气养护 300d 试样的 ESEM 照片

尽管试样最长经历了 1 年时间的养护，但在所有试样中均观察到了未反应完的矿渣颗粒，这与已有研究结果一致：水玻璃激发矿渣胶凝材料在常温潮湿空气（T=20℃，RH>95%）中养护，1 年龄期试样中仍可观察到矿渣颗粒[95]。矿渣受强碱溶液作用，释放出钙、硅、镁等组分，并生成凝胶。长时间作用后，凝胶层越来越厚，各种组分扩散通过已有凝胶层成为控制碱激发反应的关键。由于钙、硅、镁等组分的通过性不同，因而沿体相至矿渣颗粒表面之间存在着组分的浓度梯度，进而在较长龄期试样中可观察到两种不同的水化产物——外水化产物（OP）和内水化产物（IP）。在长龄期碱激发矿渣胶凝材料中常见浅色、致密、包裹矿渣颗粒的水化环。该水化环对应内水化产物[96]，这种内水化产物富镁而致密。在图 3-21（b）中，明显可见矿渣颗粒被致密的凝胶包裹，其为矿渣的内水化产物。

对于 60℃水浴养护试样，在凝胶中还可见长棒状细小晶体，如图 3-20（b）所示。这种晶体只在数微米的凹坑中发现（图 3-24），而在数十微米的大孔中生长着较大晶体颗粒［图 3-24（a）］，其为碳酸钙晶体。

在数微米凹坑中的晶体过于微小（其横截面约数百纳米甚至更小），采用 EDS 进行成分分析受到限制。但结合已有研究成果，可推测这些细小晶体为某种沸石类矿物。在碱激发粉煤灰试样中，常见少量的羟基方钠石、菱沸石、钠沸石等沸石类矿物[6]。

这些沸石类矿物通常在粉煤灰因参与碱激发反应而留下的孔洞中出现，而究竟生成何种沸石不仅取决于胶凝材料的成分，还取决于养护条件。这些沸石类矿物由硅铝凝胶转化而来，即其生成则意味着凝胶的胶结功能失效，因此它们的出现往往会导致强度下降[6]。在本实验中，较长龄期（＞28d）的高温养护试样中均观察到了这种细小晶体的生成，这无疑是导致试样强度倒缩的原因之一。由于这种晶体的数量较少，本实验在进行 XRD 分析时未能获得其特征衍射峰。

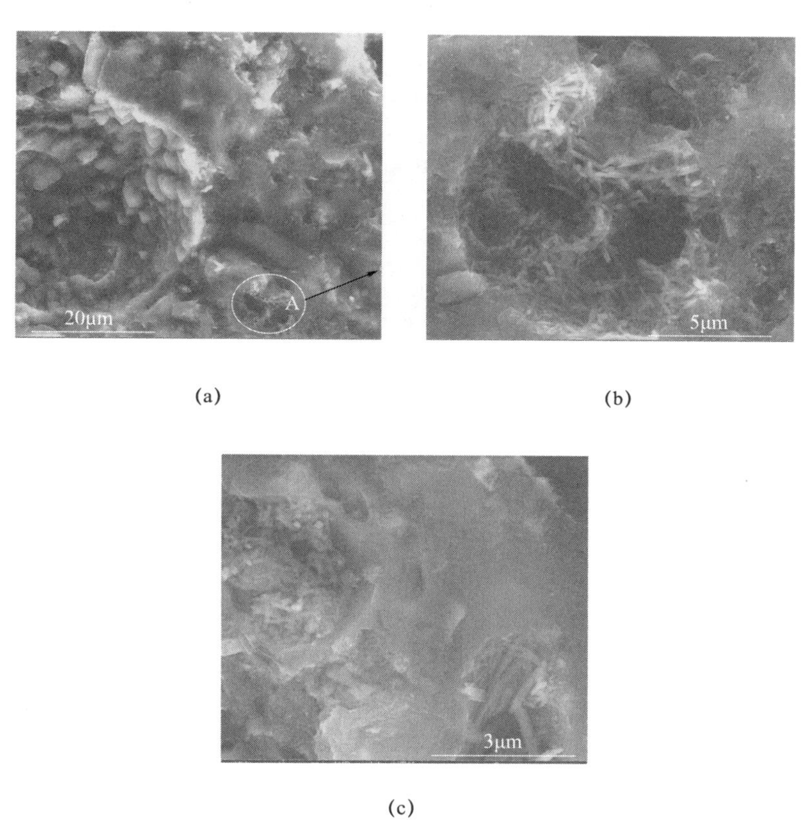

(a)　(b)

(c)

图 3-24　60℃水浴养护 240d 试样的结晶体［(b) 为 (a) 中 A 区域的放大图］

除在 60℃水浴养护试样中观察到纳米级的细小晶体外，还观察到大片区域的结晶体，如图 3-25 所示。该区域由晶体颗粒紧密堆积而成，其 EDS 成分主要为 O、Si、Al、Na、Ca（图 3-26、表 3-7）。根据其成分并结合已有研究结果，可推断这些晶体为某种沸石类矿物。虽然结晶区域被凝胶包裹，但与凝胶间的界面清晰［图 3-25 (b) 和图 3-25 (c)］，即一旦生成晶体，则在材料中形成了新的弱化区。另外，如前所述，这些晶体是由凝胶转化而生成。因此，凝胶的损失再加上新引入的弱化区必然导致长龄期高温养护试样强度的下降。

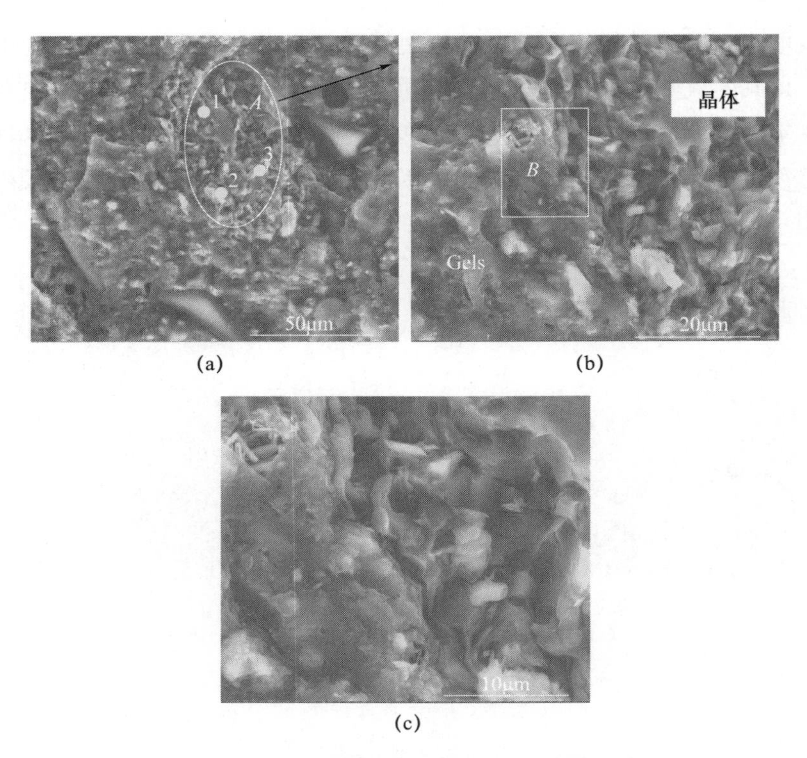

(a) (b) (c)

图 3-25　60℃水浴养护 240d 试样中紧密堆积的结晶体

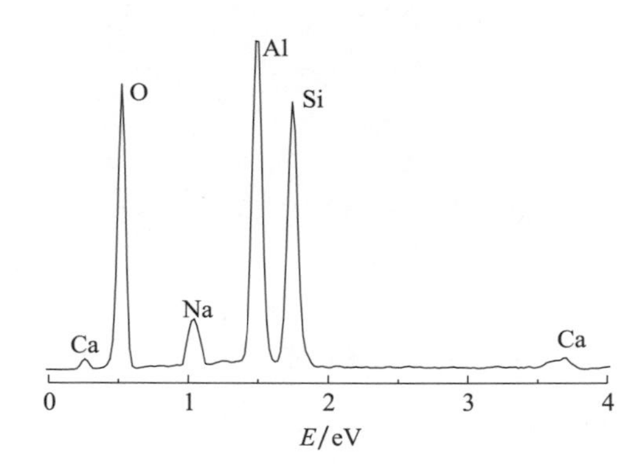

图 3-26　图 3-25（a）中 1 点的 EDS 图谱

表 3-7　图 3-25（a）中 1、2、3 点的 EDS 平均成分

元素	原子数分数/%
O	69.5
Si	21.4
Al	6.7
Na	1.9
Ca	0.5

相比于图 3-24 所示的结晶体，在图 3-25 中观察到的晶体更为粗大，其原因可能为后者生长的空间更为广阔。在图 3-25 中，晶体生长区域的直径可达 50μm，这为细小晶体进一步长大提供了空间条件。再者，晶体生长必然是在溶液中进行的，而较大尺寸的孔能够填充更多溶液，这为组分溶解、扩散及成核、晶核长大等都提供了有利条件。上述有利条件使在大尺寸孔洞中的晶体能够发育得更大。晶体不断长大，但其生长的空间不会变大，因此晶体颗粒紧密堆积在一起。

图 3-27 为 60℃蒸汽养护试样的结晶区域。与 60℃水浴养护试样一样，这种晶体的主要成分同样为 O（66.2%）、Si（24.9%）、Al（6.2%）、Na（0.8%）、Ca（1.9%）[图 3-27（a）中 1、2、3 点的平均成分]，因此其也应该为沸石类矿物。如前所述，这种结晶区域及由此引起的界面必然会导致长龄期 60℃蒸汽养护试样的强度下降。

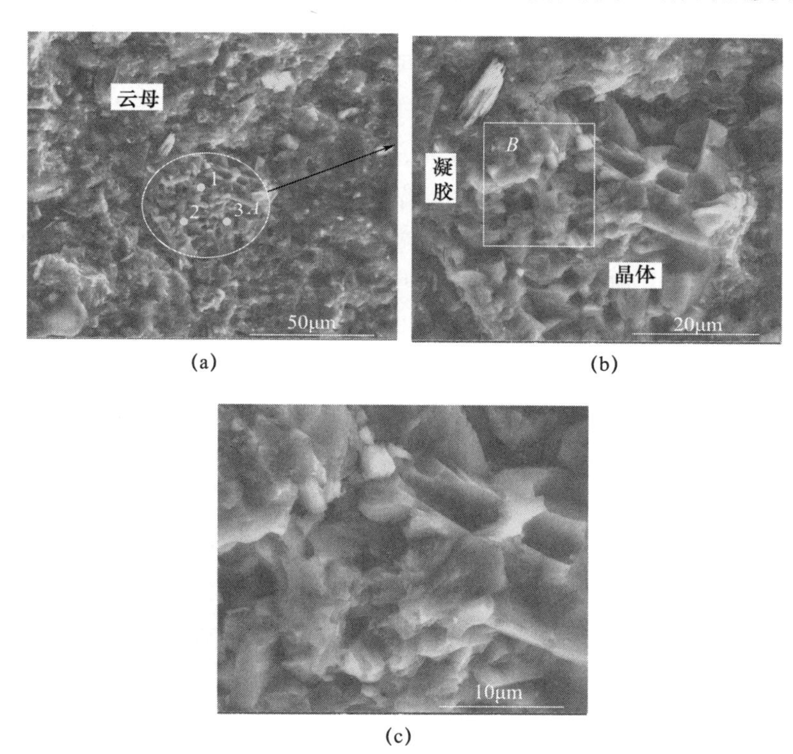

(a) (b)

(c)

图 3-27 60℃蒸汽养护 240d 试样中紧密堆积的结晶体

除了这种结晶体外，还在 60℃蒸汽养护 240d 试样中观察到了层状结构的矿物[图 3-27（a）和图 3-27（b）]，其为云母，这再次印证了云母对于碱激发反应的活性不强烈。

（2）孔结构分析。不同养护条件下，随着养护龄期的延长，不仅会持续发生硅铝聚合反应，还会发生如上所述的结晶等现象，这必然对硬化体的孔结构有影响。

表 3-8 为不同养护条件下经历不同反应时间的各砂浆试样的孔隙率。表中，60℃水浴等高温养护指试样先经历 1d 标准养护，拆模后置入高温环境中继续养护至设定龄

期。养护 2d 则代表在标准养护条件下养护 1d，然后在高温条件下养护 1d。

表 3-8　不同养护条件、不同龄期砂浆试样的孔隙率

养护条件	孔隙率/%										
	2d	3d	7d	28d	60d	90d	120d	180d	240d	300d	360d
60℃水浴	16.7	16.0	15.6	15.3	17.5	16.6	15.6	15.3	16.1	—	—
60℃蒸汽	14.6	16.4	15.3	16.5	17.1	15.3	13.7	16.1	16.1	—	—
20℃水浴	—	20.7	18.5	15.9	15.1	15.4	15.8	14.6	15.1	14.9	14.8
20℃潮湿空气	—	16.0	15.9	16.8	16.0	14.5	14.3	14.4	14.2	14.4	14.3
20℃室内空气	—	14.9	15.5	13.4	13.4	14.3	15.0	15.3	16.6	17.4	—

对于在 60℃水浴中养护的试样，尽管同样存在高温对硅铝聚合反应的促进作用，但其早龄期试样的孔隙率比 60℃蒸汽养护试样的高，其原因可能为试样始终处于饱水状态而使其不会因水损失而发生体积收缩。对比常温潮湿空气及常温水浴养护试样，同样存在这种现象，其原因是一样的。随着高温养护时间的延长，60℃水浴养护试样的孔隙率并没有显著变化。虽然其与 60℃蒸汽养护试样一样，都在凝胶中出现了结晶区域，但其碳酸钙沉积（使孔隙率变小）与凝胶中出现的结晶区域（使孔隙率变大）相互抵偿，进而使 60℃水浴养护试样的孔隙率随龄期的延长变化不明显。

对于在 60℃蒸汽中养护的试样，其早龄期试样的孔隙率极低，这是因为高温对硅铝聚合反应具有显著的促进作用，使试样在早龄期就生成了大量凝胶并填充孔洞，进而获得致密结构。但随着高温养护时间的延长，孔隙率呈现变大的趋势，这是因为结晶化而造成界面、孔隙（图 3-27）。

对于在常温潮湿空气及常温水浴中养护的试样，正如预期的那样，其孔隙率随龄期的延长而呈现逐渐变小的趋势，这是因为其持续进行的硅铝聚合反应对孔洞的填充。况且，试样始终处于高湿状态下，水几乎没有损失，故干缩引起上述试样孔结构的变化可忽略不计。

对于在常温室内敞开空气中养护的试样，其孔隙率在初始阶段比常温潮湿空气及水中养护试样的低。这是因为在早龄期存在大量自由水，而这些水易大量蒸发而使试样发生较大收缩，又因孔隙率是基于试样体积的百分比，这导致其孔隙率反而变小。然而，随着龄期的延长，水损失造成的收缩越发显著，此时必然在试样中生成更多微裂纹（图 3-8、图 3-23），相应地，其孔隙率转而变大，甚至超过同龄期的其他条件下养护的试样。

在早龄期，对比相同养护介质、不同养护温度的试样，发现高温养护试样的孔隙率总是低于常温养护的，这正是高温对硅铝聚合反应具有促进作用的结果，相应地，高温养护试样的早龄期强度总是比常温养护试样的高。尽管高温养护使试样具有更高的早期强度，但长龄期试样的凝胶中出现结晶区域而使孔隙率变大，这会导致后期强度转而下降。

图 3-28 为在 60℃蒸汽中养护不同时间试样的孔径分布。由于高温对硅铝聚合反应的促进作用，该试样在早期就生成了大量凝胶，因此其孔主要为小于 10nm 的凝胶孔。随着龄期延长，孔的这种集中分布逐渐向大尺寸方向移动，意味着试样中引入了新的孔结构，这归因于凝胶中结晶区域的出现。这种结晶区域的出现虽然仍然使孔集中分布于 10nm 附近，但因引入了凝胶/结晶体的界面弱化区，使强度反而下降。

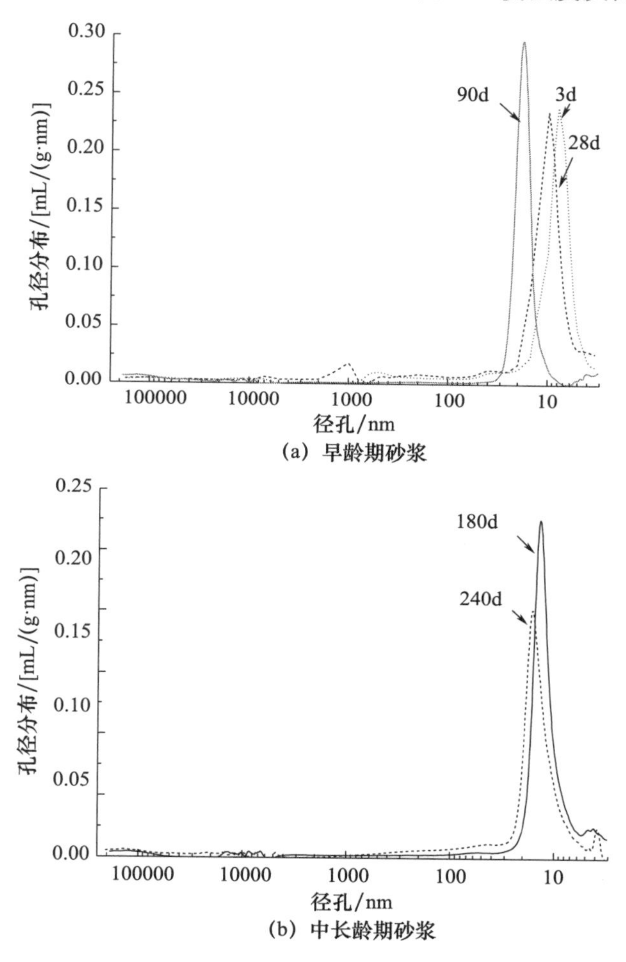

图 3-28 60℃蒸汽养护不同时间试样的孔径分布

图 3-29 为在常温室内敞开空气中养护不同时间试样的孔径分布。正如孔隙率分析时的推测一样，随着龄期的延长，在长龄期试样中明显可见微米级大孔的分布。这种大孔对应试样因长期处于干燥环境中失水而引起的裂纹。这种大孔尤其是数十微米的大孔（裂纹）的出现，显然不利于强度发展。因此，对于该条件下养护的试样，尽管随龄期延长硅铝聚合反应仍在持续进行，但因有害于强度的大孔（裂纹）大量出现，其后期强度并不随龄期延长而增长。

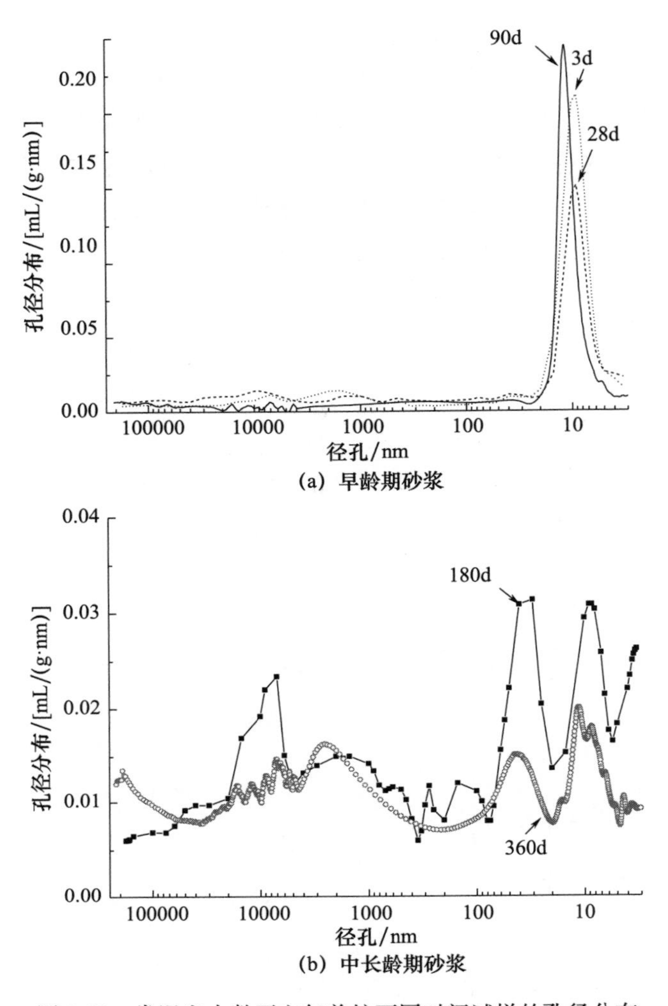

(a) 早龄期砂浆

(b) 中长龄期砂浆

图 3-29 常温室内敞开空气养护不同时间试样的孔径分布

3.3 硅钙渣基碱激发胶凝材料及其反应机制

本研究中分别采用100%矿渣、100%硅钙渣以及不同比例的硅钙渣-矿渣复合微粉为原料制备碱激发胶凝材料，通过对所制备胶凝材料的力学性能、水化进程以及原材料的水化反应程度进行表征，对碱激发反应过程中硅钙渣、矿渣的作用及其对胶凝材料力学性能的贡献等机理进行深入探讨。

在水玻璃模数为 2.4 条件下，对于以 100%矿渣为原料制备的碱激发胶凝材料(S100)，通过综合分析其力学性能、水化进程以及原材料反应程度可发现，早龄期(<7d) 时矿渣的活性发挥极慢，在水化放热以及原材料反应程度结果中的表现也与其在宏观强度性能上的表现基本一致。然而，当龄期超过 7d 时，随着龄期的增长，矿渣的活性得到激发，其水化速度与原材料反应程度均显著增长，在宏观性能上也体现为

强度急剧增长。

已有研究表明，碱激发反应过程可大概分为原料溶出—物相平衡—凝胶化—重构—聚合与硬化五个阶段。其中，原料溶出是指固态硅铝质原料在液相中 OH^- 侵蚀作用下，Si—O、Al—O 键断裂而释放出类离子态 Si、Al 单体的过程。原料溶出是碱激发反应过程中最重要的一步，控制着整个碱激发反应的进行，而原料的溶出过程则受液相 pH 值、阴离子种类、原料组成等诸多因素影响。对于低（贫）钙的粉煤灰、偏高岭土等硅铝质原料，由于 Si—O、Al—O 键能较高，溶出过程中往往需要较大的能量，因此通常情况下除采用较高碱浓度外，还须提高养护温度（蒸养）以加快原料中硅、铝单体的溶出。对于高钙含量的矿渣，由于 Ca 在矿渣玻璃体中主要起“网络改性体”作用，Ca—O 键的键能要远远小于 Si—O、Al—O 键的。因此，同样 pH 值条件下，矿渣中的 Ca 往往优先于硅、铝组分溶出，从而使玻璃体结构遭到破坏，促进碱激发反应的进行。当采用水玻璃为激发剂时，由于溶液中存在部分由水玻璃溶解出的硅酸根离子，因此矿渣中的 Ca^{2+} 溶出后往往会先与溶液中的硅酸根离子结合，生成低 Ca/Si 比的 C-S-H 凝胶。这一过程对游离水的消耗使溶液 pH 值升高，加之所生成 C-S-H 凝胶的晶核作用，进一步促进了碱激发反应。

本研究中，在 20℃、5％激发剂掺量（模数为 2.4）以及 0.5 水灰比条件下，以 100％矿渣为原料制备的碱激发胶凝材料（S100），早龄期时矿渣的活性发挥极慢，当龄期超过 7d 时矿渣的活性才开始快速发挥。这说明该激发条件尚不足以使矿渣中的 Ca—O 键在短时间内断裂，因此在早龄期时矿渣的活性激发主要受激发剂溶液中 OH^- 对矿渣颗粒表面的缓慢侵蚀过程控制。随着龄期的增长，矿渣颗粒表面的侵蚀程度逐渐加深，溶解出的 Ca^{2+} 与水玻璃溶解出的硅酸根离子之间的反应使溶液 pH 值升高，从而使矿渣的溶解过程以及碱激发反应速度加快。

相比之下，同样激发条件下，以 100％硅钙渣为原料制备的碱激发胶凝材料（C100）虽然表现出了与 100％矿渣制备碱激发胶凝材料（S100）相似的性能发展规律，但由于硅钙渣中 C_2S 更高的水化活性以及体系中更高的碱含量（硅钙渣自身会有一定量游离碱）等因素，所制备的胶凝材料表现出了更为优异的碱激发反应效果，但其力学性能的优势仅在早龄期（＜7d）时有微弱体现。当龄期超过 7d 时，其力学性能要明显劣于 100％矿渣制备碱激发胶凝材料的。这说明碱激发胶凝材料的力学性能除受原材料水化活性、水化程度影响外，还受原料组成、颗粒形貌等多因素影响。

结合前文硅钙渣、矿渣的颗粒形态及微观形貌结果，以硅钙渣/矿渣比例为 50/50 的复合微粉制备的碱激发胶凝材料（C50S50）为例分析硅钙渣、矿渣颗粒特性对所制备胶凝材料力学性能的影响。

试样 28d 龄期时的 BSE 照片如图 3-30 所示。由图可知，试样中明显可见未反应的矿渣颗粒、硅钙渣颗粒以及大量的碱激发反应产物 C（N）-（A）-S-H 凝胶。其中，矿渣主要为棱角分明的不规则实心颗粒。随着激发剂溶液中 OH^- 和 Na^+ 对矿渣颗粒侵蚀程度的加深以及矿渣颗粒中 Ca、Mg、Si、Al 等组分的溶出，在矿渣颗粒表面出现了明显的反应产物层。研究表明，该产物层主要为碱激发反应产物 C-A-S-H 凝胶以及 Mg-Al 水滑石（Mg-Al layered double hydroxide，LDH）的复合体系，且由于 Mg-Al 水滑石的增强作用，该产物层具有较基体中的 C-A-S-H 凝胶产物更高的硬度和弹性模量。此外，棱角分明呈不规则颗粒状的矿渣在胶凝材料体系中，除了可发挥胶凝活性，生成相应的水化产物外，还可在一定程度上发挥出“集料”作用。

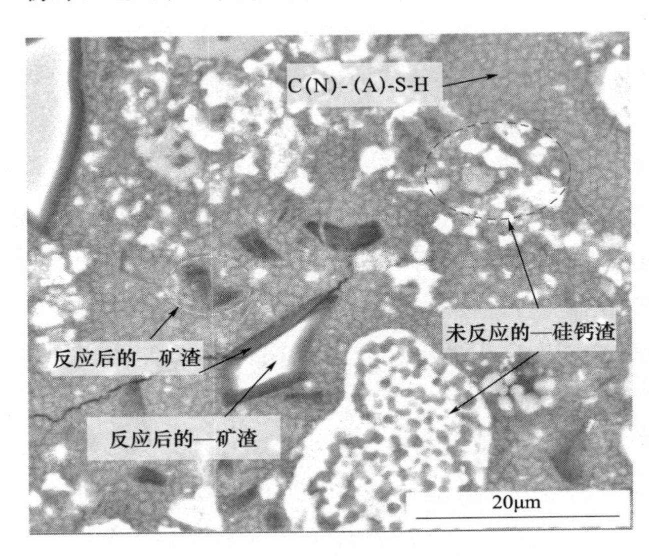

图 3-30　C50S50 试样的背散射照片（28d）

对于以硅钙渣-矿渣复合微粉为原料制备的碱激发胶凝材料（C10S90～C90S10），其水化反应程度以及强度均显著优于 100%矿渣制备的碱激发胶凝材料以及 100%硅钙渣制备的碱激发胶凝材料。这说明采用硅钙渣和矿渣复合制备碱激发胶凝材料时，其相互之间存在协同效应。

众所周知，水灰比对于胶凝材料的水化速度、水化程度具有显著的影响。大量研究表明，提高水灰比可显著促进胶凝材料的水化过程。由于活性之间的差异，不同活性原料复合制备胶凝材料时，其活性发挥分别对应不同反应龄期。对于活性较高的原材料，由于早龄期时低活性原料对体系中的水仅仅起吸附作用，因此与纯体系胶凝材料相比，其相对水灰比有所提高。在本研究中，硅钙渣的水化活性要显著高于矿渣的，因此以硅钙渣-矿渣复合粉制备碱激发胶凝材料时，硅钙渣的水化速度及反应程度有所提高，但这一提高作用随硅钙渣-矿渣复合粉中前者所占比例的逐渐提高而逐渐变弱。

与此相对应，以硅钙渣-矿渣复合粉为原料制备碱激发胶凝材料时，除体系中碱含量有所增加外，硅钙渣中活性更高的 C_2S 较矿渣更容易溶出 Ca^{2+}，从而导致体系中溶出 Ca^{2+} 与溶液中硅酸根离子的反应大为提前。这使矿渣颗粒的活性激发过程不再受限于较低浓度 OH^- 对矿渣颗粒表面缓慢的侵蚀过程。这是硅钙渣-矿渣复合制备碱激发胶凝材料时，矿渣水化速度及反应程度也得到显著提高的主要原因。

对比不同配比硅钙渣-矿渣复合粉的反应程度及其所制备碱激发胶凝材料的强度发现，两者之间并不完全一致。当硅钙渣/矿渣＝10/90 时，所制备碱激发胶凝材料的各龄期强度均达到最大值。继续增大复合粉体中硅钙渣所占比例时，虽然原材料的水化程度有所提高，但由于矿渣所占比例的减少以及硅钙渣引入“缺陷”的增多，所制备胶凝材料的强度呈逐渐降低趋势。

3.4 小结

（1）对于热活性尾矿，模数为 2.0 的水玻璃具有最强激发效果，且在常温下矿渣具有良好的促凝促硬效果。协同调整矿渣及水玻璃用量，在保证试样 28d 抗压强度大于 50MPa 的前提下，可获得凝结时间短至数十分钟、长至数小时的碱激发胶凝材料。

（2）养护条件对热活性尾矿基碱激发胶凝材料的强度及强度发展有重要影响。高温养护（60℃水浴和 60℃蒸汽）有利于早龄期试样获得高强度，但长时间高温养护反而会使后期强度倒缩。常温养护（20℃潮湿空气和 20℃水）试样尽管早龄期强度明显低于高温养护的，但强度随龄期延长而持续增长。在常温室内敞开空气（20℃，40％～60％RH）中养护的试样，其早期强度不仅低，而且后期强度停止增长，甚至还稍许倒缩。因此，要获得较高强度必须在潮湿条件下养护，若还需进一步提高强度，则应采取短时高温养护再常温养护的措施。

（3）以硅钙渣-矿渣复合粉为原料制备碱激发胶凝材料时，硅钙渣和矿渣之间具有协同效应——由于硅钙渣相对含量的被“稀释”而造成“相对水灰比”提高，水化反应过程得以加快。硅钙渣中高活性 Ca^{2+} 与水玻璃溶液中硅酸根离子的反应极大地促进了矿渣颗粒的水化硬化过程。这一协同效应使复合体系的水化速率加快，原材料（硅钙渣-矿渣复合粉）水化反应显著程度提高，从而使胶凝材料的强度（尤其是早龄期）得到显著提高。

4　碱激发胶凝材料的耐久性能

4.1　碱激发胶凝材料的长龄期强度

相对于硅酸盐水泥已经有 200 年的历史，碱激发胶凝材料诞生不过 80 年左右；相对于硅酸盐水泥积累了 100 多年的基础数据，碱激发胶凝材料长期性能数据的缺失已经成为其应用的制约因素之一。

前文所示的研究结果已经表明，长时间高温养护不利于试样长期保持稳定的强度。为此，研究了常温养护条件下长龄期（最长 6 年）试样的强度发展及产物、微观结构变化。

将在常温水［$T=$（20±1)℃］中养护 1 年的砂浆试样，转移至室内环境中继续［$T=$（20±2)℃，RH=40%～80%（经历了春、夏、秋、冬四季)］养护。至 2.5 年、4 年、6 年时测试试样的强度，并观察其组成、微观结构的变化。

4.1.1　强度变化

6 年龄期内常温养护条件下试样强度发展如图 4-1 所示。由图 4-1 可知，试样强度稳定而持续地增长，至 6 年龄期试样的抗压强度可达到 70MPa 以上。事实上，对于采用水玻璃激发的碱矿渣混凝土，标准养护 28d 后置入室内环境继续养护至 7 年，因矿渣的持续水化而使界面区更致密[97]。因此，可以推断本实验中观察到的这种强度持续增长无疑是由不间断进行的碱激发反应引起的。

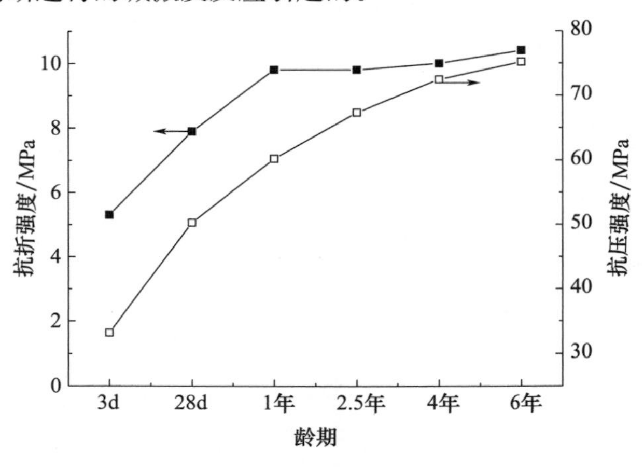

图 4-1　常温养护条件下长龄期试样强度发展

由于少见以年为计时单位的碱激发胶凝材料长期性能，人们总是担忧这种材料的服役寿命。另外，虽然加速试验在一定程度上能够展示碱激发胶凝材料在服役条件下的性能演化、产物及结构变化趋势，但不同凝胶在加速氛围中具有不同变化机理而使寿命预测比硅酸盐水泥基胶凝材料更为困难。例如，在碳化氛围中，低钙硅比的水化硅酸钙（C-S-H）因脱钙而使其结构瓦解，失去胶结性能；水化硅铝酸钙（C-A-S-H）因失去钙而在结构上表现为更大程度的缩聚，且因碳化发生收缩而在碳化区域出现微裂纹[93]；水化硅铝酸钠（N-A-S-H）在碳化氛围中会失去部分 Na^+，但不会发生聚合结构上的改变[98-99]。上述三种组分在高钙/低钙复合体系（例如碱激发矿渣/粉煤灰或偏高岭土体系）中都有可能存在。它们不同的碳化机制导致这种复合体系的性能发展成为一件不可预知的事情，这是因为三者所占比例的多少无法确定。因此，长龄期试样的性能发展数据对促进这种材料的推广应用就显得异常重要了。

4.1.2　产物变化

（1）X-射线衍射分析

图 4-2 为热活化尾矿及早龄期、长龄期试样的 XRD 图谱。由图 4-2 可知，与早龄期试样一样，位于 20°～35°（2θ）的馒头峰依然是长龄期试样的主要衍射特征，这说明无定形凝胶仍然是长龄期试样的主要水化产物。与热活化尾矿的物相对比，发现刚玉、石英、莫来石、云母等晶体在高碱条件下具有较好的稳定性，即使在龄期长达 6 年的

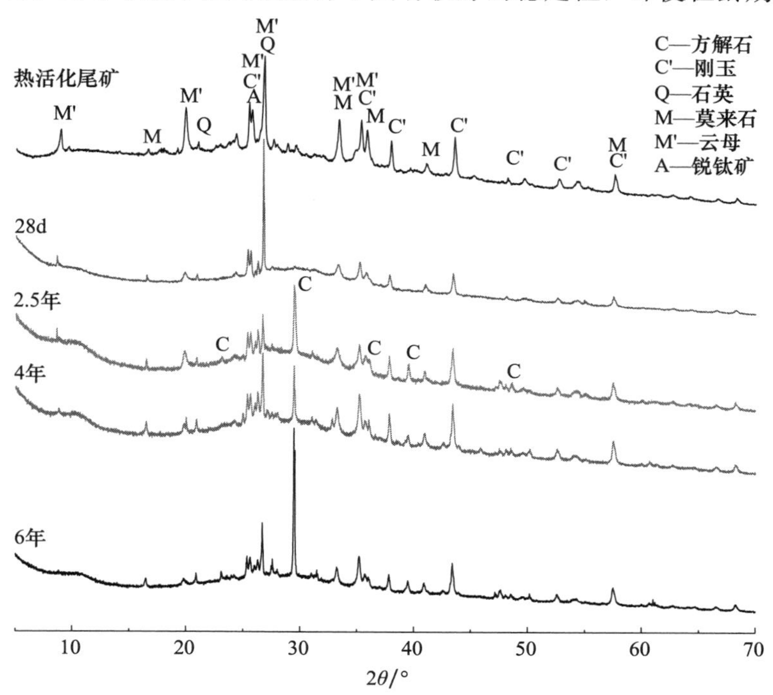

图 4-2　长龄期试样与早龄期试样、热活化尾矿的 XRD 图谱对比

试样中仍然可明显观察到上述晶体对应的衍射特征峰。这说明对该碱激发条件而言，上述组分呈现“惰性”。与早龄期（28d）试样对比，唯一区别在于长龄期试样中出现了明显的方解石衍射峰，这说明试样在长时间养护过程中发生了碳化。

图 4-3 为 6 年龄期试样的 XRD 图谱。由该图知，除热活化尾矿带入的云母等矿物外，6 年龄期试样中还出现了方解石、碱石等碳酸盐。方解石源于含钙凝胶的碳化，而碱石主要源于富钠离子的孔溶液与碳酸根的作用。事实上已有研究结果表明，在水玻璃激发的 7 年龄期碱激发矿渣混凝土的表层中可观察到碱石的存在[100]。

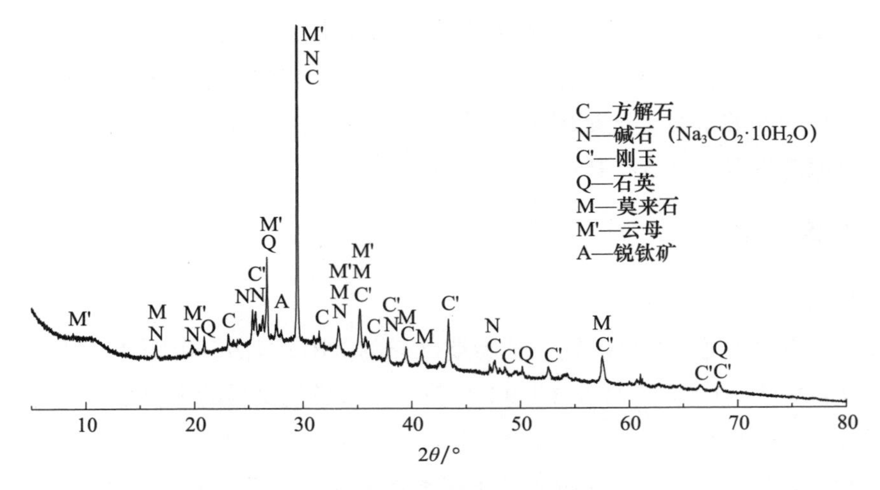

图 4-3　6 年龄期试样的 XRD 图谱

对于碱激发胶凝材料而言，尤其是碱激发矿渣胶凝材料，碳化是困扰这一领域几十年的老问题。相对于硅酸盐水泥基胶凝材料，碱激发胶凝材料的水化产物为低钙/贫钙的水化硅铝酸盐凝胶，无氢氧化钙，因而在二氧化碳氛围中水化硅铝酸盐凝胶成为碳化反应的唯一对象。碱激发胶凝材料的孔溶液始终处于高碱状态，从而有利于二氧化碳溶解，且碳酸钙在碱溶液中的溶解度更低，这使碱激发胶凝材料较硅酸盐水泥基胶凝材料有更高的碳化风险[100]。已有研究结果表明，加速碳化使 C-A-S-H 凝胶脱钙，并伴随着孔溶液碱度降低，不仅使材料力学性能劣化，还会引起钢筋锈蚀等耐久性问题[92,101-102]。然而，在自然条件下碱激发胶凝材料的碳化行为与加速碳化试验的结果又有所不同。已有研究结果表明，在自然条件下碱激发胶凝材料的碳化处于中低水平。例如，对于水玻璃激发的碱矿渣混凝土，在自然条件下其碳化速度为 1mm/年[17]；对于碳酸钠或氢氧化钠激发的碱矿渣混凝土，在自然条件下 18 年龄期试样的碳化深度仅为 8mm[103]。上述研究结果表明，在自然条件下碱激发胶凝材料的碳化处于可接受的范围。加速碳化实验与自然碳化实验结果的差异可能源于化学反应与扩散在不同阶段的控制作用不同。由于碳化由表及里，因此在初始阶段化学反应控制着碳化进程。随着碳化的逐步深入，内部的水化产物与碳酸根的接触成为控制性因素，即二氧化碳的扩散控制了后期的碳化。加速碳化与自然碳化在初始阶段都受化学反应的控制。然而，随着碳化的进行，在加速碳化实验中因碳化以更快速度进行，将使碳化区域收缩而出现更多裂纹[100]，再加上二氧化碳浓度高，二氧化碳很容易通过新形成的裂纹而抵达暂时还未碳化的水化产物。因此，碳化过程由化学反应转变为扩散控制的突变点不明显，碳化将持续地以较快速度进行。在自然碳化氛围中，因二氧化碳浓度低，碳化较缓慢，因此随着碳化的进行，碳化过程将由化学反应阶段转变为扩散控制阶段。由此可知，加速碳化试验不仅加快了碳化的速度，还放大了碳化的后果，这必然使加速试验条件下碱激发胶凝材料表现为较高的碳化风险。

尽管 XRD 分析表明试样发生了明显碳化，但砂浆试样的强度并没有因碳化而显示出衰减。其原因可能有三个：①砂浆试样事先经历了长达 1 年的潮湿空气养护，碱激发反应充分、结构致密。本实验的砂浆试样在第一年始终处于 RH 为 95%±5%的养护环境中，而在干燥或 RH 为 100%的环境中碳化难以进行（XRD 及 TG-DSC 等结果都证实其碳化不明显），因此已经形成致密结构且未碳化的试样为后续空气养护条件下其强度发展奠定了基础。②碳化对强度发展造成的不利影响小于因持续发生的碱激发反应对强度增长的贡献。已有研究表明，采用溶有碳酸氢钠的溶液浸泡水玻璃激发矿渣混凝土，12 个月后尽管其强度低于水养护试样的强度，但强度仍然能够持续增长，增长幅度超过 20MPa，这正是持续进行的碱激发反应对强度增长的体现[104]。③以 N（C）-A-S-H 凝胶为主的胶凝材料的碳化并不会使凝胶丧失胶凝性能。本实验试样虽然掺有约 30%的高钙组分——矿渣粉，但总体而言仍然属于低钙、高铝、高硅体系（Ca：Si：Al=1：2.5：2.7）。在这种低钙体系中，反应产物中虽然有部分低钙硅比的 C-A-S-H 凝胶，但大多数为 N（C）-A-S-H 凝胶。两者的碳化都会导致碳酸钙的出现，前者会因脱钙而使“三明治”结构（两层钙氧层夹一层硅氧四面体链层）破坏，但后者仅失去电荷平衡的钙离子，且体系中有足够的钠离子来代替钙离子的电荷平衡作用，即碳化对 N（C）-A-S-H 凝胶的三维网络结构并不会造成破坏。由此推断，以 N（C）-A-S-H 凝胶为主的胶凝材料在碳化氛围中并不会因碳化而显著影响强度发展。

（2）热分析

图 4-4 所示为长龄期与早龄期试样的 TG-DSC 曲线。对于早龄期试样，失重伴随着整个加热阶段，但主要发生在 200℃之前吸附水和结晶水的脱除；与脱水引起的明显失重阶段对应，在 200℃之前存在一明显吸热峰；DSC 曲线中除这一吸热峰外，再无其他明显吸放热峰，但在 785℃出现了一微小放热峰，其是由未反应完的水玻璃结晶而引起的。

根据早龄期试样的 TG-DSC 曲线可推断碱激发胶凝材料的水化产物主要为低钙的 N（C）-A-S-H 凝胶，而 C-S-H 凝胶数量有限。因为 C-S-H 凝胶在加热过程中，会在 850℃附近明显放热而形成 β-硅灰石[105]，但本实验的 DSC 曲线中这一特征并不明显。

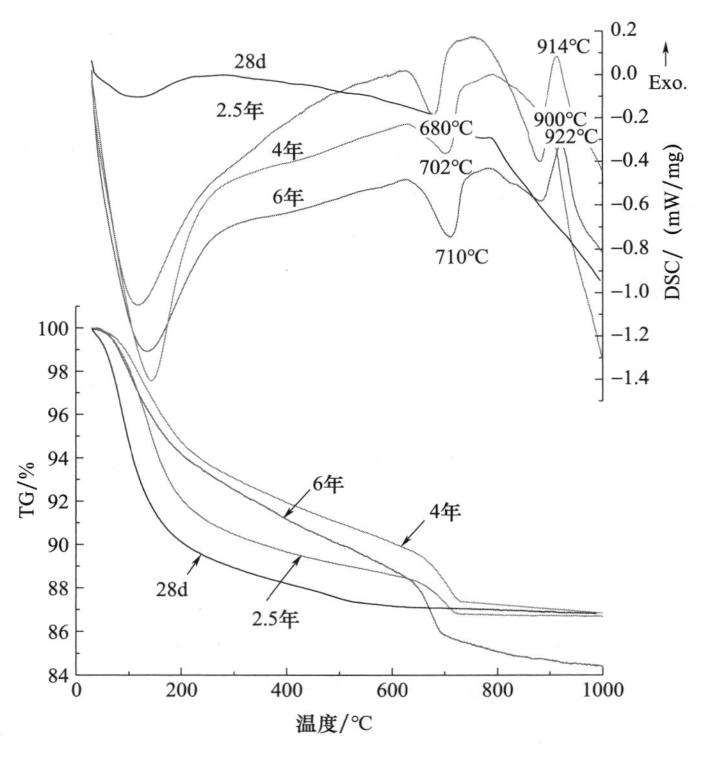

图 4-4　长龄期与早龄期试样的 TG-DSC 曲线

与早龄期试样对比，长龄期试样的 TG-DSC 曲线特征明显不同。

①自由水、吸附水、结构水引起的失重量明显小于早龄期的试样失重量，且随养护龄期的延长脱水引起的失重量逐渐变小。由于试样在进行 TG-DSC 分析之前，都在 65℃的真空干燥箱中进行了 24h 以上的烘干处理，因此在小于 600℃范围内的失重可认为主要由非蒸发水（如结构水）引起。在碱激发反应过程中，水作为反应物在初期参与碱激发反应，并以—OH 形式键合于硅铝低聚物；随着反应的持续进行，低聚物缩聚，释放出水。因此，在早龄期试样中有相当一部分水以—OH 形式存在，而在长龄期试样中因缩聚而少见—OH 形式的水。那么，根据 TG 曲线的失重特征就可推断碱激发反应的大致进程。长龄期试样因脱水而引起的失重量小于早龄期试样的失重量，则说明碱激发反应的持续进行，即缩聚反应的持续进行。

②除脱水引起的失重外，在 700℃左右存在一明显失重，与之对应存在一明显吸热峰，其是由碳酸钙分解引起的。

③在 900℃左右存在一明显放热峰，但无失重，其是由反应产物结晶而引起的。在高温条件下发生结晶是完全可能的：碳酸钙的分解提供了反应物——氧化钙，水化硅铝酸盐（如 N-A-S-H 凝胶）作为另一反应物，将共同作用而生成长石类矿物——钙铝黄长石（$2CaO \cdot Al_2O_3 \cdot SiO_2$）。该过程为放热过程，这与水化硅铝酸钙的高温结晶行为相似[83]。

随着养护龄期的延长，由碳酸钙分解引起的失重量逐渐增大，由 2.5 年的约 1.4%

增大到 4 年的 2.0%，再增大到 6 年的 2.5%。这不难理解，因为随着龄期延长，碳化作用时间延长，引起的碳化当然更显著，生成的碳酸钙等碳化产物当然更多。

本实验制备的碱激发胶凝材料为低钙体系（热活化尾矿、矿渣构成的粉体中 CaO 含量仅约 10%），因此产物中即使存在低钙 C-S-H 凝胶或 C-A-S-H 凝胶，其也仅仅是反应产物的少数，多数以水化硅铝酸盐凝胶存在。那么，在自然条件下碳化对试样性能的影响有限，也就是说长龄期试样的强度完全有可能表现为持续增长。

（3）红外分析

图 4-5 所示为长龄期与早龄期试样的 FTIR 图谱对比。对于 28d 龄期试样，各吸收谱带对应的振动见表 4-1。$3440cm^{-1}$ 及 $1636cm^{-1}$ 对应水分子的振动特征，除了试样中的水分子也不排除大气中水分子对上述吸收谱带的贡献。$1422cm^{-1}$ 对应 C═O 的非对称伸缩振动，源于大气中的 CO_2 及试样碳化而生成的 CO_3^{2-}。$1000cm^{-1}$ 附近的吸收谱带对应 Si—O—Si（Al）的非对称伸缩振动，该吸收谱带为碱激发反应产物的指纹谱带。$875cm^{-1}$ 对应键合于硅铝聚合结构的—OH 弯曲振动，其与指纹谱带共同证实碱激发反应的发生。$638cm^{-1}$ 和 $591cm^{-1}$ 对应铝氧八面体（$[AlO^6]^{5-}$）中 Al—O 键的振动，这是因为热活化尾矿中含有刚玉，而刚玉的基本结构单元为 $[AlO^6]^{5-}$。$453cm^{-1}$ 对应 Si—O—Si（Al）的面内弯曲振动。

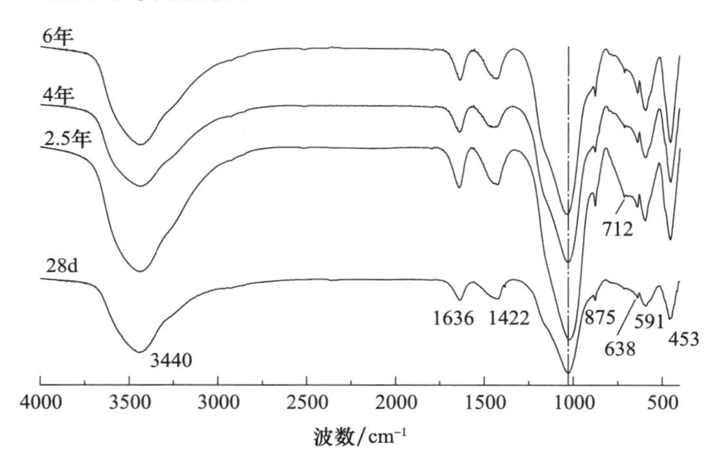

图 4-5 长龄期与早龄期试样的 FTIR 图谱

表 4-1 各吸收谱带对应的振动[71,91,106]

波数/cm^{-1}	振动
3000～3600	水分子的伸缩振动
1636	水分子的弯曲振动
1422	CO_3^{2-} 对应的非对称伸缩振动
950～1200	Si—O—Si（Al）的非对称伸缩振动
875	Si（Al）—OH 的弯曲振动
638，591	铝氧八面体中 Al—O 的振动
453	Si—O—Si（Al）的弯曲振动

当试样的养护龄期延长至数年时，其对应的 FTIR 图谱相比于 28d 试样无明显区别：指纹谱带无偏移、无宽化，但吸收强度较 28d 试样的明显增强，说明随养护龄期的延长而生成了更多的反应产物；除 712cm^{-1}这一微小吸收谱带外，长龄期试样的所有其他吸收谱带与 28d 试样完全一致，这说明随着龄期的延长，硅铝聚合结构并不会出现新的键合结构。长龄期试样中，712cm^{-1}对应的吸收谱带是 CO_3^{2-} 的弯曲振动引起的[107]，这再次说明长龄期试样发生了碳化。

4.1.3 微观结构演化

（1）孔结构分析

与硅酸盐水泥水化一样，碱激发胶凝材料在养护周期内也会持续不断地进行碱激发反应，而反应的这种持续性肯定最终会体现于材料微观结构的变化。另外，如前文所述，长龄期试样还发生了碳化，这种化学作用也将影响材料的微观结构。

图 4-6 为早龄期、长龄期试样的累积孔容曲线。对于 28d 试样，进汞曲线在 3μm 左右出现抬升，说明该试样中存在孔径为微米级的大孔。然而，随着压力的增加（对应孔径的变小）进汞曲线上升缓慢，说明在微米级的尺寸范围内并不存在集中分布的大孔，而是一系列尺寸的大孔分散分布。进一步增大进汞压力，进汞曲线陡然上升，此时对应的孔径大小为纳米级，这说明在早龄期试样中存在纳米级小孔的集中分布。然而，当进汞压力增大到足以使汞注入小于 6nm 的孔时，进汞曲线再次变得平缓，说明早龄期试样中更小尺寸的小孔数量有限。早龄期试样的进汞曲线陡然上升区间的狭窄说明了该试样中纳米级小孔的分布较集中。

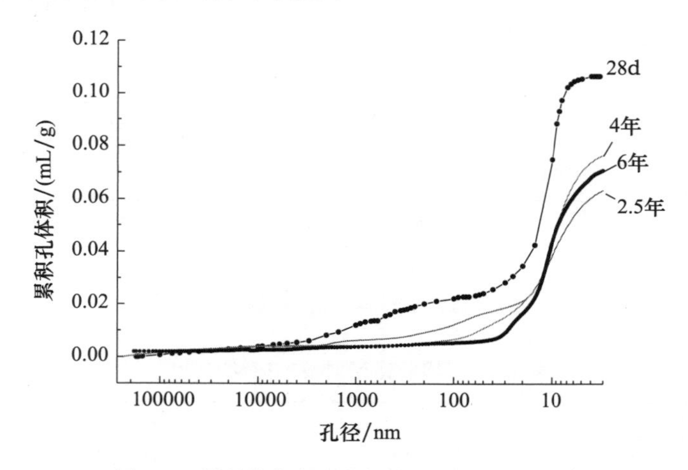

图 4-6 早龄期与长龄期试样的累积孔容曲线

对比 28d 龄期试样，长龄期试样的进汞曲线特征有所不同：①后者的进汞曲线抬升的起始点延后，即起始点向小孔径方向偏移，偏移至纳米级，说明在长龄期试样中微米级大孔数量减少；②后者的进汞曲线普遍比前者“矮”，即后者的累计进汞量少，说明后者孔隙率低，结构更致密；③虽然后者进汞曲线的陡然上升阶段与前者的相似，但后者进汞量的增加一直持续到更高压力状态下的更小孔径，因此后者的进汞曲线一直呈上升势态，这说明在后者中存在分布更广的纳米级小孔，哪怕是孔径只有几个纳米的孔也有相当数量。

长龄期试样进汞曲线特征与早龄期试样的上述差异必然是由从未终止的碱激发反应引起的。碱激发反应持续进行，必然会生成更多凝胶，这些凝胶填充孔洞，使大孔数量减少，并使长龄期试样孔隙率降低。凝胶数量的增加，必然会引入数量众多、尺寸不一的纳米级凝胶孔，这使长龄期试样在纳米范围内出现了较宽的孔径分布。

长龄期试样与早龄期试样的进汞曲线具有相似的陡然上升特征，这是因为这种陡然上升仅仅是由数量众多的纳米级凝胶孔引起的。无论龄期的长短，碱激发反应产物均为水化硅铝酸盐凝胶。虽然在早龄期及长龄期试样中凝胶有数量上的差异，但凝胶的性质（包括孔结构特征）是相似的。因此，具有相似孔结构特征的凝胶使早龄期、长龄期试样的进汞曲线具有相似的陡升行为。

除持续进行的碱激发反应对孔结构改变起作用外，碳化也是一个不可忽略的因素。碳化对孔结构的影响具有两个截然相反的作用：碳化会使凝胶收缩，进而出现微裂纹，使孔隙率增大[108]；碳化产物——碳酸钙沉积在孔洞中，起填充孔隙的作用，使孔隙率降低[109]。两相比较，碳化产物沉积对孔隙率降低的作用要大于微裂纹对孔隙率增加的作用，因此碳化试样的孔隙率呈降低趋势[109]。由此可知，长龄期试样因产物填充、碳酸钙沉积而使大孔数量减少，这就成为进汞曲线抬升起始点向小孔径方向偏移及累计进汞量（孔隙率）变小的主要原因。

以上所述的碱激发反应及碳化这两种化学作用都是时间的正相关函数，其对长龄期试样微观结构的影响必然随着养护时间的延长而有所体现。随着养护龄期的延长，试样进汞曲线抬升起始点逐渐向小孔径方向移动，甚至使 6 年龄期试样的起始点移至约 30nm。这种变化说明随龄期的延长，大孔数量逐渐变少，这当然是后续生成的碱激发反应产物及碳化产物对孔洞填充的直接后果。虽然这种对大孔的填充作用使长龄期试样的累计进汞量（孔隙率）变小，但由于后续生成凝胶带入了数量众多小孔及碳化对孔结构改变（既引入新的微裂纹又填充大孔）的多重而复杂作用，使各长龄期试样的累计进汞量（孔隙率）并不随龄期延长而表现出明显规律。

图 4-7 所示的早龄期与长龄期试样的孔径分布曲线证实了根据累积孔容曲线做出的推断：①对于 28d 龄期试样，在数微米及数百纳米的尺度范围内确实存在数个分布矮峰，即不存在明显集中分布的大孔，而是一系列尺寸的大孔；②对于 28d 龄期试样，纳米级小孔主要集中分布于 10nm；③对于长龄期试样，孔主要分布于纳米尺度范围内，尤其是 6 年龄期试样，其孔更是主要分布于数百纳米范围内。

随着龄期的延长，试样中微米尺寸范围内的大孔分布越发不明显，这与长龄期累积孔容曲线抬升起始点逐渐向小孔径偏移的规律一致，这再次印证了碱激发反应产物及碳化产物对大孔的填充作用。

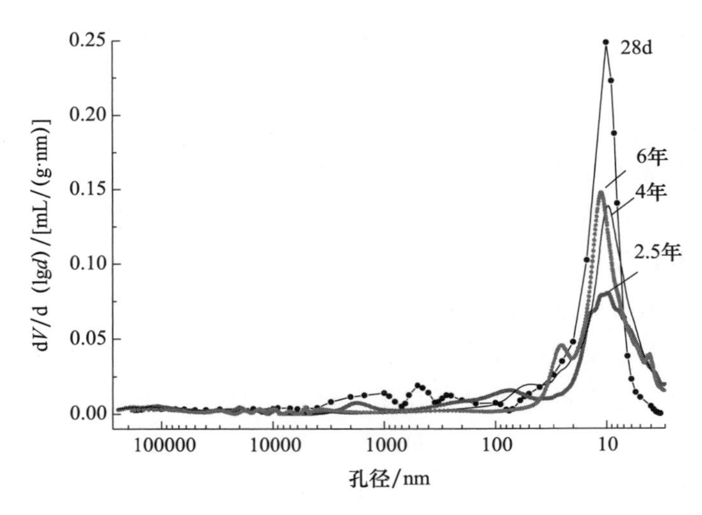

图 4-7 早龄期与长龄期试样的孔径分布曲线

表 4-2 为早龄期、长龄期试样在不同尺度孔径范围内的孔径分布对比。由表 4-2 可知，虽然 28d 龄期试样中小于 50nm 的孔已经占据主导地位，但随着龄期的延长这一尺度范围内孔的主导地位将变得更明显，以致 6 年龄期试样中小于 50nm 的孔占据了 91%以上。如前所述，大孔数量的变少仍然可归因于碱激发反应产物及碳化产物的填充作用，而数量更多的小孔除了后续生成凝胶带入的外还可能来自碳化。已有研究表明，碳化试样中小尺寸孔数量是未碳化试样的 2 倍[117]。

表 4-2 长龄期与早龄期试样在不同孔径范围内的孔分布对比

孔径/nm	孔径分布/%			
	28 天	2.5 年	4 年	6 年
≤10	29.7	39.5	44.6	38.8
>10～50	47.5	38.4	41.3	52.6
>50～10000	19.1	16.9	8.9	5.2
>10000	3.7	5.2	5.2	3.4

通常而言，试样强度与其孔径分布有密切关系。小于 10nm 的凝胶孔及大于 10nm 而小于 50nm 的毛细孔对强度几乎无不利影响，而大于 50nm 的孔包括更大的宏观孔（大于 10μm）则对强度有害[110-111]。对于长龄期试样而言，随着养护龄期的延长，有害孔的数量逐渐减少，相应地，强度得以持续增长。

（2）微区形态分析

在长达 6 年的养护周期内，包括碱激发反应等经时化学过程的作用结果除了体现于孔结构，必然还会体现于微区形态或微观形貌。图 4-8 为碱激发净浆试样微区形貌随养护龄期延长的演化情况。由图 4-8 可知，28d 龄期试样及 2.5 年龄期试样多见微米级大孔，这与表 4-2 所示结果一致。随着养护龄期的进一步延长，大孔数量明显减少，虽然仍可见微米尺寸的孔洞，但孔的尺寸较前两者变小，因此比较而言更长龄期（4 年和

6年）试样变得更致密。更长龄期试样大孔数量变少与表4-2所示结果一致，这再次印证了碱激发反应对长龄期试样的致密化作用。

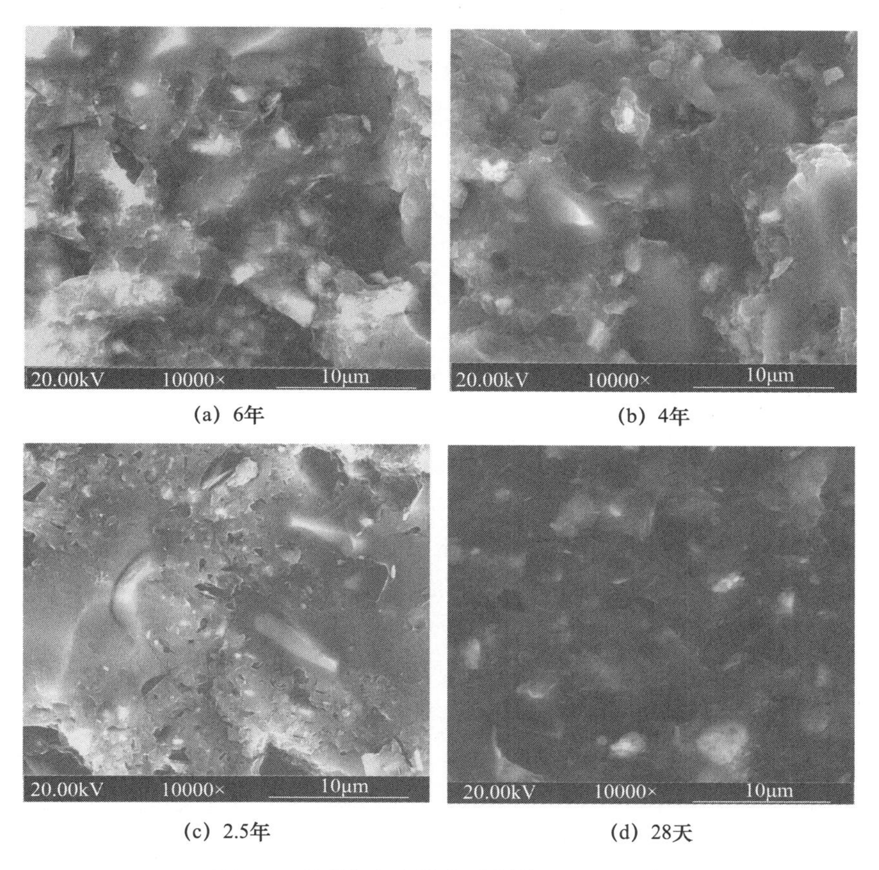

(a) 6年　(b) 4年

(c) 2.5年　(d) 28天

图4-8　早龄期与长龄期试样的ESEM照片

然而，在上述观察区域内并未观察到凝胶因碳化而收缩、出现裂纹的碳化区域，也未观察到碳化产物的沉积。未观察到明显碳化区域与本实验设计的碱激发胶凝材料组成密切相关。虽然在以活化尾矿为主要原材料的碱激发胶凝材料制备时添加了30%矿渣粉，但该体系仍然属于低钙系列，其Ca：Si：Al=1：2.5：2.7。在含有一定钙的硅铝体系中，碱激发反应产物多为低钙硅比的C-S-H凝胶和（或）C-A-S-H凝胶、N-A-S-H凝胶构成的复合水化产物。例如，由含钙19.4%的高钙粉煤灰与硅酸盐水泥（两者比例为85%、15%）制备的碱激发胶凝材料，其Ca：Si：Al=1：1.2：0.6，推断其反应产物为C-S-H凝胶和C-A-S-H凝胶的复合体[82]；由含钙25.5%的高钙粉煤灰制备的碱激发胶凝材料，其Ca：Si：Al=1：1.3：0.7，推断其反应产物为C-S-H凝胶和N-A-S-H凝胶[112]；由含钙25.8%的高钙粉煤灰制备的碱激发胶凝材料，其Ca：Si：Al=1：1.1：0.6，推断其反应产物为C-S-H凝胶或C-A-S-H凝胶和N-A-S-H凝胶[113]；由粉煤灰及矿渣（两者比例为50%、50%）制备的碱激发胶凝材料，其Ca：Si：Al=1：2.1：1.0，观察到其反应产物为C-A-S-H凝胶和N-A-S-H凝胶[114]。上述产物处于碳化氛围中，只有 C-S-H 凝胶和 C-A-S-H 凝胶碳化才有可能观察到布满微裂纹的碳化区。本实验合成的碱激发胶凝材料由于钙含量较上述公开结果处于较低水平，其反应产物虽不排除有 C-S-H 凝胶和（或）C-A-S-H 凝胶的存在，但数量更多的应该是 N-A-S-H 凝胶。因此，本实验合成的碱激发胶凝材料即使在自然条件下发生了碳化，其后果也不足以观察到明显且布满裂纹的碳化区域。

除无特定形态的碱激发反应生成的凝胶外，在长龄期试样中还观察到了图 4-9 所示的藕节断面状及多孔蜂窝状物质。其 EDS 分析结果表明，该物质成分主要为氧、硅、铝（表 4-3）。相比于其周边的凝胶（图 4-9 所示的 1、2、3、4），其硅、铝含量更高，而钙、钠含量更低，且通常而言常温养护条件下碱激发反应生成的凝胶无特定形态，因此可推断这种形态的物质并不是凝胶。这种形态的物质与凝胶的界面清楚，且界面基本呈圆形，于是结合成分推断其为粉煤灰颗粒。针对粉煤灰颗粒形貌的研究表明，因燃煤锅炉温度偏低且煤粉停留时间过短，颗粒不能完全熔融而形成多孔、活性差的玻璃质颗粒[115]，因此即使经历长达 6 年的养护周期，其仍然未完全反应。

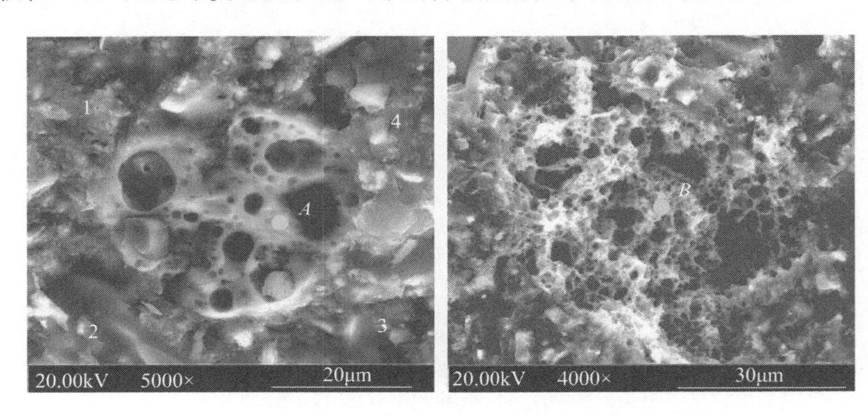

图 4-9　6 年龄期试样中呈藕节断面及蜂窝状形貌的物质

表 4-3　图 4-9 中区域 *A*、区域 *B* 的 EDS 成分及其与 1、2、3、4 点成分（平均）的对比

区域	元素/%							
	O	Na	Mg	Al	Si	K	Ca	Fe
A	68.8	0.8	0.5	11.9	15.4	1.0	1.0	0.6
B	70.4	1.9	0.7	10.3	13.4	0.6	2.0	0.7
1，2，3 和 4 的平均值	71.6	2.1	0.8	7.7	10.2	0.7	6.2	0.7

除了因活性差而不能完全反应的多孔玻璃质粉煤灰颗粒，6 年龄期试样中还观察到了粉煤灰的球形颗粒（图 4-10）。这种颗粒是粉煤灰中的富铁微珠，其表面通常析出磁铁矿雏晶［图 4-10（b）］，且几乎无活性[116]。因此，这种低活性的粉煤灰颗粒在 6 年龄期试样中仍然呈原始的球形颗粒形貌。

碳酸钙通常沉积于数百微米的大孔中（图 4-11）。EDS 分析表明，其成分主要为 O（63.5%）、C（13.8%）、Ca（17.8%），这进一步证实其是碳酸钙晶体。

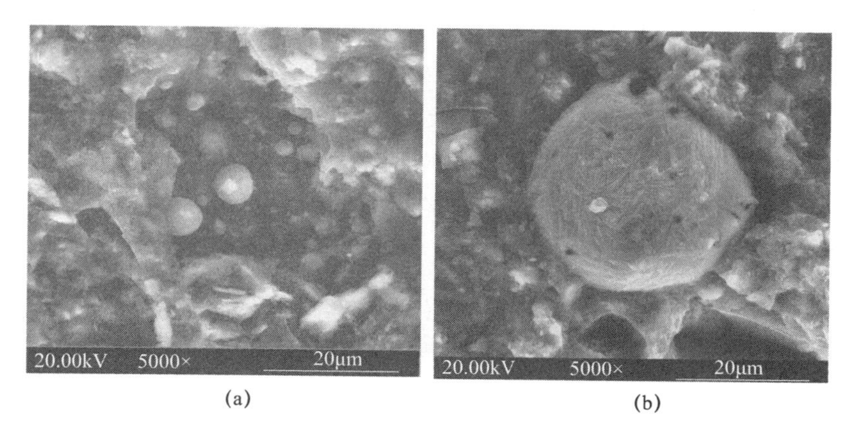

(a) (b)

图 4-10 6 年龄期试样中未反应的粉煤灰颗粒

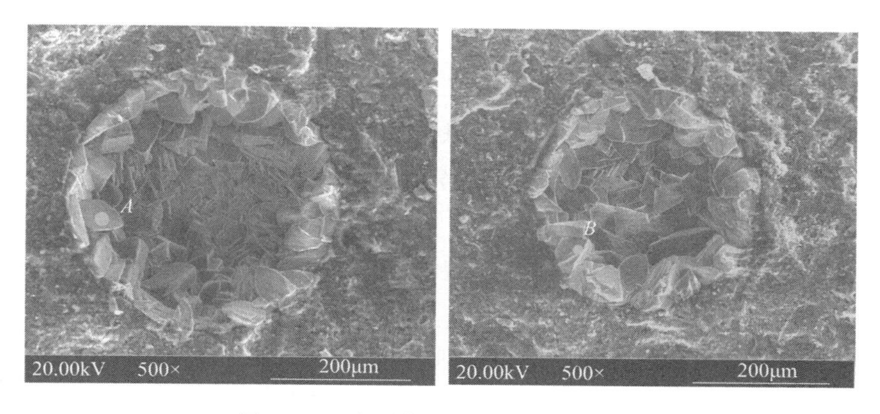

图 4-11 6 年龄期试样孔洞中的结晶体

4.2 碱激发胶凝材料的抗酸侵蚀性能

水泥混凝土作为目前应用量最大的人造建筑材料，被广泛地应用于各种工程建设中。然而，硬化水泥浆体属于碱性材料，极易受到酸性溶液侵蚀。尤其当应用于工业废水处理以及农肥储存等工程领域时，由于大量有机、无机酸性物质的存在，所用水泥混凝土往往需面临严苛的酸性侵蚀环境。传统硅酸盐水泥硬化体中因含有易与酸发生中和反应的 $Ca(OH)_2$，加之钙矾石、C-S-H 凝胶等水化产物稳定性对于环境 pH 值具有较高的要求（≥9.0）。因此，酸性环境条件下，硅酸盐水泥基胶凝材料很容易因酸侵蚀而使微观结构遭到破坏，从而在宏观上表现为强度及耐久性能显著降低。

大量研究表明，除降低水灰比、优化颗粒级配等传统技术措施外，通过掺加粉煤灰、硅灰、偏高岭土等辅助性胶凝材料（相应地减少水泥熟料用量），既可有效降低硬化水泥浆体中 $Ca(OH)_2$的含量，又可发挥其火山灰效应生成低 Ca/Si 比的 C-(A)-S-H 凝胶产物使基体致密程度提高，从而达到有效改善硅酸盐水泥混凝土耐酸侵蚀性能的目的[117]。尽管如此，硅酸盐水泥混凝土的耐酸侵蚀性能通常不能满足使用要求。因此，开发耐酸性能优异的新型胶凝材料，是改善混凝土结构耐酸性能的一条有效途径。

碱激发胶凝材料因其较高的碱含量以及产物中不含 $Ca(OH)_2$ 等特性，通常情况下被认为较硅酸盐水泥基材料具有更为优异的耐酸侵蚀性能。近些年来，研究人员在碱激发胶凝材料的耐酸侵蚀性能及其机理方面开展了诸多研究，其较硅酸盐水泥具有更为优异的耐酸侵蚀性能也得到了证实[95,109]。然而，由于碱激发胶凝材料的原料来源广泛以及所采用酸性侵蚀介质、试验方法不同等原因，不同碱激发胶凝材料的耐酸性能差异较大[63]。一方面，反应产物在酸性环境条件下的稳定性是碱激发胶凝材料耐酸性能优劣的决定性因素，而其产物组成则受原料组成、养护条件等诸多因素影响。对于以矿渣等高钙原料制备的高钙碱激发胶凝材料体系，其主要产物为低 Ca/Si 比、呈链状结构的 C-(A)-S-H 凝胶；对于以粉煤灰、偏高岭土等低钙原料制备的低钙碱激发胶凝材料体系，其主要产物为具有三维网络结构的 N-A-S-H 凝胶。由于结构上的差异，不同酸性环境条件下这两种凝胶结构的稳定性也往往有所差异[108,118-120]，其受侵蚀机理也有所不同[121]。而在实际情况中，为兼顾高钙体系碱激发胶凝材料早龄期强度发展快、低钙体系碱激发胶凝材料反应缓慢的特点，往往采用高钙-低钙原料复合制备碱激发胶凝材料，即复合体系中产物往往以 C(N)-(A)-S-H 凝胶或 N(C)-A-S-H 凝胶的形式存在。尤其近些年来，随着碱激发胶凝材料原料范围的进一步扩大，其产物组成变得更为复杂。另一方面，不同的酸性介质，对不同组成胶凝材料的侵蚀机理也有所不同。通常来说，酸性介质对胶凝材料的侵蚀可分为溶出型、反应型以及结晶膨胀型三种[122]。因此，对于不同碱激发凝胶材料的耐酸侵蚀性能，应针对其原料组成、酸性介质等特定因素进行系统性研究。

本研究中，以“(52.5%硅钙渣＋22.5%矿粉＋25.0%粉煤灰）＋5%水玻璃（模数为 2.40)”为配比制备了碱激发胶凝材料。该胶凝材料的主要产物为 C(N)-(A)-S-H 凝胶，具有优异的强度且在 4 年养护龄期期间强度可持续稳定增长。在此基础上，本研究通过研究其分别在强酸性介质（5%硝酸溶液）、中强酸性介质（5%磷酸溶液）以及弱酸性介质（5%醋酸溶液）中试样外观、质量、强度、产物组成以及微观形貌的变化规律，探讨其耐酸侵蚀性能，从而为该材料的工业化应用提供支撑。

试验过程中，经制备、脱模并在标准养护箱［$T=(20\pm1)$℃，RH≥90%］中养护至 27d 龄期后，将试样取出并浸入室温淡水中进行预饱水。24h 后将试样从水溶液中取出，用湿毛巾擦干表面明水后称重。随后将试样分别浸入提前制备的 5%（质量分数）硝酸溶液（0.82mol/L)、5%磷酸溶液（0.52mol/L）以及 5%醋酸溶液（0.84mol/L）中。至设定浸泡龄期时，将试样从酸性溶液中取出，在自来水下轻轻冲洗 10s 以洗去试样表面残余的酸液，并用湿毛巾立即擦干试样表面后称重。随后对试样进行外观形貌、力学性能、产物组成以及微观形貌测试和表征。同时采用 10g/L 的酚酞指示剂（10g 酚酞＋无水乙醇并定容于 1L）喷洒试样截面，以对试样的受侵蚀程度进行表征。

4.2.1　酸溶液 pH 值

实验过程中酸溶液的 pH 值变化如图 4-12 所示。

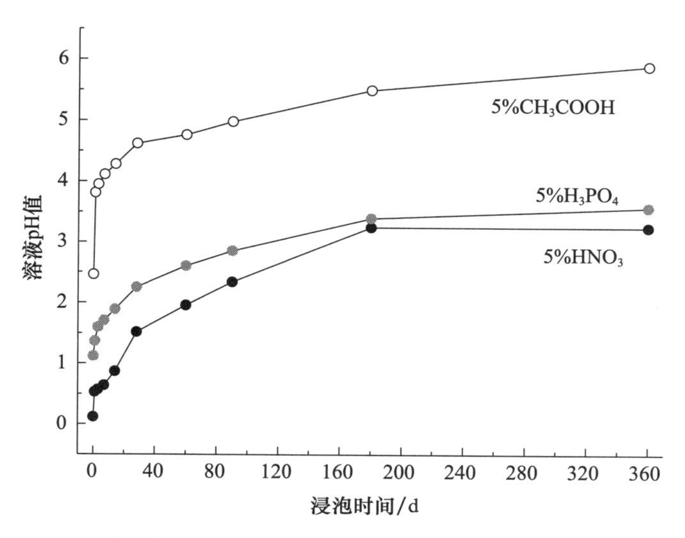

图 4-12　不同酸溶液随浸泡时间的 pH 值变化

当试样浸于酸溶液中后，1d 龄期时各溶液的 pH 值均急剧增高。这主要是由碱激发胶凝材料中的碱与溶液中的酸发生中和反应所造成的。其中，尤以醋酸溶液的增长幅度最为显著，磷酸溶液的增长幅度最为微弱。这可能与不同酸溶液对试样的侵蚀机理有关。随着侵蚀龄期的延长，各溶液的 pH 值逐渐增高，但增长幅度逐渐减小。一方面，随着侵蚀龄期的增长，试样的侵蚀程度逐渐加深，溶液中 H^+ 逐渐被消耗，因此溶液的 pH 值随之逐渐增高。另一方面，由于溶液中 H^+ 浓度的降低，其对于试样侵蚀的剧烈程度也随之降低，加之试样受侵蚀过程中生成产物等其他因素的影响，导致酸溶液对试样的侵蚀速率逐渐降低，从而在溶液 pH 值变化曲线上表现为增长幅度逐渐减小。试样浸泡龄期达到 360d 时，尽管三种酸溶液的 pH 值排序仍为醋酸＞磷酸＞硝酸，但磷酸溶液与硝酸溶液的 pH 值已十分接近。

4.2.2　表观形貌

经不同酸溶液侵蚀不同龄期后，碱激发胶凝材料的表观形貌如图 4-13 所示。

由图 4-13 可知，在酸溶液侵蚀环境中，碱激发胶凝材料出现了明显的受侵蚀特征，且受侵蚀程度均随龄期的增长而逐渐加重。然而，对于不同的酸溶液，碱激发胶凝材料受侵蚀程度具有显著的区别。

对于经硝酸侵蚀的试样，试样表面可观察到明显的侵蚀痕迹——试样表面的凝胶因结构遭到严重破坏而失去胶凝性能，试样中的骨料则因失去凝胶的保护而裸露于酸溶液中。随着试样浸泡龄期的增长，试样表面的剥落情况逐渐加重，这对应着试样受

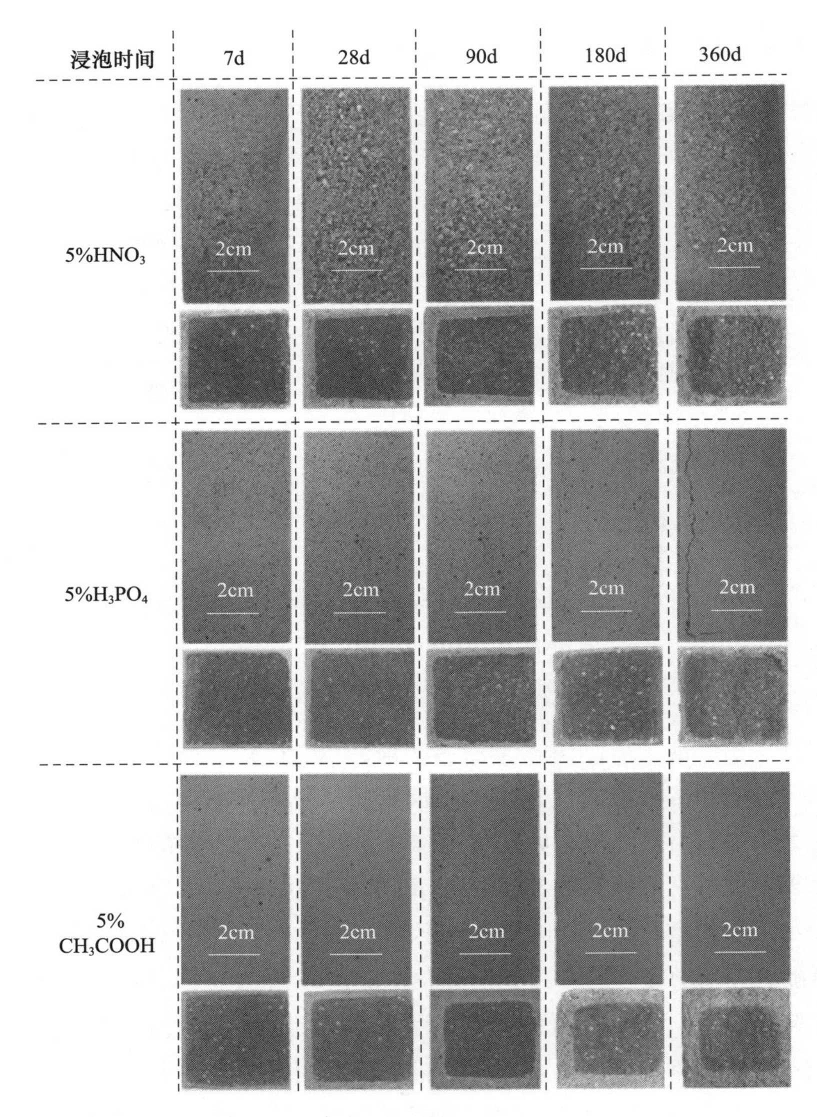

图 4-13　经不同酸溶液侵蚀后碱激发胶凝材料的表观形貌

侵蚀程度的逐渐加深。这一点从喷涂有酚酞指示剂的试样截面也可得到证实。

相比之下，该碱激发胶凝材料展现出了优异的耐磷酸侵蚀性能。尽管经磷酸侵蚀试样的表面出现了“起砂”现象，且随着浸泡龄期的增长，试样表面的“起砂”现象逐渐加重，但试样的外观结构并未像硝酸侵蚀试样那样遭到严重破坏。然而，当试样浸泡龄期超过 180d 时，其表面沿棱柱方向出现了明显的开裂现象。这说明在磷酸侵蚀条件下，除了 H^+ 的作用外，溶液中的 PO_4^{3-} 等阴离子还可与试样中的 Ca^{2+}、Na^+ 等反应，生成新的产物，这是经长龄期磷酸侵蚀试样结构出现开裂的主要原因。此外，从试样的截面形貌可以看出，虽然随着试样浸泡龄期的增长，试样受酸侵蚀的程度也逐渐加深，但明显较硝酸侵蚀试样的弱。

与硝酸侵蚀试样以及磷酸侵蚀试样相比，在醋酸侵蚀条件下，试样呈现出完全不同的特点。在试验周期内，尽管试样的截面形貌表明，随着试样侵蚀龄期的增长，试样受醋酸侵蚀的程度逐渐加深，但试样的表面均未表现出明显受侵蚀痕迹。这表明醋酸侵蚀作用较弱，无法像硝酸那样直接使凝胶结构完全破坏。然而，对比硝酸侵蚀试样和醋酸侵蚀试样的截面形貌可发现，虽然在醋酸侵蚀作用下，试样表面可保持完好，但其受侵蚀程度明显要比硝酸侵蚀试样的严重。

结合图 4-12 中不同酸溶液的 pH 值变化规律可知，三种酸溶液中，尽管硝酸溶液的 pH 值自始至终均最低，即硝酸溶液提供了最为强烈的酸性侵蚀环境，但其对胶凝材料的侵蚀作用主要体现在早期以及试样表面。相比之下，醋酸溶液提供的酸性侵蚀环境最为微弱。其虽然不会对试样的凝胶结构造成明显破坏，但其对试样的侵蚀深度甚至大于硝酸溶液。相比于硝酸溶液以及醋酸溶液，磷酸溶液侵蚀条件下，试样的表面出现了明显的膨胀开裂，因此其具有较硝酸、醋酸溶液完全不同的侵蚀作用机制。

4.2.3 质量变化

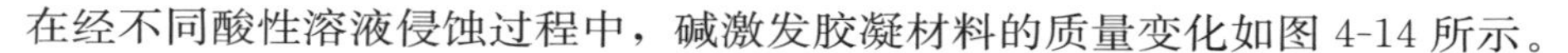
在经不同酸性溶液侵蚀过程中，碱激发胶凝材料的质量变化如图 4-14 所示。

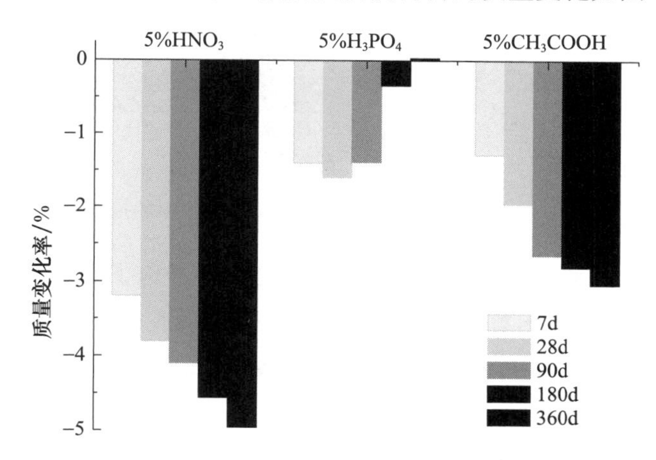

图 4-14 经不同酸溶液侵蚀后碱激发胶凝材料试样的质量变化

由图 4-14 可知，在不同的酸性溶液中，试样的质量变化规律也不尽相同。在硝酸侵蚀条件下，试样浸泡 7d 龄期时，其质量损失即达到了 3.0%以上。随着试样浸泡龄期的增长，其质量损失也逐渐增大，但其增长幅度逐渐减小。至 360d 龄期时，试样的质量损失可达到 5.0%左右。

醋酸侵蚀试样的质量变化规律与硝酸侵蚀试样的基本一致，但其质量损失明显较小。结合图 4-13 中结果，碱激发胶凝材料在醋酸溶液侵蚀条件下，其表面结构基本不受影响。因此，醋酸侵蚀过程中，试样的质量损失主要来源于侵蚀过程中可溶性产物的溶出。

对于磷酸侵蚀试样，虽然在浸泡 7d 龄期时试样即由于酸的侵蚀作用出现了约

1.5%的质量损失，且随着泡龄期的增长，试样的质量损失进一步增大。然而，当浸泡龄期超过 28d 时，试样的质量损失则随浸泡龄期的增长而逐渐减小。至 360d 龄期时，试样的质量甚至还较未受侵蚀时的有所增加。结合图 4-13 中结果可知，磷酸侵蚀试样质量损失的减少主要来源于受侵蚀试样中难溶性产物的生成。

4.2.4 力学性能

经不同酸性溶液侵蚀，碱激发胶凝材料的抗压强度如图 4-15 所示。由图 4-15 可知，试样侵蚀前其抗压强度可达到 55.0MPa 左右。

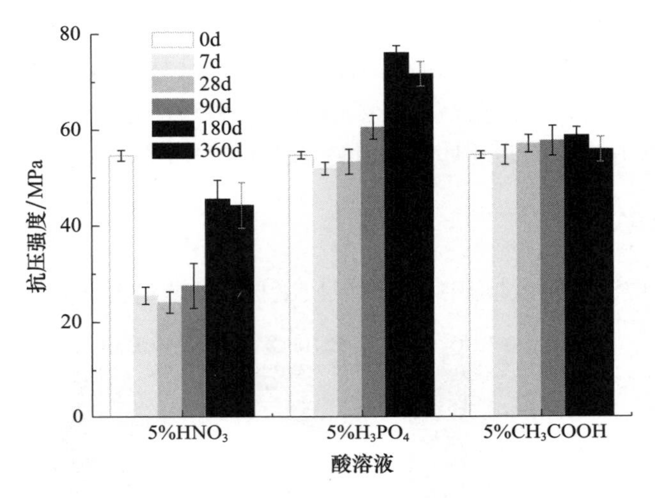

图 4-15 经不同酸溶液侵蚀后碱激发胶凝材料的抗压强度

本研究中，碱激发胶凝材料在浸于酸溶液中之前，经历了 27d 的标准养护和 1d 的淡水养护（预饱水），即意味着该试样在后期仍会持续发生水化，相应地强度也会持续增长。当试样浸泡于酸溶液中时，试样与溶液接触的表面由于酸的侵蚀作用而导致结构破坏，而试样内部由于持续进行的碱激发反应，其致密程度和力学性能稳定地增长，即试样在酸溶液中的力学性能实际上是外部酸侵蚀作用与内部碱激发反应的共同作用结果。

对于硝酸侵蚀试样，由于硝酸在早期的强烈侵蚀作用，浸泡龄期 7d 时试样的强度即出现了急剧下降（约 50%）。随着浸泡龄期的增长，由于硝酸侵蚀作用的减弱，再加上内部持续进行的碱激发反应，其强度反而呈缓慢增长趋势。至 360d 时，试样的抗压强度仍可保持在 40.0MPa 以上。

对于磷酸侵蚀试样，其抗压强度随浸泡龄期的变化规律与硝酸侵蚀试样的相似，但由于磷酸的侵蚀效果较弱，因此早龄期时试样强度的降低幅度有限。随着浸泡龄期的增长，试样内部持续进行的碱激发反应，导致抗压强度逐渐增长。至 360d 龄期时，试样的抗压强度可增长至 70.0MPa 以上。

对于醋酸侵蚀试样，由于醋酸的侵蚀作用较弱，浸泡 7d 龄期时试样的强度基本不受影响。但当浸泡龄期继续增长时，试样的强度也仅仅略有增长。这说明由醋酸侵蚀对试样强度发展造成的损失与试样内部碱激发反应带来的强度增长相差不大，从而在宏观上表现为强度无明显变化。上述结果验证了图 4-13中醋酸对碱激发胶凝材料具有更深侵蚀程度的结果。

需要说明的是，在不同酸溶液中，尽管随着浸泡龄期的增长（＞7d），试样的强度均呈逐渐增长趋势，但当浸泡龄期达到 360d 时，试样的强度均出现了一定程度的降低。

4.2.5 产物组成

经不同酸溶液侵蚀后碱激发胶凝材料的 XRD 图谱如图 4-16 所示。

由图 4-16 可知，未经酸侵蚀时，碱激发胶凝材料主要由方解石、未反应的 C_2S 以及原材料中近似“惰性”的水化石榴石、石英、莫来石等晶体矿物组成。此外，2θ 为20°～40°范围内还存在一定的非晶态物质衍射特征峰。由前述研究可知，该特征峰主要对应矿渣、粉煤灰等原料中未反应的玻璃体组分以及碱激发反应过程中生成的 C(N)-(A)-S-H 凝胶。

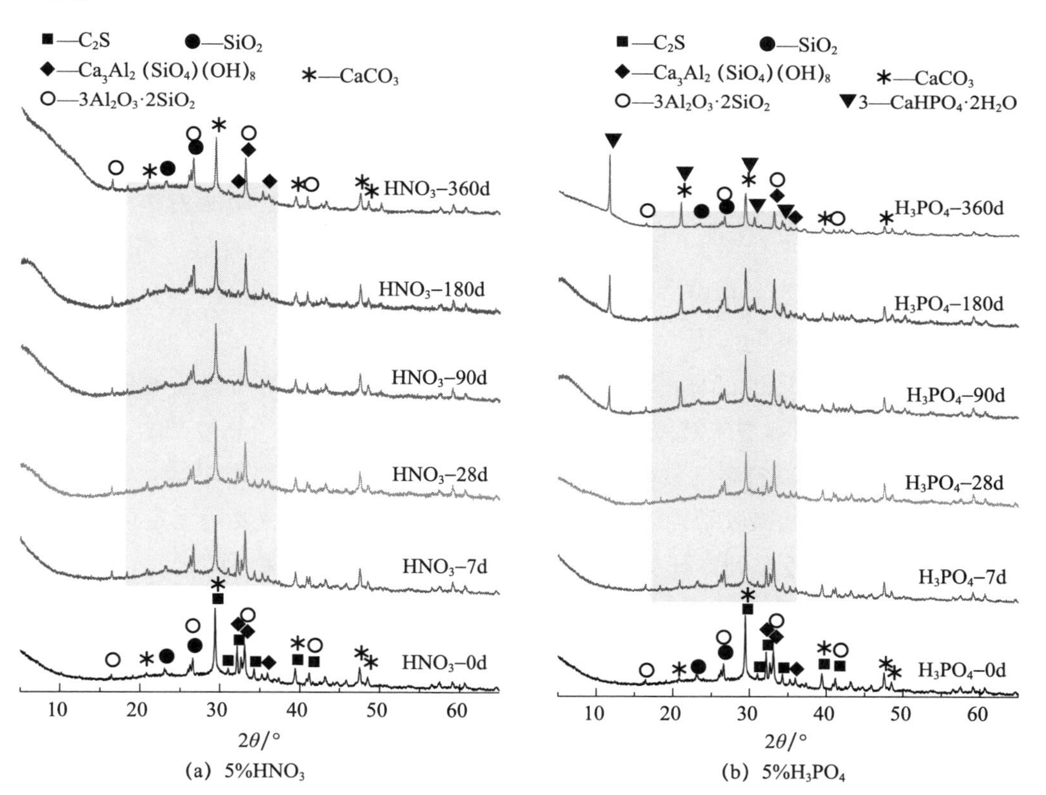

(a) 5%HNO_3　　(b) 5%H_3PO_4

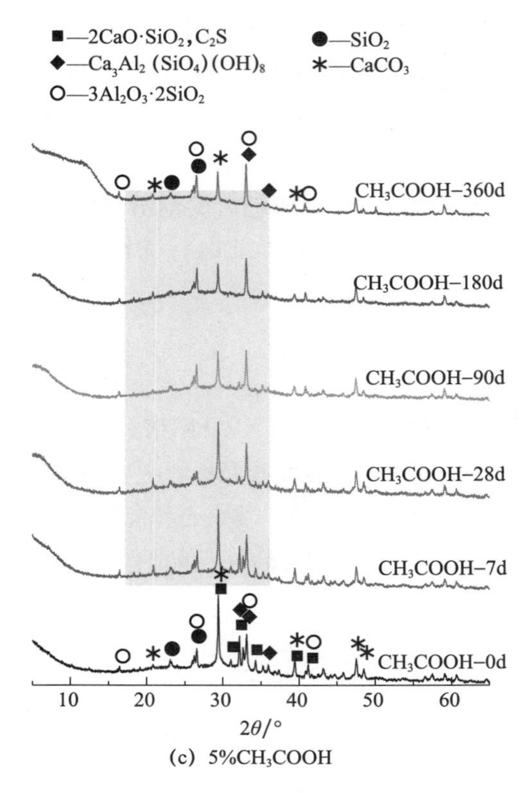

(c) 5%CH_3COOH

图 4-16 经不同酸溶液侵蚀后碱激发胶凝材料的 XRD 图谱

当试样酸溶液侵蚀后，随着浸泡龄期的增长，试样中石英、莫来石等“惰性”矿物的特征峰强度基本变化不大，C_2S 以及方解石的特征峰强度逐渐降低。当浸泡超过一定龄期后，试样中 C_2S 的衍射特征峰已基本消失。这可能归因于溶液中 H^+ 侵蚀以及内部持续碱激发反应的共同作用。

对比 3 种不同酸侵蚀试样的 XRD 图谱可发现，硝酸侵蚀试样与醋酸侵蚀试样的 XRD 图谱中，除原材料中未被侵蚀的晶体矿物外，并未发现新的晶体产物。这说明硝酸和醋酸对碱激发胶凝材料的侵蚀属于反应型侵蚀。结合已有文献可知，C-S-H 凝胶与 H^+ 发生反应，可使凝胶结构因失去 Ca^{2+} 而遭到破坏，产物主要以无定形含水 SiO_2 凝胶形式存在[108]。考虑到本研究中碱激发胶凝材料的主要产物为C(N)-(A)-S-H 凝胶，因此可推测在硝酸、醋酸侵蚀试样中凝胶分解主要生成的是 SiO_2 凝胶和 Al_2O_3 凝胶。

对于磷酸侵蚀试样，除上述特征外，浸泡龄期超过 28d 时，试样 XRD 图谱中还出现了明显的透钙磷石（Brushite，$CaHPO_4 \cdot 2H_2O$）特征峰。这说明磷酸对于碱激发胶凝材料的侵蚀属于结晶膨胀型侵蚀。在侵蚀过程中，溶液中的 HPO_4^{2-} 等离子渗透、扩散进入试样内部，并与溶出的 Ca^{2+} 结合生成晶体产物，从而使基体产生膨胀破坏。这是图 4-13 中长龄期试样表面出现开裂的主要原因。

经不同酸溶液侵蚀后碱激发胶凝材料的 TG/DSC 曲线如图 4-17 所示。由图 4-17可知，对于未经酸侵蚀的试样，其 TG/DSC 曲线中主要在 120℃附近、700℃附近存在明显的吸热失重特征峰，在 820℃附近存在明显的放热特征峰，在 950℃附近存在微弱的放热特征峰。120℃附近的吸热失重峰可归结于试样中游离水以及少部分层间水的脱除；720℃附近的吸热失重峰可归结于试样中方解石分解生成 CaO 和 CO_2 的反应；820℃附近的放热峰可主要归结于试样中产物 C-S-H 凝胶的结晶转变；950℃附近的放热特征峰可归结于试样中产物 C-A-S-H 凝胶的结晶转变。

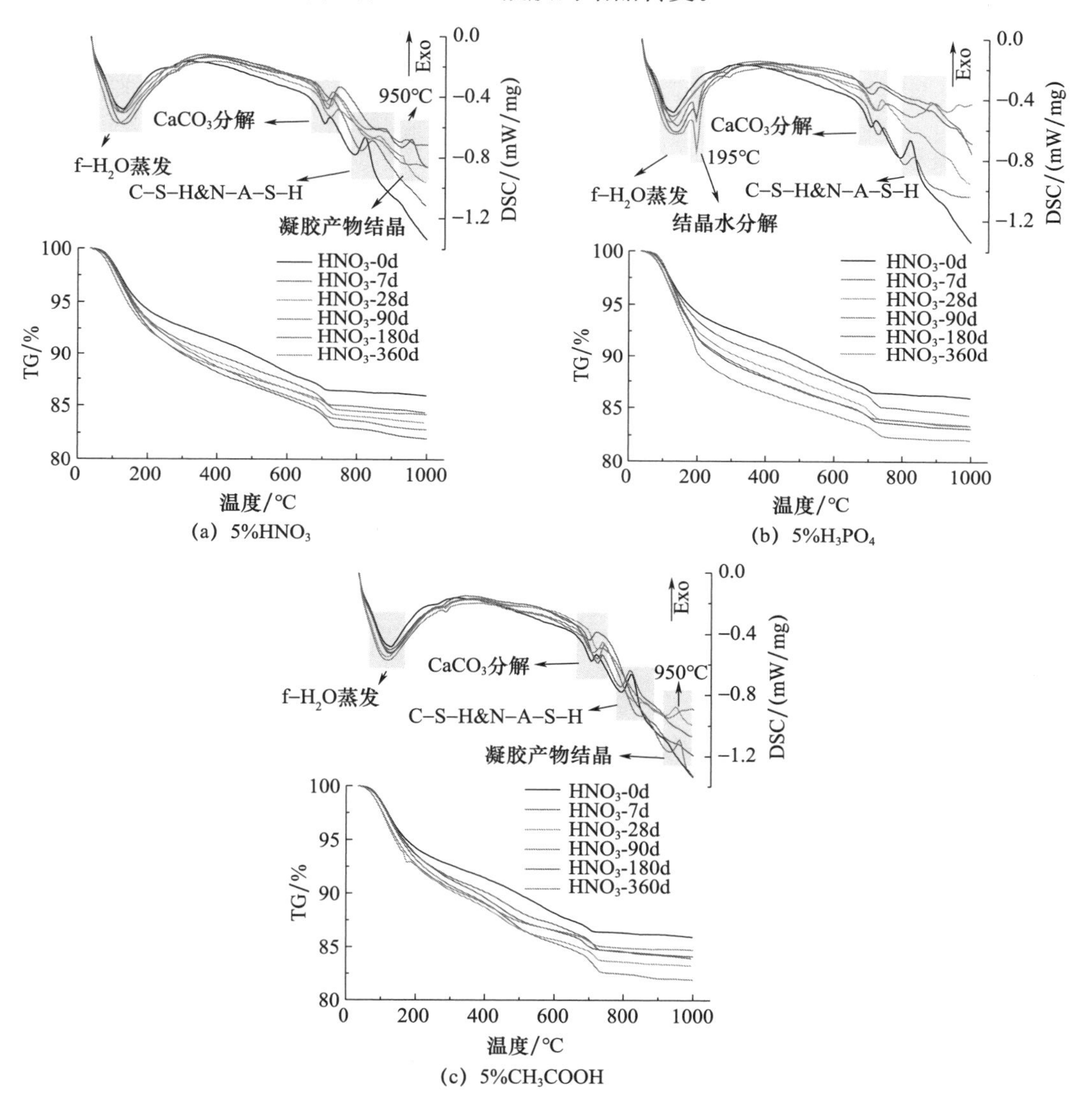

(a) 5%HNO_3 (b) 5%H_3PO_4 (c) 5%CH_3COOH

图 4-17 经不同酸溶液侵蚀后碱激发胶凝材料的 TG/DSC 曲线

当试样酸溶液侵蚀后，随着浸泡龄期的增长，TG/DSC 曲线中表征游离水脱除以及方解石分解的特征峰变化不大，但表征 C-S-H 凝胶和 N-A-S-H 凝胶晶型转变的特征峰强度逐渐减小甚至消失。这说明在酸侵蚀作用下，试样中的 C-S-H 等凝胶产物发生了分解。需要说明的是，在 950℃附近出现了放热特征峰。结合前述以及文献结果可以推断，该放热峰可归因于产物凝胶分解生成的 SiO_2凝胶的结晶。

对比 3 种不同酸侵蚀试样的 TG/DSC 曲线发现，硝酸侵蚀试样和醋酸侵蚀试样的 TG/DSC 曲线规律基本一致。这与前述研究结果中“硝酸和醋酸对于碱激发胶凝材料的侵蚀属于反应型侵蚀”的推断一致。对于磷酸侵蚀试样，其 TG/DSC 曲线中除上述特征外，试样浸泡龄期超过 28d 时，在 195℃附近出现了尖锐的吸热失重特征峰，且该特征峰强度随试样浸泡龄期的增长而逐渐增强。结合图 4-16 中 XRD 结果可以推断，该特征峰主要归结于磷酸侵蚀反应产物透钙磷石结晶水的脱除[123]。

4.2.6 微观形貌

经不同酸溶解侵蚀 360d 后碱激发胶凝材料的微观形貌及能谱结果如图 4-18 所示。

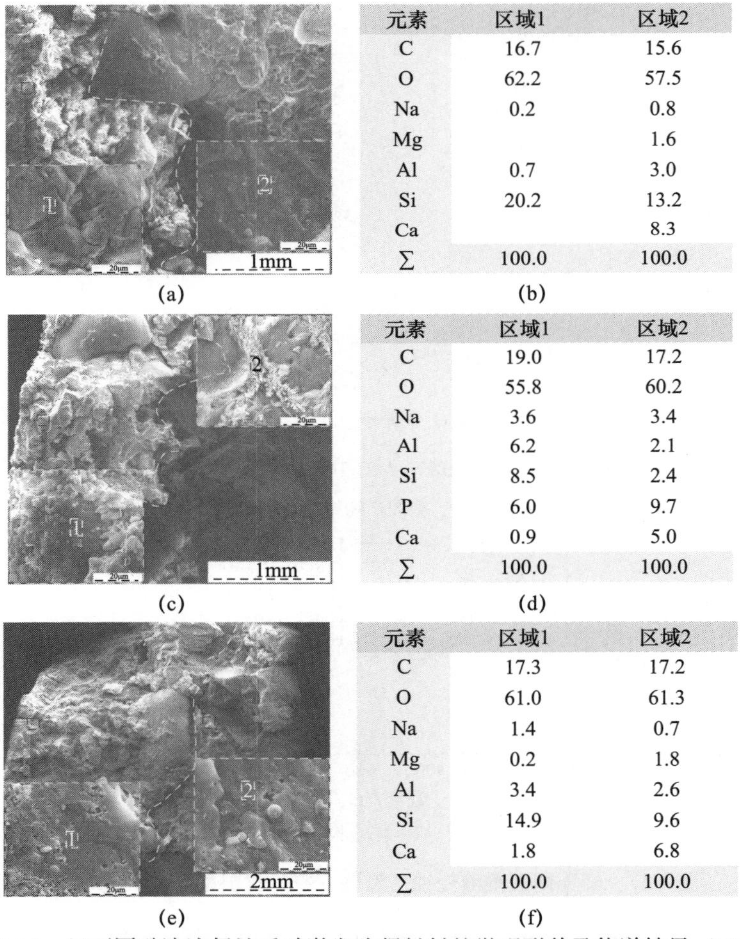

(b)

元素	区域1	区域2
C	16.7	15.6
O	62.2	57.5
Na	0.2	0.8
Mg		1.6
Al	0.7	3.0
Si	20.2	13.2
Ca		8.3
Σ	100.0	100.0

(d)

元素	区域1	区域2
C	19.0	17.2
O	55.8	60.2
Na	3.6	3.4
Al	6.2	2.1
Si	8.5	2.4
P	6.0	9.7
Ca	0.9	5.0
Σ	100.0	100.0

(f)

元素	区域1	区域2
C	17.3	17.2
O	61.0	61.3
Na	1.4	0.7
Mg	0.2	1.8
Al	3.4	2.6
Si	14.9	9.6
Ca	1.8	6.8
Σ	100.0	100.0

图 4-18 经不同酸溶液侵蚀后碱激发胶凝材料的微观形貌及能谱结果（360d）

(a) 5%HNO_3-360d；(b) 图 4-18 (a) 中的 EDS 数据/原子数分数%；(c) 5%H_3PO_4-360d；(d) 图 4-18 (c) 中的 EDS 数据/原子数分数%；(e) 5%CH_3COOH-360d；(f) EDS/数据/图 4-18 (e) /原子数分数%

由图可知，碱激发胶凝材料的 SEM 照片中侵蚀部分与未侵蚀部分在亮度以及致密程度上存在较为明显的区别。具体体现为侵蚀部分的致密程度要明显低于未侵蚀部分的，但其亮度要明显高于未侵蚀部分的。其中，又以硝酸侵蚀试样和磷酸侵蚀试样表现尤为明显。这可能是由于酸侵蚀过程中，凝胶产物中的 Ca、Si、Al 等组分因凝胶结构破坏而从试样中溶出，导致基体的致密程度降低并在微观上呈多孔结构。在 SEM 测试过程中被侵蚀试样基体由于导电性能降低而更容易产生放电现象，从而在 SEM 照片中体现为亮度较高。

结合能谱发现，试样中未侵蚀部分的主要组成为 Ca、Si、Al、Mg、Na、O、C，结合前文研究可推断其主要为碱激发反应过程中生成的低 Ca/Si 比 C(N)-(A)-S-H 凝胶。对于侵蚀部分的微观形貌及组成情况则随侵蚀酸种类的不同而有所不同。

对于经 5%硝酸侵蚀 360d 的试样，侵蚀部分的主要元素组成为 Si、O、C 以及极少量的 Al 和 Na。结合前文中硝酸侵蚀试样的表观形貌可知，硝酸侵蚀过程中，在剧烈的 H^+ 作用下，凝胶产物甚至未反应原材料中的 Ca^{2+}、Na^+、Al 等元素因结构破坏而溶于酸溶液中，大量生成的 SiO_2 凝胶则因溶解程度有限而沉积在试样表面，从而使试样表面在元素组成上呈富 Si 特性。

对于经 5%醋酸侵蚀 360d 的试样，侵蚀部分的元素组成除 Si、C、O 外，还含有少量的 Ca、Na、Al。这说明醋酸侵蚀过程中，试样中的凝胶产物在 H^+ 作用条件下因 Ca、Na 溶出而导致凝胶结构破坏，从而使侵蚀部分试样呈富 Si 特性。然而，醋酸溶液较弱的酸性环境对于试样中未反应粉煤灰、矿渣等原料的作用有限，因此这些未反应原料颗粒以“骨架”的形式得到保留。这与前文中醋酸侵蚀试样表观形貌基本不受影响的结果一致。

对于经 5%磷酸侵蚀 360d 的试样，侵蚀部分主要由大量粒径 1μm 以下的颗粒状产物组成。能谱分析表明，该颗粒状产物主要由 Si、Al、P、Na、C、O 组成。通常在酸溶液侵蚀情况下，H^+ 对于凝胶产物 C-(A)-S-H 及 N-A-S-H 结构的破坏作用，使产物中的 Ca、Na、Al、Si 等溶出进入酸溶液中。其中，由于 SiO_2 的溶解程度有限，其往往沉积于试样表面，从而使试样表面呈富 Si 特性。在 5%磷酸侵蚀条件下，H^+ 对于凝胶产物结构的破坏作用同样可导致试样中 Ca、Na、Al、Si 元素的溶出以及 SiO_2 在试样表面的沉积。然而，由于溶液中存在大量的磷酸根离子，这些磷酸根离子可与凝胶产物溶出的 Na、Al 结合，生成微溶的磷酸铝钠［Sodium aluminum phosphate，$AlNa_3(PO_4)_2$］沉积于试样表面[124]。

此外，在 5%磷酸侵蚀试样的侵蚀-未侵蚀界面过渡区，可发现大量针簇状的产物生成。区域 2 能谱分析表明，该产物主要由 P、Ca、Na、Si、Al、O、C 组成。结合前文 XRD 结果，可推断该产物为试样中溶出的 Ca^{2+} 与渗入试样中的 $HPO_4{}^{2-}$ 相互反应生成的透钙磷石（Brushite，$CaHPO_4 \cdot 2H_2O$）。这些产物成簇生长，从而将试样中侵蚀-未侵蚀部分逐渐隔裂开来。这是图 4-13 中磷酸侵蚀 360d 时试样表面产生开裂的直接原因。

对比经不同酸侵蚀试样的微观形貌发现，侵蚀部分的致密程度与酸的种类具有明显的关系。其中5%醋酸侵蚀试样中，虽然试样侵蚀部分的骨架得以保存，但由于凝胶产物中Ca、Na、Al等组分的溶出，其呈明显的多孔结构。这反而为溶液中H^+向试样内部的渗透以及试样中未侵蚀部分凝胶产物的溶出提供了通道。因此随着侵蚀龄期的增长，醋酸侵蚀试样的侵蚀深度最大。相比之下，5%硝酸侵蚀试样中，虽然在剧烈的H^+作用条件下，试样表面的凝胶产物以及起“骨架”作用的未反应原材料结构均遭到破坏，但剧烈侵蚀反应导致在极短时间内即可生成的大量SiO_2凝胶。这些凝胶沉积在试样表面，对溶液中H^+的进一步渗入以及试样中未侵蚀部分的溶出起到一定的保护作用。对于5%磷酸侵蚀试样，由于大量微溶性磷酸盐以及SiO_2凝胶在试样表面的沉积作用，试样表面的保护层结构更为致密。相应地，其对于试样的保护作用也更为突出，这是图4-13中磷酸对试样侵蚀深度最低的主要原因。

4.3 碱激发胶凝材料的抗硫酸盐侵蚀性能

硫酸盐侵蚀是指当胶凝材料处于高浓度硫酸盐环境时，由于环境中的硫酸根离子与胶凝材料的水化产物发生化学反应，生成膨胀性产物从而引起开裂破坏，或生成无胶凝性产物使结构变软的现象。这一情况在盐碱化地区或海洋环境尤为常见，是常见的化学侵蚀种类之一。

对于传统的硅酸盐水泥，由于其水化产物中含有$Ca(OH)_2$，因此当处于高浓度硫酸盐环境时，环境中的硫酸根离子会与硬化水泥浆体中的$Ca(OH)_2$、水化铝酸钙等水化产物发生反应生成硫酸钙（$CaSO_4 \cdot 2H_2O$）、钙矾石等膨胀性产物。从而在硬化水泥浆体内部产生内应力，从而引起开裂破坏。碱激发胶凝材料因其产物中不含$Ca(OH)_2$，加之产物主要为低Ca/Si比的C-S-H凝胶和N-A-S-H凝胶，因此通常被认为具有较传统硅酸盐水泥更为优异的耐硫酸盐侵蚀性能[107,125]。然而，尽管这一推断在大量研究结果中已经得到证实，但受硫酸盐种类、试验方法、原材料组成等因素影响，不同研究人员的研究结果却千差万别[107,126-127]。尤其是现有研究往往局限于中短龄期（<6月）内胶凝材料的耐硫酸盐侵蚀性能，对长龄期性能缺乏足够的重视。

前文研究结果表明，“（52.5%硅钙渣+22.5%矿粉+25.0%粉煤灰）+5%水玻璃（模数2.40）”为配比制备碱激发胶凝材料，其具有优异的强度、耐高温以及耐酸侵蚀性能。在前文研究基础上，本研究中通过观察碱激发胶凝材料在5%硫酸钠溶液（物质的量浓度0.37mol/L）和5%硫酸镁溶液（物质的量浓度0.44mol/L）中浸泡360d期间的表观形貌、质量、强度、产物组成以及微观形貌变化规律，探讨该类材料的耐硫酸盐侵蚀性能。

试验过程中，经成型、脱模并在标准养护箱中［$T=(20\pm1)$℃，RH≥90%］养护至 27d 龄期后，将试样取出并浸入室温淡水中进行预饱水。24h 后将试样从水溶液中取出，并将试样分别置入提前制备的 5%硫酸钠溶液和 5%硫酸镁溶液中。至设定浸泡龄期时，将试样从硫酸盐溶液中取出，在自来水下轻轻冲洗 10s 以洗去试样表面残余的溶液，并用湿毛巾立即擦干试样表面后称重。随后对试样进行外观形貌、力学性能、产物组成以及微观形貌测试和表征。

4.3.1　硫酸盐溶液 pH 值

试验过程中硫酸盐溶液的 pH 值变化如图 4-19 所示。由图可知，初始条件下硫酸镁溶液的 pH 值略大于 7.0，硫酸钠溶液的 pH 值略大于 8.0。这一差异主要是由硫酸钠和硫酸镁的化学特性以及在水中的电离特性所决定的。硫酸钠虽然属于强酸强碱盐，但由于在电离过程中 SO_4^{2-} 可结合少量的 H^+，因此通常情况下其水溶液略偏碱性；硫酸镁属于强酸弱碱盐，溶于水时可水解生成弱碱 $Mg(OH)_2$ 和强酸 H_2SO_4，因此通常情况下其水溶液呈弱酸性。本研究采用的是略偏碱性的自来水（pH≈8.0），因此所配制硫酸钠溶液和硫酸镁溶液的 pH 值则分别略大于 8.0 和略大于 7.0 是合理的。

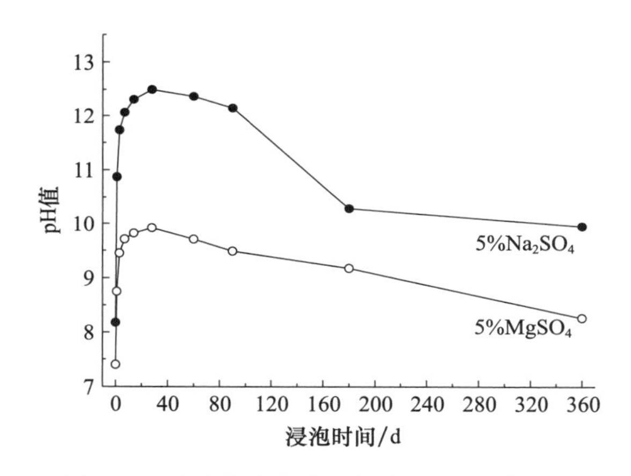

图 4-19　硫酸盐溶液随浸泡时间的 pH 值变化

当试样浸泡于硫酸盐溶液后，溶液的 pH 值急剧增大，且随着浸泡龄期的增长而继续逐渐增大，这主要是试样中的碱向溶液中溶出所致。浸泡龄期达到 28d 时，各溶液的 pH 值均达到最大值，此时硫酸钠溶液、硫酸镁溶液的 pH 值分别达到 12.5 和 10.0 左右。随着浸泡龄期的进一步增长，各溶液的 pH 值则呈逐渐降低趋势。这可能是硫酸盐溶液与试样发生侵蚀反应后的结果。此外，在本研究中虽然对盛放试样和溶液的容器进行了覆膜加盖密封处理，但由于溶液呈碱性状态，在长期试验过程中其极易吸收空气中的 CO_2 生成碳酸盐产物，这也是溶液 pH 值逐渐降低的可能原因之一。

需要特别说明的是，试样浸泡于硫酸盐溶液后，虽然硫酸钠溶液和硫酸镁溶液的

pH 值变化规律一致，但其 pH 值范围截然不同。在试验周期内，硫酸钠溶液的 pH 值始终维持在>10.0 的状态，而硫酸镁溶液的 pH 值始终维持在<10.0 的状态。这可能与其对试样的侵蚀效果及机理不同有关。

4.3.2 表观形貌

碱激发胶凝材料浸泡于不同硫酸盐溶液后，不同浸泡龄期时试样的表观形貌如图 4-20 所示。

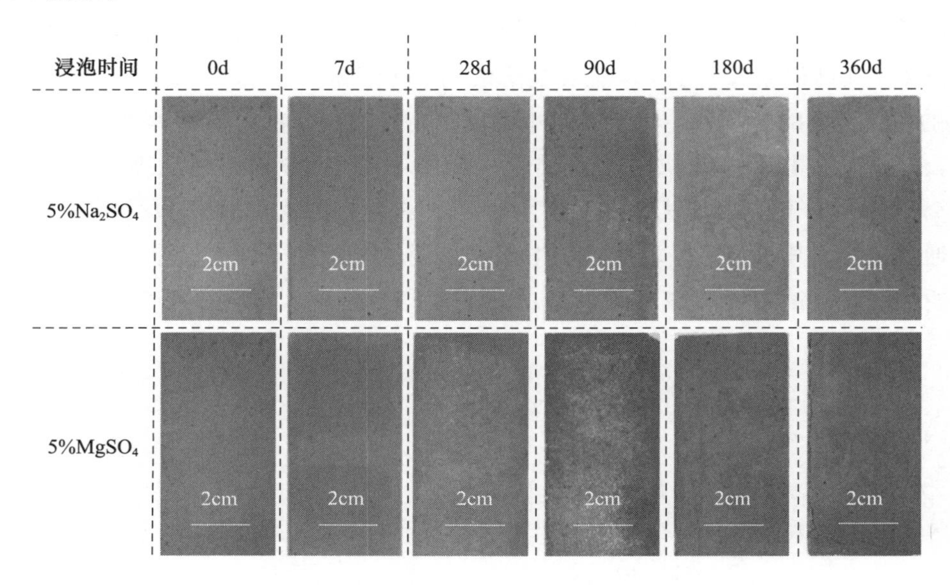

图 4-20 经不同硫酸盐溶液侵蚀后碱激发胶凝材料的表观形貌

由图可知，随着浸泡龄期的增长，硫酸钠侵蚀试样的表观形貌几乎没有变化，而硫酸镁侵蚀试样的表观形貌则变化明显。虽然浸泡龄期不超过 7d，试样的表观形貌几乎没有变化，但当浸泡龄期达到 28d 时，试样的表面出现了一层明显的白色颗粒状沉淀。这说明硫酸镁溶液与试样中的组分发生了化学反应，生成了难溶性的产物。随着浸泡龄期的增长，这些颗粒状产物数量逐渐增多。然而，当浸泡龄期超过 90d 后，试样表面的白色颗粒状产物消失。当浸泡龄期达到 360d 时，试样表面沿棱柱方向出现了明显的开裂。这说明随着侵蚀程度的加深，侵入试样内部的离子与试样内部的组分发生反应，生成膨胀性产物。

4.3.3 力学性能

经不同硫酸盐溶液侵蚀碱激发胶凝材料的抗压强度变化规律如图 4-21 所示。由图可知，浸泡前试样的抗压强度可达到 55.0MPa 左右。当试样浸泡于不同硫酸盐溶液后，其抗压强度随浸泡龄期的变化规律有所不同。

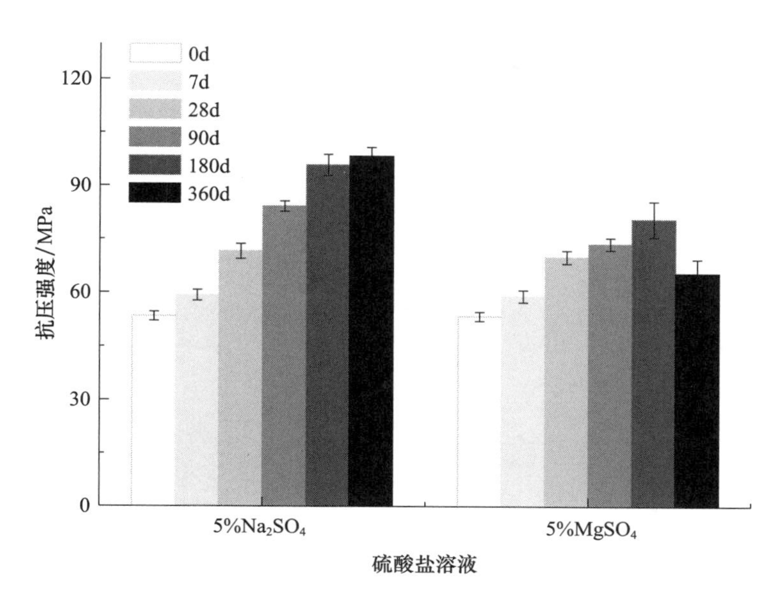

图 4-21 经不同硫酸盐溶液侵蚀后碱激发胶凝材料的抗压强度

对于硫酸钠溶液侵蚀试样，随着浸泡龄期的增长，其抗压强度逐渐增长。至浸泡龄期 360d 时，试样的抗压强度可达 90.0MPa 以上。这说明碱激发胶凝材料具有优异的抗硫酸钠侵蚀性能。实际上，尽管部分学者发现在硫酸钠溶液中，碱激发胶凝材料也会因硫酸钠浸入试样孔隙后结晶产生体积膨胀而导致基体结构破坏[128]，但硫酸钠往往也因其较好的激发效果而被用作矿渣等胶凝组分的激发剂[129]，因此碱激发胶凝材料具有良好的抗硫酸钠侵蚀性能不足为奇。

相比之下，对于硫酸镁溶液侵蚀试样，虽然随着浸泡龄期的增长，其抗压强度也逐渐增长，但其增长程度要明显低于硫酸钠侵蚀试样的。这说明碱激发胶凝材料的耐硫酸镁侵蚀能力要弱于其耐硫酸钠侵蚀能力。当浸泡龄期达到 180d 时，试样抗压强度可达 70.0MPa 以上。随着浸泡龄期的进一步增长，试样抗压强度则出现了明显下降。这与图 4-20 中浸泡龄期达到 360d 时硫酸镁侵蚀试样表面产生开裂的现象一致。

4.3.4 产物组成

经不同硫酸盐溶液侵蚀后碱激发胶凝材料的 XRD 图谱如图 4-22 所示。由图可知，未经硫酸盐侵蚀的试样主要由方解石、未反应的 C_2S 以及基本不参与碱激发反应的水化石榴石、石英、莫来石等晶体矿物组成，并可见弥散峰对应的碱激发反应产物 C(N)-(A)-S-H 凝胶。

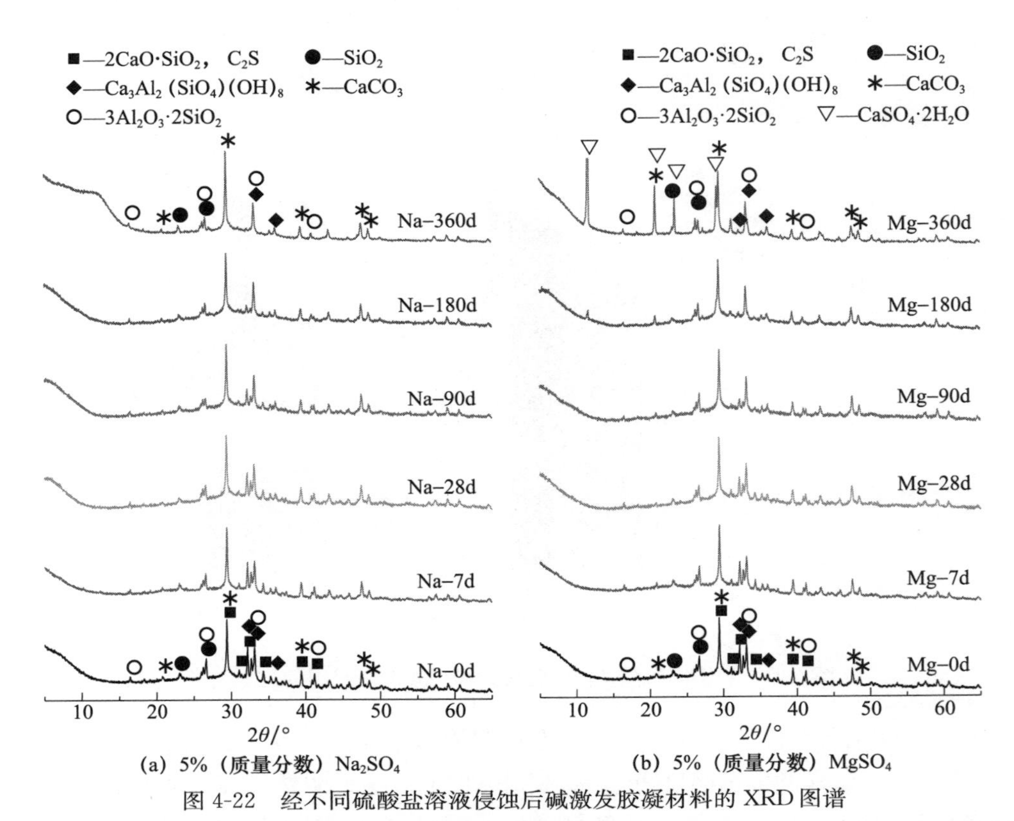

(a) 5%（质量分数）Na_2SO_4　　(b) 5%（质量分数）$MgSO_4$

图 4-22　经不同硫酸盐溶液侵蚀后碱激发胶凝材料的 XRD 图谱

对于硫酸钠侵蚀试样，随着浸泡龄期的增长，试样的 XRD 图谱中并未出现新的晶体矿物特征峰。这说明在硫酸钠侵蚀条件下，溶液中的 SO_4^{2-} 并未与碱激发胶凝材料中的相关组分发生反应，即碱激发胶凝材料并未遭受明显的硫酸盐侵蚀反应。除此之外，随着浸泡龄期的增长，试样中石英、莫来石等“惰性”矿物的特征峰强度基本变化不大，C_2S 特征峰强度则逐渐降低。当浸泡龄期达到 360d 时，试样中的 C_2S 特征峰已基本消失。这说明在本试验周期内，试样中的 C_2S 矿物随龄期的增长可持续参与碱激发反应。这也是硫酸钠溶液侵蚀条件下，试样强度逐渐增长的主要原因。

对于硫酸镁侵蚀试样，随着浸泡龄期的增长，C_2S 矿物特征峰的变化规律与硫酸钠侵蚀试样的基本一致。需要说明的是，当浸泡龄期达到 180d 时，试样的 XRD 图谱中出现了微弱的二水石膏（Gypsum，$CaSO_4 \cdot 2H_2O$）特征峰，且随着试样浸泡龄期进一步增长至 360d，二水石膏的特征峰愈发明显。这说明在长龄期硫酸镁侵蚀条件下，溶液中的 SO_4^{2-} 侵入试样内部，并与试样中的 Ca^{2+} 结合生成膨胀性的二水石膏，从而导致试样膨胀开裂以及强度下降（图 4-21）。

经不同硫酸盐溶液侵蚀后碱激发胶凝材料的 TG/DSC 曲线如图 4-23 所示。结合前文研究结果，对于未经硫酸盐侵蚀的试样，其 TG/DSC 曲线中存在的主要特征峰为：120℃附近表征试样中游离水以及少部分层间水脱除的吸热失重峰，700℃附近表征方解石分解的吸热失重特征峰，820℃附近主要表征 C-S-H/N-A-S-H 凝胶结晶转变的放热特征峰以及 930℃附近表征 C-A-S-H 凝胶结晶转变的微弱放热特征峰。

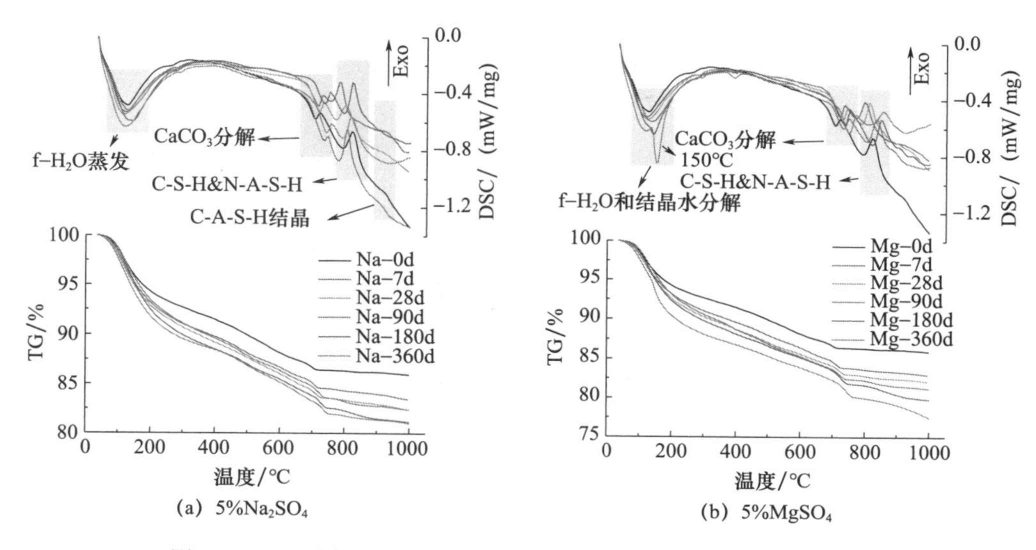

(a) 5%Na_2SO_4　　(b) 5%$MgSO_4$

图 4-23　经不同硫酸盐溶液侵蚀后碱激发胶凝材料的 TG/DSC 曲线

此外，浸泡龄期 180d 和 360d 时，硫酸镁侵蚀试样的 TG/DSC 曲线中在 150℃附近出现了明显的吸热失重特征峰。结合图 4-22 中 XRD 结果可知，该特征峰主要对应于硫酸镁侵蚀反应生成二水石膏结晶水的脱除[105]。

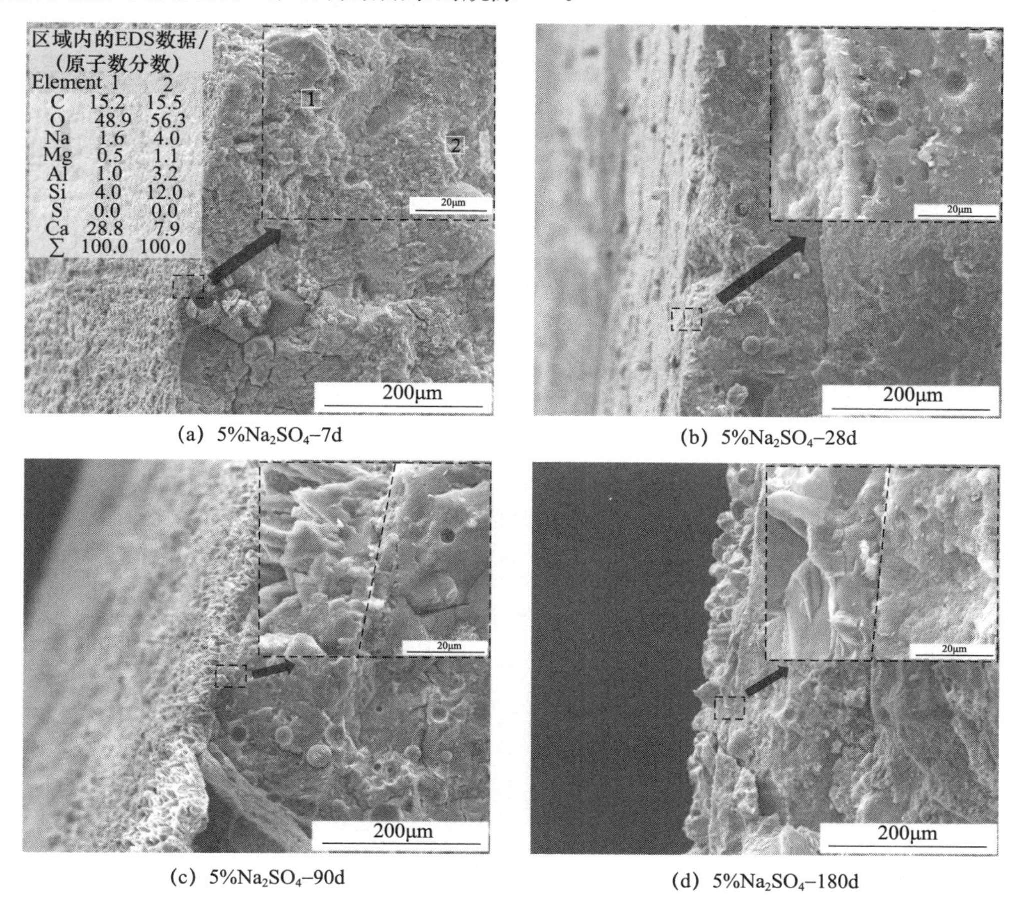

(a) 5%Na_2SO_4-7d　　(b) 5%Na_2SO_4-28d

(c) 5%Na_2SO_4-90d　　(d) 5%Na_2SO_4-180d

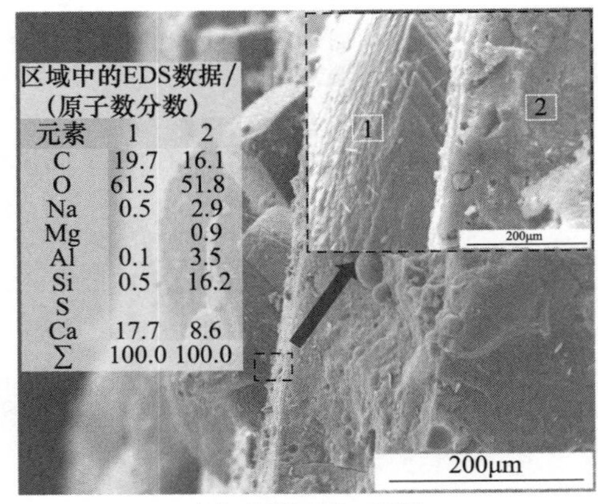

(e) 5%Na_2SO_4-360d

图 4-24 经 5％硫酸钠溶液蚀后碱激发胶凝材料的微观形貌及 EDS 结果

4.3.5 微观形貌

经 5％硫酸钠溶液和 5％硫酸镁溶液侵蚀后，碱激发胶凝材料的微观形貌分别如图 4-24 和图 4-25 所示。由图可知，硫酸钠侵蚀试样和硫酸镁侵蚀试样的微观形貌具有显著的区别，这说明阳离子对于硫酸盐侵蚀作用及机理具有重要影响。

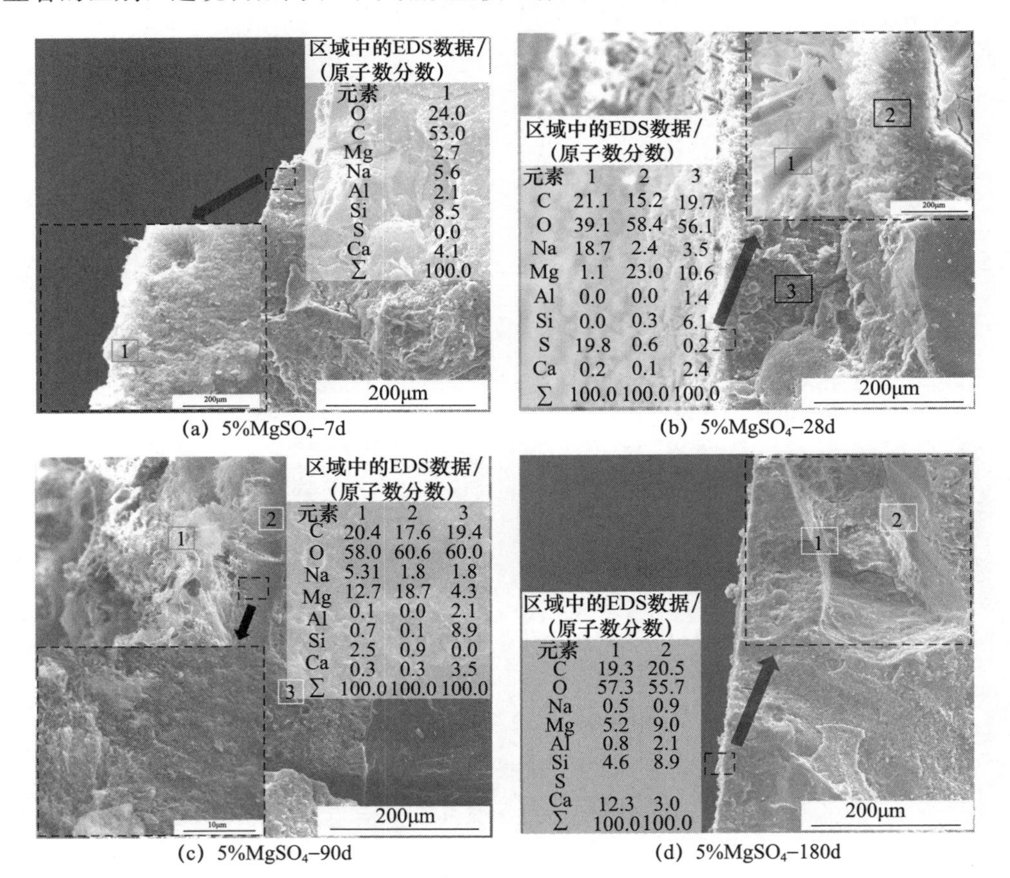

(a) 5%$MgSO_4$-7d (b) 5%$MgSO_4$-28d

(c) 5%$MgSO_4$-90d (d) 5%$MgSO_4$-180d

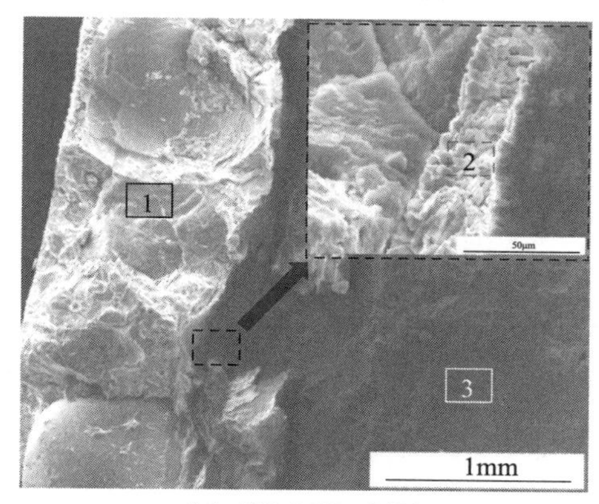

(e) 5%$MgSO_4$–360d

元素	1	2	3
C	17.8	10.9	22.0
O	60.4	56.0	47.9
Na	1.9	0.0	1.9
Mg	6.0	0.3	0.5
Al	1.7	0.1	3.7
Si	6.3	0.3	12.6
S	1.2	15.8	0.0
Ca	4.7	16.6	11.4
Σ	100.0	100.0	100.0

(f) (e) 中1和2区域的EDS数据（原子数分数）

图 4-25 经 5%硫酸镁溶液侵蚀后碱激发胶凝材料的微观形貌及 EDS 结果

由图 4-24 可知，在 5%硫酸钠溶液侵蚀条件下，7d 龄期时试样表面即已出现了大量的颗粒状产物。这些产物依附于试样表面，使试样表面形貌呈高低不平状态。能谱结果表明，这些产物主要由 Ca、O、C 以及少量的 Si、Al、Na、Mg 组成。由此可推测这些产物为试样表面碳化反应生成的 $CaCO_3$ 颗粒。随着龄期的增长，试样表面的 $CaCO_3$ 颗粒数量逐渐增多，尺寸逐渐增大。这说明在硫酸钠侵蚀条件下，试样表面仍可缓慢发生“碳化”反应。

由图 4-25 可知，在 5%硫酸镁溶液侵蚀条件下，7d 龄期时试样表面形貌并无明显变化，但能谱结果表明试样表面的 Mg 含量明显增高。这是由溶液中的 Mg^{2+} 向试样内部扩散造成的。研究表明，Mg^{2+} 可与 C-(A)-S-H/N-A-S-H 凝胶发生反应，使凝胶结构脱钙/钠并生成低强度的 M-(A)-S-H 凝胶[130-133]。因此，可推断 Mg^{2+} 侵蚀试样主要为 C-(A)-S-H 凝胶、N-A-S-H 凝胶以及 M-(A)-S-H 凝胶共存的体系。这也是本研究中硫酸镁侵蚀试样强度低于硫酸钠侵蚀试样的主要原因之一。此外，Mg^{2+} 对 C（N)-(A)-S-H 凝胶的脱钙/钠作用，可在一定程度上促进试样中 Na^+、Ca^{2+} 向溶液中的溶出。

随着侵蚀龄期的增长，溶液中 Mg^{2+} 向试样内部扩散的程度逐渐加深。与此同时，28d 龄期时试样表面生成了一层致密的富 Mg 产物。通常情况下，尽管 $Mg(OH)_2$ 可归属于强电解质范畴，但由于溶解度极低（18℃，0.0009g/100g），甚至较 $MgCO_3$ 更难溶于水中，因此溶液 pH 值较高时 Mg^{2+} 往往优先以 $Mg(OH)_2$（而非 $MgCO_3$）形式沉淀析出。有学者研究发现，对于 1.5mol/L 的 $MgCl_2$ 溶液，pH 值为 10.0 时溶液中 $Mg(OH)_2$ 的沉淀率即可达到 90%以上[134]。由前文研究结果（图 4-19）可知，对于 5%硫酸镁溶液，28d 龄期时 pH 值达到最大值 10.0 左右。因此，综合上述信息可推断该富 Mg 产物为溶液中的 Mg^{2+} 与试样中溶出的 OH^- 反应生成的 $Mg(OH)_2$。随着离试样表面距离的增大，所生成 $Mg(OH)_2$ 的致密程度越低，并夹杂有大量的柱状晶体（图 (b) 中 1 所示的区域）。能谱结果表明，这些柱状晶体主要由 S、Na 组成，因此可推测其为

试样中溶出的 Na^{+} 与溶液中的 SO_4^{2-} 反应生成的硫酸钠晶体产物。

随着侵蚀龄期进一步增长至 90d，试样表面生成的 $Mg(OH)_2$ 数量进一步增多，形成的 $Mg(OH)_2$ 层致密程度也进一步提高。然而，当侵蚀龄期达到 180d 时，试样表面的 $Mg(OH)_2$ 层消失，取而代之的是主要由 Ca、Mg、Si、O 组成的富 Ca 产物层。结合图 4-19 结果可知，180d 龄期时由于溶液对空气中 CO_2 的缓慢吸收，pH 值已降至 9.2 左右。这使已生成的 $Mg(OH)_2$ 沉淀失稳，重新变成可溶性的 Mg^{2+} 进入溶液中。与此同时，由于溶液中 CO_3^{2-} 离子含量的增多，使试样中溶出的 Ca^{2+} 在试样表面生成难溶的 $CaCO_3$ 产物成为可能。上述这种变化是试样表面呈富钙特性的主要原因。

随着龄期的进一步增长，由于溶液 pH 值的持续降低，试样中的 C-(A)-S-H 凝胶结构稳定性进一步降低，这使溶液中 Mg^{2+}、SO_4^{2-} 向试样内部的扩散变得更为容易。至 360d 龄期时，由于溶液中大量 Mg^{2+}、SO_4^{2-} 的进入，试样中侵蚀-未侵蚀界面过渡区内可发现大量针棒状产物生成。能谱分析表明，该产物主要由 Ca、S、O 组成。结合前文 XRD 结果可知，该产物为扩散进入的 SO_4^{2-} 与试样孔溶液中 Ca^{2+} 相互反应生成的二水石膏（Gypsum，$CaSO_4 \cdot 2H_2O$）。这些产物沿试样中的裂缝聚集生长，从而将试样中侵蚀-未侵蚀部分隔裂开来。这是图 4-20 中 5%硫酸镁溶液侵蚀 360d 时试样表面开裂以及图 4-21 中强度显著下降的主要原因。

4.4 碱激发胶凝材料的抗冻性能

各试样的成型参数如下：

（1）中抗硫酸盐硅酸盐水泥（MSRC），水灰比、胶砂比分别为 0.3、1/3；

（2）矿渣硅酸盐水泥（BFSC），水灰比、胶砂比分别为 0.5、1/3；

（3）铝酸盐水泥（CA-50），水灰比、胶砂比分别为 0.45、1/3；

（4）快硬硫铝酸盐水泥（RHSC-42.5），水灰比、胶砂比分别为 0.47、1/3；

（5）碱激发胶凝材料（G），配方为“70%活化尾矿+30%矿渣粉+25%水玻璃”，水灰比 0.50，胶砂比 1/3。

所有试样均为 16cm（长）×4cm（宽）×4cm（高）的砂浆。

以砂浆试样经历设定次数冻融循环后的质量损失、强度损失作为参数，对比描述各种水泥及碱激发胶凝材料的抗冻融循环性能。

各试样均在标准养护条件下养护 1d 后拆模，所有试块均置入（20±1）℃的水中养护至 28d，取出擦拭干净进行冻融试验。冻融试验时砂浆试样浸泡在水中，每个循环经历−20～20℃的温度变化，耗时 4h。

表 4-4 为各试样经历数次冻融循环后的质量及强度变化。试验结果表明，经历 25 次冻融循环后，中抗硫酸盐硅酸盐水泥等水泥试样因饱水反而出现了轻微的质量增长。经历 50 次冻融循环后，水泥试样因出现缺棱少角现象而表现为一定的质量损失。对于碱激发胶凝

材料，经历 25 次、50 次冻融循环后其外观完整（图 4-26），故其质量损失处于较低水平。

表 4-4　历次冻融循环后各试样质量及强度变化

胶凝材料		冻融前	循环 25 次后		循环 50 次后		循环 75 次后	
			冻融后	损失/%	冻融后	损失/%	冻融后	损失/%
MSRC	质量/g	583.3	584.7	−0.24	571.2	2.07	—	—
	抗压强度/MPa	57.0	48.6	14.74	34.5	39.47	—	—
BFSC	质量/g	580.4	580.8	−0.07	554.1	4.53	—	—
	抗压强度/MPa	46.6	39.1	16.09	25.4	45.49	—	—
CA-50	质量/g	579.6	578.7	0.16	564.1	2.67	—	—
	抗压强度/MPa	56.0	45.1	19.46	31.2	44.29	—	—
RHSC-42.5	质量/g	570.0	573.1	−0.54	542.6	4.81	—	—
	抗压强度/MPa	41.8	30.2	27.75	18.7	55.26	—	—
G	质量/g	586.6	584.1	0.43	569.4	2.93	524.0	10.67
	抗压强度/MPa	50.7	46.7	7.89	43.0	15.19	—	—

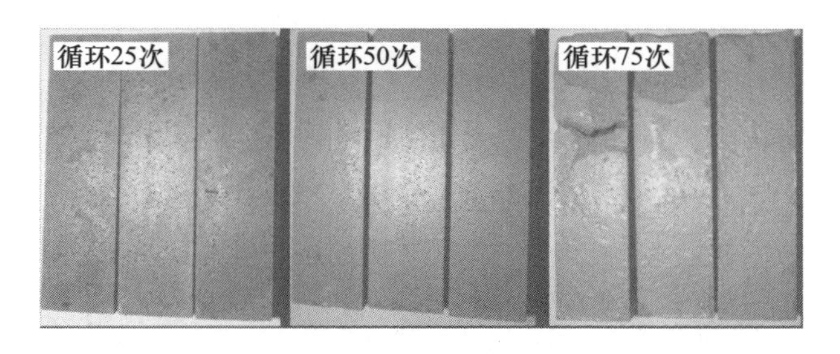

图 4-26　碱激发胶凝材料经历数次冻融循环后的外观

碱激发胶凝材料经历 25 次冻融循环后强度损失小于 10%，而中抗硫酸盐硅酸盐水泥等特种水泥及矿渣硅酸盐水泥的强度损失已经接近 20%；经 50 次冻融循环，前者的强度损失约 15%，而其他试样的强度损失最小值也高达约 40%。经 75 次冻融循环后，所有试样均破坏，但碱激发胶凝材料最严重的破坏只是断裂（图 4-26），而其他水泥试样已变成一团碎屑。

已有成果表明，碱激发胶凝材料较水泥基胶凝材料具有更优异的抗冻融循环性能[135]，其原因为其水化产物致密、扩散通道有限[136]。例如，水玻璃激发的碱矿渣混凝土，其优化配方的 300 次冻融循环质量甚至小于 1%[136]；水玻璃激发的偏高岭土净浆试样，经历 50 次冻融循环后抗压强度保留率在 90%以上[137]。与上述已有结果相比，本次试验制备的碱激发胶凝材料并不具备突出的抗冻融循环性能。为此，采取了如下方法增强其抗冻融循环性能：提高养护温度至 60℃并养护 1d，而后常温养护至 28d；在保证砂浆试样流动度大于 180mm 的前提下降低水灰比至 0.45。此外，为了避免试样吸附过多水而影响其抗冻融循环性能，试样由水养改为潮湿空气养护［$T=$（20±1)℃，RH=95%±5%］。

图 4-27 为碱激发胶凝材料最长经历 180 次冻融后其外观。由该图知，试样即使经

历 180 次冻融循环，其也未见缺棱少角等破坏征兆。

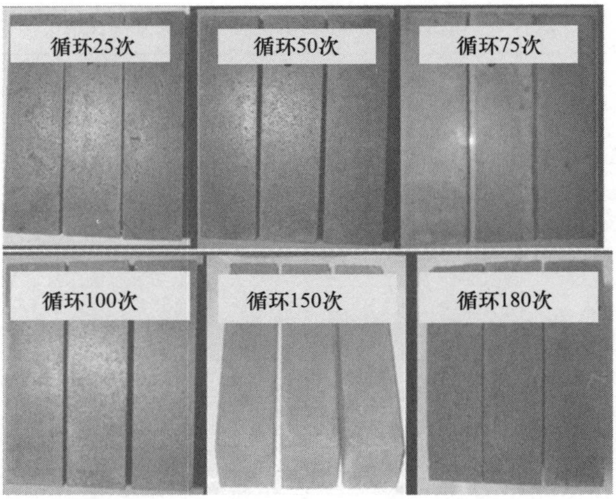

图 4-27　高温养护的碱激发胶凝材料经历数次冻融循环后的外观

表 4-5 为试样经历 25 次、50 次、75 次、100 次、150 次、180 次循环后的强度及质量变化。由表可知，提高养护温度及降低水灰比对试样的抗冻融循环性能有明显改善作用：其即使经历 180 次冻融循环后其抗压强度损失也仅约为 15%；能够保持完整外观，经历历次循环后其质量损失很小，还不到 1%。上述这种改善作用源于高温养护对碱激发反应的促进作用及低水灰比条件下的致密作用。已有研究表明，在成型后试样经短时间（数小时至 24h）的高温养护（40～95℃）可明显加速水化硅铝酸盐凝胶的形成，进而有可能获得数倍于常温养护的强度[138-140]。对于硅酸盐水泥基胶凝材料，凝胶的大量形成（提高水化程度）及由此引起的增强效用无疑可提高试样的抗冻融循环性能[141]，本研究制备的碱激发胶凝材料也遵循这一原则。

表 4-5　高温养护试样经历历次冻融循环后（最多 180 次）质量及强度变化

冻融次数	抗折强度/MPa	抗折强度损失 /%	抗压强度/MPa	抗压强度损失率/ %	质量损失率/%
0	12.8	—	86.2	—	—
25	12.5	2.0	85.4	0.9	0.35
50	11.9	7.3	83.8	2.7	0.54
75	11.9	7.3	82.5	4.3	0.54
100	11.6	9.3	81.5	5.4	0.56
150	11.1	13.2	78.7	8.7	0.60
180	10.8	15.7	64.3	15.4	0.67

4.5　本章小结

（1）在常温潮湿空气中养护 1 年的试样继续在室内敞开空气中养护至 2.5 年、4 年、

6年，试样的强度持续增长，源于持续进行的碱激发反应对强度增长的贡献。长龄期试样的水化产物仍然为无定形凝胶，生成的凝胶对孔洞的不断填充而使有害孔（>50nm）随龄期延长而变少，进而获得致密的微观结构。尽管长龄期试样中明显可见碳酸钙，但低钙体系使碳化对强度的不利影响有限。即使经历长达6年龄期的反应，试样中仍然可见多孔玻璃质颗粒及数十微米的富铁微珠等粉煤灰中的“惰性”颗粒。这些颗粒被凝胶包裹，发挥微集料作用。

（2）碱激发胶凝材料具有优异的耐酸侵蚀性能。在持续进行的碱激发反应作用下，经5%硝酸溶液、5%磷酸溶液以及5%醋酸溶液侵蚀360d后，试样的抗压强度仍可保持在40.0MPa、70.0MPa以及50.0MPa以上。不同酸溶液对碱激发胶凝材料的侵蚀机理不尽相同。硝酸溶液、醋酸溶液对试样的侵蚀属于反应型。酸溶液中的H^+对凝胶产物C-(N)-(A)-S-H结构的破坏作用是导致试样强度降低的主要原因。磷酸溶液对试样的侵蚀属于结晶膨胀型侵蚀。酸溶液中的H^+对凝胶产物结构的破坏作用，以及扩散进入试样内部的HPO_4^{2-}等离子与试样中Ca^{2+}结合生成透钙磷石，是试样结构发生膨胀破坏、强度降低的主要原因。

（3）碱激发胶凝材料具有优异的耐硫酸盐侵蚀性能。分别经5%硫酸钠溶液和5%硫酸镁溶液侵蚀360d龄期后，试样的抗压强度可分别达到95.0MPa、65.0MPa以上。不同硫酸盐溶液对碱激发胶凝材料的侵蚀程度和侵蚀机理不同。5%硫酸钠溶液侵蚀条件下，表面逐渐生成一层致密的$CaCO_3$产物层，碱激发胶凝材料的产物组成、微观形貌以及强度发展基本不受影响。5%硫酸镁溶液侵蚀条件下，溶液中的Mg^{2+}在碱性环境中以$Mg(OH)_2$形式沉积在试样表面形成致密的保护层，龄期不超过180d时试样的抗压强度呈逐渐增长趋势。由于碱性溶液对空气中CO_2的吸收作用，溶液的pH值逐渐降低，导致试样表面的$Mg(OH)_2$保护层分解，生成低强度的M-(A)-S-H凝胶以及膨胀性的二水石膏，从而导致长龄期试样膨胀开裂及强度降低。

（4）采取先蒸养（60℃）再常温（20℃潮湿空气）养护的措施，其抗冻融循环能力显著提高，即使经历180次循环，外观也能保持完整，质量损失小于1%，强度损失约为15%。

5　极端环境条件下碱激发胶凝材料的性能

5.1　高温煅烧条件下碱激发胶凝材料的性能

构件及构筑物在服役过程中有可能面临高温环境，例如紧靠锅炉的混凝土结构等。另一种极端情况是，发生于建筑物的火灾使混凝土结构暴露于高于1000℃的火场中。这种高温环境必然对胶凝材料的物理化学性能造成影响。只有那些不显著劣化的胶凝材料，其制备的构件和修建的构筑物才能长时间服役，才能起到减灾防灾的作用，甚至其有可能被用作隔热防火的特种工程材料。

为此，本次试验研究了砂浆试样经历高温灼烧后其外观、强度及组成、微观结构的变化。砂浆试样配比为“70％活化尾矿＋30％矿渣粉＋25％水玻璃”，水灰比、胶砂比分别设定为0.5、1/3，尺寸为16cm（长）×4cm（宽）×4cm（高）。净浆试样的配比与砂浆试样的相同，其水灰比为0.4，尺寸为16cm（长）×12cm（宽）×1cm（高）。选择上述配方制备试样的原因为：选择低水玻璃用量配方最大限度地降低了水玻璃未能完全消耗的风险；水玻璃在高温条件下会发泡，选择低水玻璃用量配方显然避免了试样在煅烧过程中水玻璃发泡对性能的影响。

试样在标准养护条件下养护至20d，取出擦拭干净，然后转移至室内空气中养护。室内气温为（20±2)℃，相对湿度约为80％，试样养护周期为7d。在室内空气中养护主要是使试样表面和表层的水蒸发，避免在高温煅烧时试样爆裂。

晾干试样置入马弗炉，随炉升温，升温速度为10℃/min。试样分别在200℃、400℃、600℃、800℃、1000℃和1200℃下保温2h。保温结束后，取出并用风扇快速冷却。观察冷却试样的外观，测试其长度及强度，并采用XRD、红外光谱等手段分析煅烧试样的产物，采用压汞仪分析孔结构变化，采用环境扫描电镜观察其微观结构变化。

煅烧时，净浆与砂浆试样同炉煅烧并同时冷却。

5.1.1　外观变化

图5-1为经历不同温度灼烧后试样的外观变化（数码相机拍摄）。根据外观变化，可分为两个阶段——不高于1000℃和1200℃。试样经不高于1000℃的高温灼烧后，无缺棱少角，外观完整，但表面可见裂纹。这种裂纹随煅烧温度的升高越发明显：不仅

宽度和长度明显增加，而且经历 800℃和 1000℃煅烧后裂纹相互连接而形成网络状。这种开裂现象在富含石英的粉煤灰基碱激发胶凝材料中也观察到了，其经 900℃煅烧后裂纹的宽度可达（0.25±0.1）mm[142]。这种裂纹通常认为是收缩引起的，而收缩又是由凝胶脱水引起的[143]。另外，石英砂在高温阶段的晶型转变会伴随着体积变化，这种体积变化也可能是试样经历较高温煅烧后出现明显裂纹的另一原因。

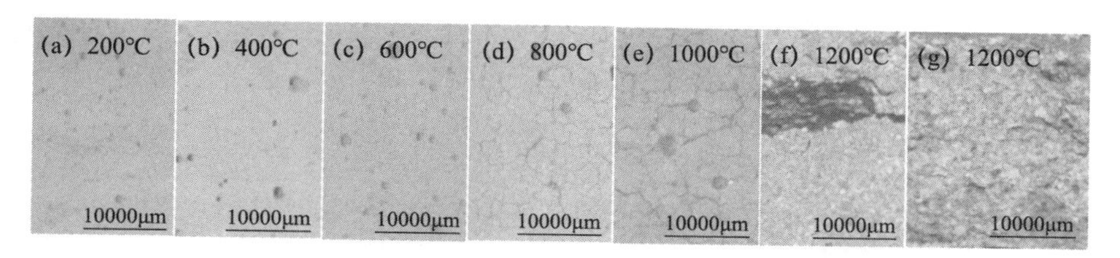

图 5-1 高温灼烧后砂浆试样的外观（数码相机拍摄）

当试样经 1200℃高温煅烧后，其外观发生了明显变化：由于试样发生烧结及熔融，其不仅引起试样明显褪色，更为严重的是试样变形、开裂甚至断裂［图 5-1（f）］。然而由于高温液相的出现及烧结的致密化作用，其表面的细小裂纹愈合，且试样的断面往往更致密［图 5-1（g）］。这种高温致密化作用在钾玻璃激发的偏高岭土基胶凝材料中也同样观察到了：1000℃煅烧试样的 SEM 照片表明断面的孔变少[143]。

为了更清楚地观察试样经不同温度煅烧后其表面的裂纹，采用了 ESEM 观察煅烧试样的表面，如图 5-2 所示。与图 5-1 观察到的结果一样，随着煅烧温度的升高，不仅裂纹的数量增加，而且其宽度变宽。当试样分别经 800℃、1000℃煅烧后，其裂纹宽度甚至可达到数十微米，且几乎都是这种大裂纹。图 5-2（f）为经 1200℃煅烧后试样的表面，其很好地解释了高温条件下烧结作用及液相对裂纹的愈合作用，因为此时可明显观察到试样发生了熔融，且裂纹消失。尽管裂纹愈合了，但是在该试样中却出现了数十微米的大孔。

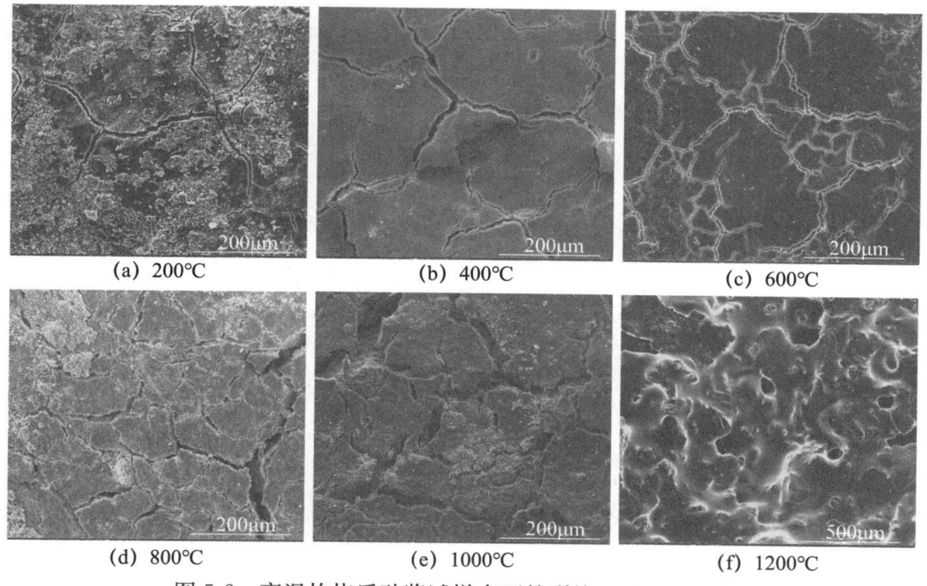

(a) 200℃ (b) 400℃ (c) 600℃
(d) 800℃ (e) 1000℃ (f) 1200℃

图 5-2 高温灼烧后砂浆试样表面的裂纹（ESEM 照片）

碱激发胶凝材料（砂浆试样）经不高于900℃煅烧后能够保持完整外观，可由在线观察的影像式烧结点试验仪的结果获得印证。如图5-3所示，试样在加热过程中棱角依然分明，且试样高度没有明显变化，这说明试样在该温度范围内不会发生熔融而能够保持完整外形。

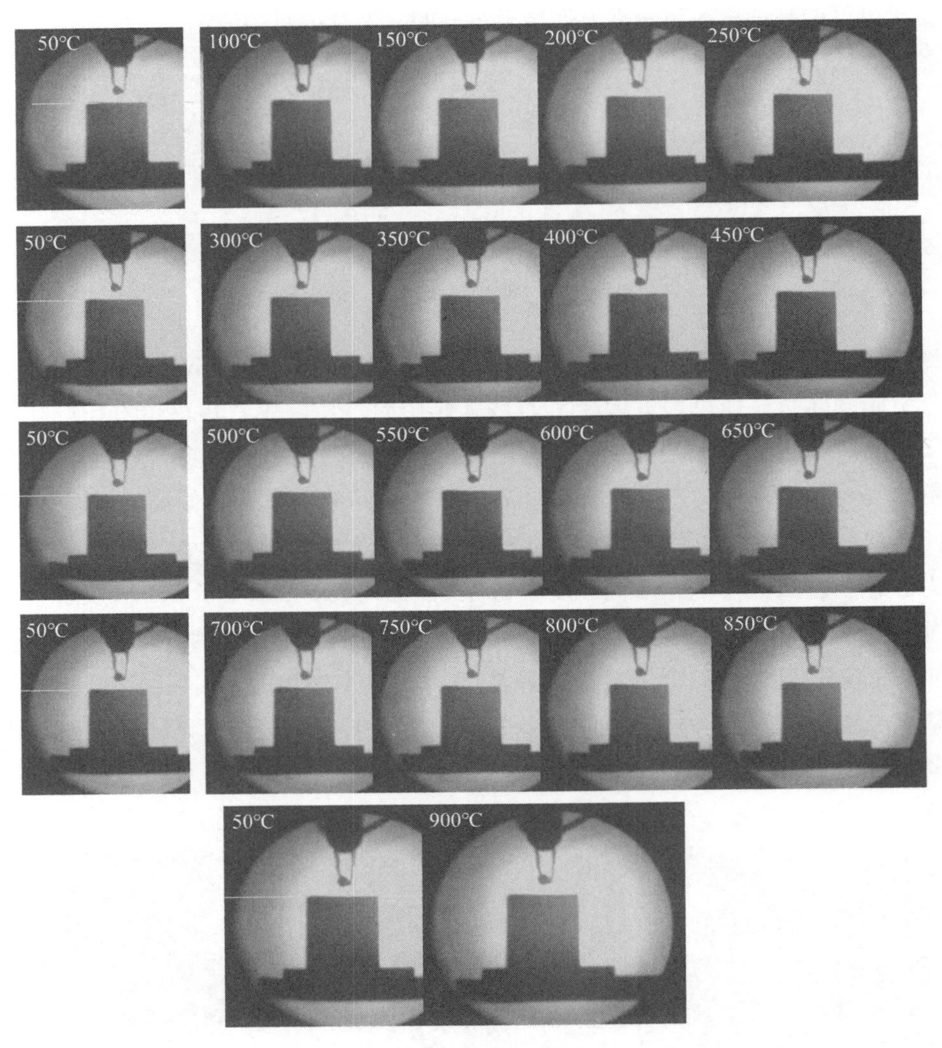

图5-3　砂浆试样在高温灼烧过程中的形态变化

5.1.2　线性收缩与膨胀

图5-4为采用比长仪测定的煅烧后砂浆试样的长度变化。需要说明的是，由于1200℃煅烧试样发生了明显变形，故其长度未测定。

一般而言，与硅酸盐水泥的水化试样一样，碱激发胶凝材料经历高温过程后基本都呈收缩状态。已有研究结果表明，升温至1000℃可明显观察到四个收缩阶段[143-144]：阶段一，常温至100℃，因自由水的蒸发而出现较小收缩；阶段二，100～300℃，孔洞中的水蒸发而使试样发生较大收缩；阶段三，300～700℃，凝胶脱水而使试样继续收缩；阶段四，700～1000℃，因烧结及熔融而使试样继续发生明显收缩。前三个阶段的收缩都因试样脱水而引起，称为初始收缩（initial shrinkage），而第四阶段涉及熔化、生成新相等物理化学过程，称为二次收缩（second shrinkage）。

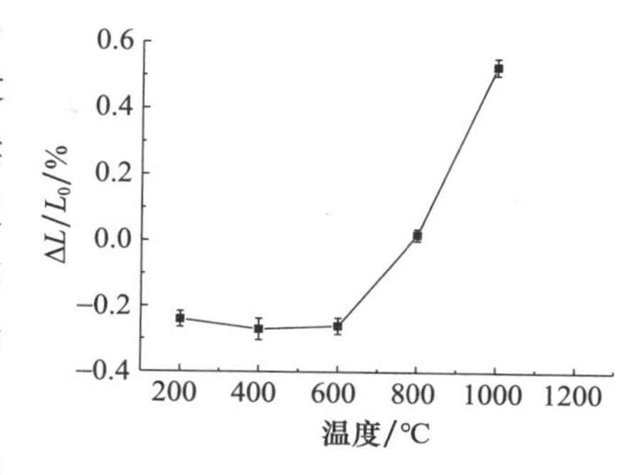

图 5-4　高温灼烧后砂浆试样的长度变化

本实验并未观察到上述这种持续收缩。在低温阶段（200℃、400℃、600℃），试样表现为收缩，但收缩量并非随温度升高而逐渐增大。当 400℃煅烧试样的收缩量达到极值后，继续提高煅烧温度，收缩量转而变小，以致 800℃煅烧试样的长度变化由负值转变为正值，相应地试样由收缩转为膨胀。这种膨胀会持续发生，使 1000℃煅烧试样的长度变化表现为极大正值。

虽然针对氢氧化钠激发的偏高岭土、无定形三氧化二铝、无定形二氧化硅复合胶凝材料的研究表明，当 Si/Al＞24 时试样经历 800℃后因凝胶发泡而发生显著膨胀[145]，但本实验的 Si/Al 远远小于上述值（仅为 1.34），因此本实验观察到高温阶段的膨胀不可能是由凝胶引起的。

前述的关于碱激发胶凝材料在高温过程中体积变化的已有研究结果均是针对净浆而言的，因此可推断本实验所采用的砂浆试样中的石英砂是造成本研究结果与已有结果不同的主要原因。

石英在加热过程中会发生相变：573℃，β-石英转变为 α-石英；870℃，α-石英转变为 α-鳞石英。前者为位移性转变，体积稍微发生膨胀，膨胀量为 0.82%；后者为重建性转变，体积显著膨胀，膨胀量高达 16%[146]。α-石英转变为 α-鳞石英因涉及结构重建，转变较困难，但存在矿化剂（如钠、铁等）的条件下这种转变将大为加速。本实验所使用的活化尾矿中不仅含有铁，而且胶凝材料制备时每 100g 粉体中还加入了约 8.5g Na_2O（以水玻璃的形式带入），因此有足够的矿化剂使 α-石英在高温下转变为 α-鳞石英。当低温型石英转变为高温型石英后，若快速冷却，石英在常温下可以保留其介稳的高温晶型。因此，本实验采取快速风冷的方法有可能使石英在冷却试样中以鳞石英等高温晶型存在。

正是因为石英的这种晶型转变，使砂浆试样在煅烧后由收缩转变为膨胀。试样经 600℃煅烧后，因 β-石英转变为 α-石英的轻微体积膨胀而补偿了凝胶脱水引起的收缩，使试样的收缩量变小；经 1000℃煅烧后，因 α-石英转变为 α-鳞石英的巨大体积膨胀，使试样表现为显著膨胀。由此可见，石英的位移性及重建性结构转变改变了凝胶本应持续收缩的热行为，故针对砂浆的煅烧试验中仅观察到了 400℃对应的收缩极大值。

为了印证石英砂因晶型转变引起的体积膨胀对煅烧砂浆试样长度变化的影响，利用热膨胀仪在线观察了砂浆试样在加热过程中的收缩或膨胀行为，结果如图 5-5 所示。与图 5-4 所示的煅烧后试样的长度测试结果不同，在线测试结果表明在试样加热的初始阶段就表现为膨胀。这种膨胀可能源于石英砂的热膨胀，因为在砂浆试样中石英砂占绝大多数。值得注意的是，在从开始升温至约 550℃的范围内，砂浆试样的膨胀量与温度近似成线性关系，这是因为固体物质的线性热膨胀系数几乎不受温度的影响，可近似认为是常数。但由于凝结脱水会引起收缩，且较高温度下的脱水引起的收缩更显著，故砂浆试样的膨胀量-温度关系曲线在该温度范围内的高温阶段稍微偏离了线性关系。

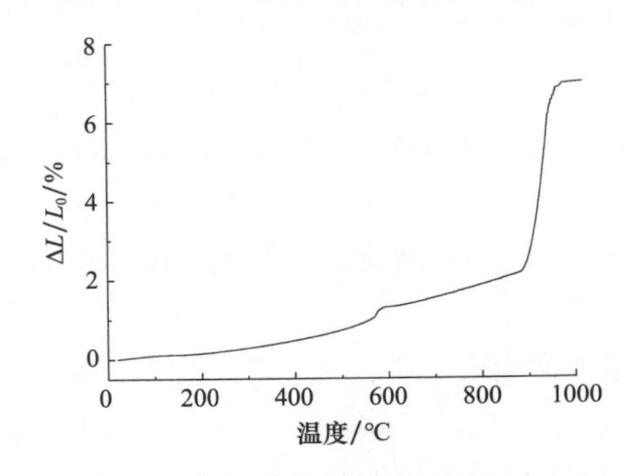

图 5-5　砂浆试样在加热过程中的实时长度变化

纵观整个加热过程，砂浆试样的膨胀出现了两次明显上升。

（1）570～590℃，试样的膨胀出现了小幅度明显上升。该温度范围对应 β-石英向 α-石英转变，由于这种位移性转变体积膨胀较小，且较容易（很快就能完成转变，意味着转变对应的温度区间窄），故试样的膨胀量-温度曲线仅表现为幅度较小的上升。

（2）870～960℃，试样的膨胀出现了大幅度明显上升。该温度范围对应 α-石英向 α-鳞石英转变，由于这种重建性转变体积膨胀较大，且较难进行（意味着这种转变将在很宽的一个温度范围内进行），故试样的膨胀量-温度曲线表现为幅度较大、温度区间较宽的上升。

砂浆试样膨胀量-温度曲线的这两次明显上升，证实了比长仪测定的煅烧后试样长度变化原因的推测：石英的膨胀性晶型转变补偿了凝胶的收缩，进而使试样在高温阶段由收缩转变为膨胀。但对比图 5-4 与图 5-5 的结果，发现比长仪测定的煅烧后试样的长度变化结果比热膨胀仪在线测定结果小一个数量级，其原因有两个：比长仪测定的是冷却试样，故石英砂的热膨胀未能体现于测试结果；尽管快速冷却，但难免有部分石英在冷却过程中回到低温晶型，尤其是 α-石英很容易转变为 β-石英，这使高温晶型的膨胀作用在冷却试样中削弱。

如果能进一步证实本实验合成的碱激发胶凝材料的水化产物——硅铝凝胶在加热过程中是收缩的，那么无疑更加坚定砂浆试样的膨胀行为仅是由石英砂引起的。图 5-6 为相同配方净浆试样的热膨胀曲线。由图可知，与已有结果对应，本实验制备的碱激发净浆试样的收缩也呈明显的四个阶段：常温至 100℃，微量收缩，对应自由水蒸发；

100～300℃，极大收缩，对应孔中水的蒸发；300～600℃，继续收缩，对应凝胶中结构水（—OH）的脱除；温度高于 600℃，显著收缩，对应试样烧结及熔融。因此，净浆试样在整个加热阶段都是收缩的，那么砂浆试样的膨胀只能是石英砂膨胀的结果。

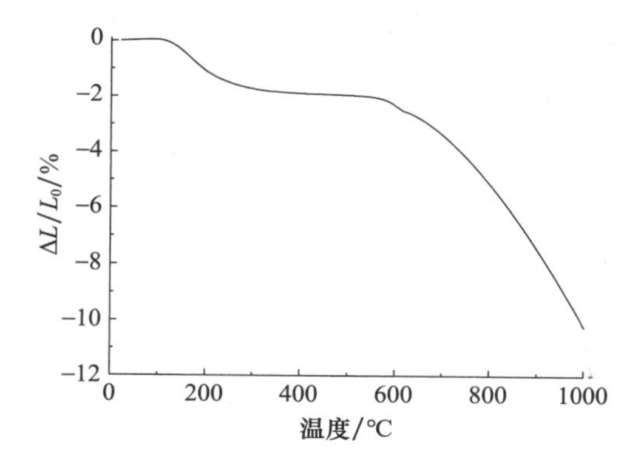

图 5-6　相同配方净浆试样的热膨胀曲线

5.1.3　强度变化

碱激发砂浆试样经历高温煅烧后其强度变化如图 5-7 所示。由图可知，试样在不高于 1000℃的高温环境中灼烧后，其强度逐渐下降，这说明热载对试样强度造成了劣化。这种劣化作用在高温时尤其明显，以致使 1000℃煅烧试样的抗压强度下降了 45.0MPa 以上。这种强度下降与凝胶性质变化有必然联系：高温煅烧使凝胶失去胶结能力，这表现为破型后 1000℃煅烧试样变为散砂状，而不是常见的块状。

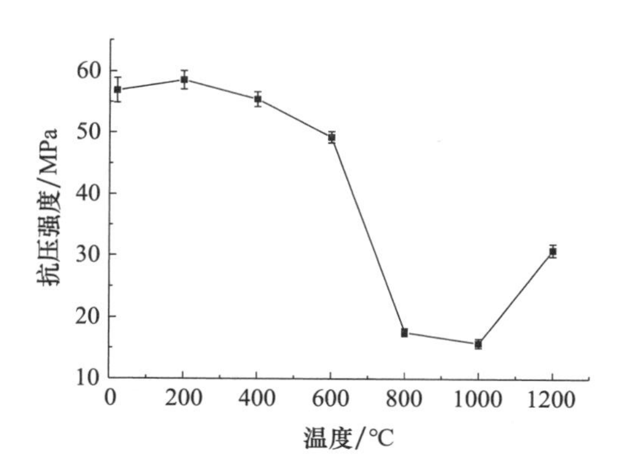

图 5-7　砂浆试样煅烧后强度变化

值得注意的是，试样经 200℃煅烧后强度反而小幅度上升。这种作用可能源于“干硬效应”（dry hardening effect），即高温对硅铝聚合反应的促进作用[140]。

已有研究结果表明，碱激发胶凝材料在高温作用后其强度下降似乎是普遍规律。无论是由碱激发矿渣还是由碱激发粉煤灰制备的砂浆或混凝土，经高温煅烧后都观察到了强度劣化现象[147-152]。但也有例外，以铝酸钠激发的高硅粉煤灰（Si/Al 可达到 5、7.5 和 8.8）胶凝材料，高温灼烧后强度反而明显上升[153]。这种材料虽然在传统养护条件（先

70℃养护 24h 再在常温下养护）下其 28d 抗压强度仅有 6.0MPa，但 1000℃灼烧后强度最大可提高 25.0MPa，原因为烧结的致密化作用。本实验采用的激发剂是模数为 2.0 的水玻璃，且体系的 Si/Al 仅为 1.34，这种不同使煅烧后并未观察到如上所示的强度增长。

如同硅酸盐水泥基胶凝材料一样，各组分间的膨胀行为不匹配、因失水而造成的孔压效应（pore pressure effect）及相变是碱激发胶凝材料经高温煅烧后强度下降的主要原因。在本实验中，这种不匹配主要来自收缩的凝胶及膨胀的石英。如前所述，碱激发胶凝材料中的凝胶在加热过程中一直呈收缩状态，而石英不仅在加热时会发生热膨胀，还会发生晶型转变而引起更大的膨胀。因此，在加热过程中收缩的凝胶与膨胀的石英砂间严重不匹配，且这种不相容性随着温度的升高而越来越显著，这就造成了砂浆试样在 800℃、1000℃的高温环境中灼烧后强度显著下降。在加热过程中水的蒸发会导致所谓的孔压效应，进而引起试样发生收缩，这也是诱发强度劣化的原因之一[149]。如前所述，在对净浆试样进行在线观察其长度变化时，发现在 100～300℃时因孔中水蒸发而引起了极大收缩，这证实了孔压效应的存在。在高温阶段生成新的晶相也被视为强度下降的第三个原因，因为这些晶相可能来自凝胶的瓦解[149]。在后文的 XRD 分析时将发现本实验合成的胶凝材料经 1000℃煅烧后发生了明显结晶，而这些晶体来自硅铝凝胶在高温条件下的化学反应（分解、化合等）。需要指出的是，由于本实验制备碱激发胶凝材料时引入了约 30%矿渣粉，因此水化产物中可能存在低钙硅比的 C-S-H 凝胶（或 C-A-S-H 凝胶）。C-S-H 凝胶通常在 400℃就开始发生分解[154]，这种分解也可归类为相变，只不过相比于高温阶段的结晶，其相变的时刻提前了，但都会对强度造成不利影响。

虽然石英砂与凝胶间的热收缩、热膨胀不匹配给煅烧试样的强度造成了显著不利影响，但在更高温度（1200℃）条件下强度反而有所回升。这种强度回升源于两个方面的原因。

（1）高温下的致密化作用。在高温条件下，试样因熔融而出现液相，发生烧结作用，进而使颗粒紧密接触，最终导致强度增长[143]。

（2）陶瓷相的生成。在高温条件下，所有组分将发生反应而生成同种晶体（例如长石），避免了多种晶体的多晶界，从而表现为强度的增长。

上述两种作用使 1200℃煅烧试样的强度为 1000℃煅烧试样的 2 倍，但还不足以使强度回升至初始强度，这是因为凝胶此时已完全消失。

5.1.4 组成变化

5.1.4.1 物相分析

如图 5-8 所示为砂浆试样煅烧前后的 XRD 衍射特征变化。比较未煅烧及经不同温度煅烧后的试样，碱激发反应生成的凝胶对应的弥散峰包［20°～35°（2θ）］在低于 800℃煅烧的所有试样中一直存在，说明这种凝胶在不高于 800℃的高温环境中是稳定的，尽管其在加热过程中发生了吸附水、结构水的脱除。然而，当煅烧温度提高至 1000℃时，这种衍射峰包消失，并随之出现了新的衍射特征峰，说明凝胶分解并与其他反应物共同作用而结晶为新的晶相。当试样遭受更高温度（1200℃）煅烧后，其衍射特征峰与1000℃煅烧试样的又有所不同，说明1000℃煅烧后出现的晶相是过渡相，在更高温度下会与其他组分反应并再次结晶。值得注意的是，体现于未煅烧试样中的尖锐衍射峰为α-三氧化二铝等惰性组分引起，这些惰性组分的热稳定性很优异，其衍射特征峰在即使经历1000℃高温煅烧后的试样中也有所体现。

由图5-8可知，试样经1000℃煅烧后，出现了长石、铝酸钙等新的晶相。形成这些晶体所需的硅、铝、钙等组分多由硅铝凝胶分解而提供，因为α-三氧化二铝等由活化尾矿带入的“杂质”在该试样中仍然可见明显的衍射特征峰。当煅烧温度提高至1200℃时，试样不再呈现多晶态特征，包括活化尾矿带入的各种晶体及砂浆成型加入的石英砂都作为反应物而生成了同一种物质——含钠长石，这印证了在分析其强度转而上升时的推测：生成了组分单一的陶瓷相。

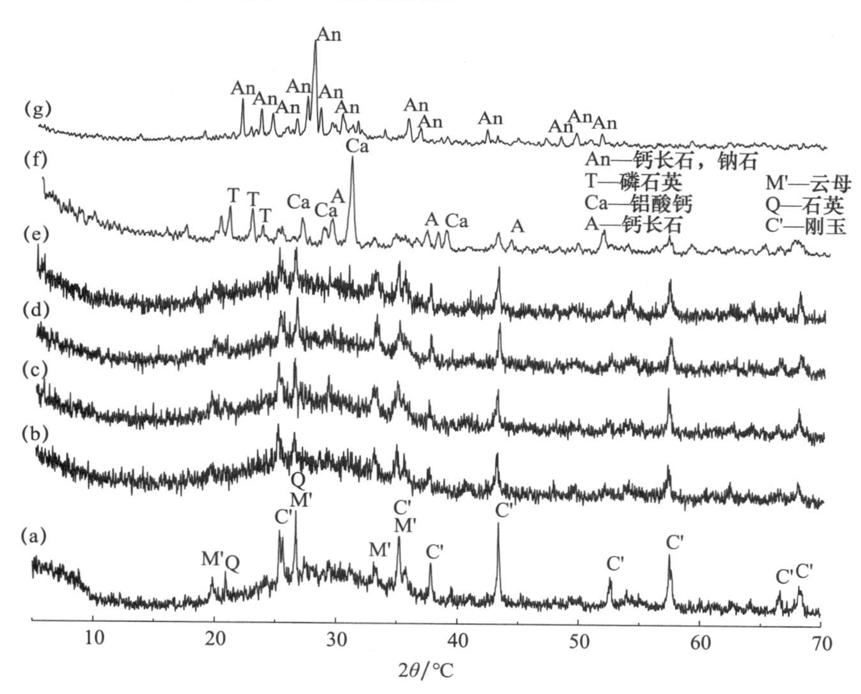

图5-8　未煅烧试样及在不同温度下煅烧后各砂浆试样的XRD图谱

（a）加热前；（b）200℃；（c）400℃；（d）600℃；（e）800℃；（f）1000℃；（g）1200℃

在经1000℃煅烧后的试样中，石英以鳞石英形式存在。这是因为在钠、铁等矿化剂的作用下α-石英转变为鳞石英的过程被加速，且快速冷却使石英能够保持高温晶型[150]。

关于碱激发反应产物——硅铝凝胶的热稳定性，在已有研究中虽然不同文献报道的结果各有所不同，但在高温下发生结晶成为普遍规律。例如，钾水玻璃激发的偏高岭土胶凝材料，其经1000℃后会结晶为六方钾霞石，而1200℃煅烧后会转变为白榴石；水玻璃激发的粉煤灰胶凝材料，其经1000℃后会结晶为霞石，而1200℃煅烧后会转变为钠长石。对于水玻璃激发的偏高岭土胶凝材料，其经更高温度（1300℃）煅烧后会结晶为莫来石。上述矿物中除莫来石外，都属于似（类）长石矿物，都是具有架状结构的硅铝酸盐。因此，其结构中必然少不了铝代硅的发生，而一旦发生这种取代，就需要钾、钠等电荷平衡离子使结构保持电中性。在钠或钾水玻璃激发的低钙体系胶凝材料中，激发剂为上述矿物的形成提供了充足的电荷平衡离子。在本实验中，虽然活化尾矿的钙含量很低，但在合成体系中加入了高钙的矿渣粉，故试样经1200℃煅烧后生成的是由钙和（或）钠作为电荷平衡离子的含钠长石［anorthite，sodian，ordered，(Ca，Na)(Al，Si)$_2$Si$_2$O$_8$］。

根据高温灼烧试样的XRD分析结果可知，砂浆试样经1000℃高温煅烧后，凝胶发生分解并生成多种晶态物质，且此时石英砂因重建性晶型转变而发生明显体积膨胀，故此温度煅烧后试样的强度呈现极小值。

5.1.4.2 红外分析

如前所述，高温煅烧试样会发生结晶，而结晶必然伴随着硅铝键合结构的改变，利用红外光谱则可观察到这种结构的变化。图5-9为未煅烧及经不同温度煅烧净浆试样的FTIR图谱。对于未煅烧净浆试样，其FTIR特征与当前公开的文献几乎一样，主要体现于Si—O—Si（Al）的振动[155-157]。3447cm^{-1}及1653cm^{-1}对应水分子的振动。1450cm^{-1}对应CO_3^{2-}引起的振动，因为碱激发胶凝材料较易碳化[158-160]。1000cm^{-1}附近的强烈吸收谱带对应Si—O—Si（Al）的非对称伸缩振动，被称为碱激发胶凝材料的指纹谱带[159-162]。875cm^{-1}处的峰肩对应键合于硅氧四面体或铝氧四面体的—OH的振动。640cm^{-1}和596cm^{-1}对应Al_2O_3中Al—O键的振动[163]。453cm^{-1}对应的强烈吸收谱带为Si—O—Si（Al）的面内弯曲振动[158]。

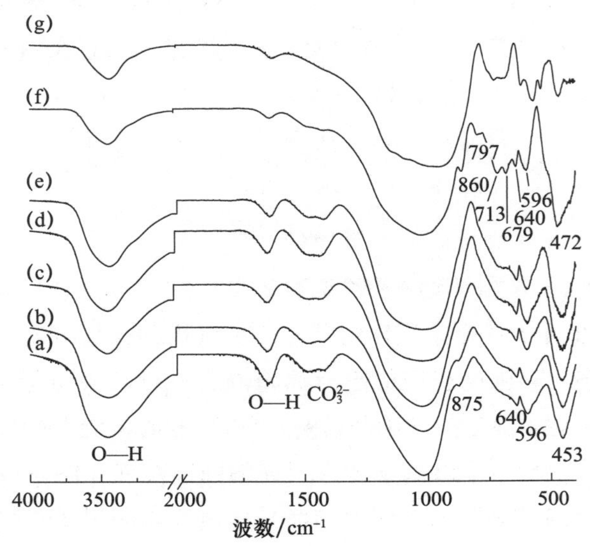

图5-9 未煅烧及经不同温度煅烧后净浆试样的FTIR图谱

(a) 加热前；(b) 200℃；(c) 400℃；(d) 600℃；(e) 800℃；(f) 1000℃；(g) 1200℃

经 200～800℃高温煅烧后，试样的吸收谱带无明显变化，这再次印证了碱激发反应生成的凝胶在低于 800℃的高温环境中是稳定的（这种稳定指硅铝键合结构不会发生变化）。在这些试样中，水分子对应的振动随煅烧温度的升高而逐渐减弱，这是因为试样在加热过程中水逐渐脱除。但由于空气中存在水，其振动谱带在高温阶段也能明显观察到。

当试样经 1000℃煅烧后，虽然仍然可观察到水引起的振动（源于空气中的水），但其振动谱带较低温煅烧试样的有明显不同：①CO_3^{2-} 振动引起的吸收谱带几乎完全消失，这是因为试样在经历 1000℃高温煅烧过程中碳化的可能产物——碳酸钠熔化、碳酸钙分解，并可能参与结晶反应，进而使 CO_2 逃逸。②出现了新的吸收谱带，如 $860cm^{-1}$、$797cm^{-1}$、$713cm^{-1}$ 和 $679cm^{-1}$。其中，$860cm^{-1}$ 与 $713cm^{-1}$ 对应铝氧四面体的振动[157-158]，即意味着铝酸钙等以铝氧四面体为结构单元的矿物生成[164]；$797cm^{-1}$ 和 $679cm^{-1}$ 对应鳞石英中 Si—O 键的振动[165]。③虽然在 $1000cm^{-1}$ 左右仍然存在强烈的吸收谱带，但其对应的应该是架状硅铝酸盐中 Si—O—Si(Al) 的振动，因为此时 XRD 证实硅铝凝胶已经分解并生成长石。在长石中，铝部分取代硅而形成 Si—O—Al 是常态，而这种取代将使 Si—O—Si(Al) 的弯曲振动对应的吸收谱带向高位移动，因此该谱带由 $453cm^{-1}$ 移至 $472cm^{-1}$[158]。

当试样经 1200℃高温煅烧后，位于 $1000cm^{-1}$ 附近的吸收谱带变得异常宽化。这种宽化现象源于长石架状结构中铝代硅的大量发生，且在重复结构单元中存在不同数量的硅位被铝代替，形成了 $SiQ^n(mAl)$ 结构。在这种结构中，n 指某个硅氧四面体邻近连接硅氧四面体的数目，m 指由某个硅氧四面体及其邻近连接的其他硅氧四面体构成的重复结构单元中硅被铝取代的数目，通常 m 小于 n。长石为架装结构，硅氧四面体的连接方式为 SiQ^4，其 Si—O—Si 的非对称伸缩振动对应的谱带处于最高位，$1200cm^{-1}$[160]。在长石结构中，通常会发生铝代硅而形成 $SiQ^4(2Al)$ 及 $SiQ^4(3Al)$ 结构，由于 Al—O 较 Si—O 弱[155,157]，其对应振动引起的吸收谱带将向低波数方向移动。因此，SiQ^4 结构将吸收谱带向高波数方向拉动及 $SiQ^4(2Al)$、$SiQ^4(3Al)$ 结构将其向低波数方向拉动，使该吸收谱带变宽。

5.1.4.3 热分析

热分析曲线可以印证砂浆试样在加热过程中的物理（水蒸发等）和化学（结晶等）变化。图 5-10 为砂浆试样从常温加热至 1200℃的 TG-DSC 曲线。

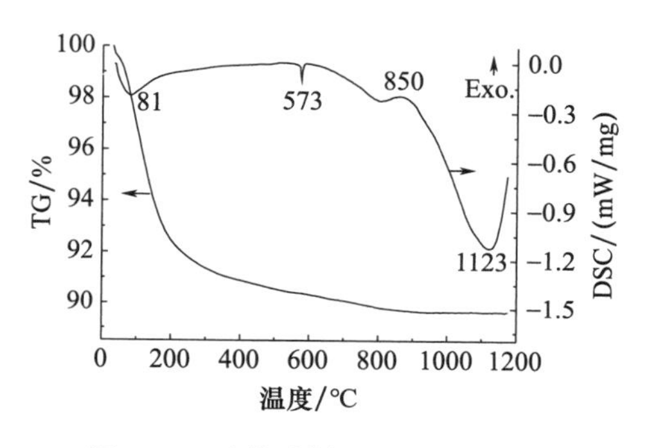

图 5-10 砂浆试样的 TG-DSC 曲线

TG 曲线展示的结果印证了前文所述的三个脱水阶段，而这三个阶段的脱水将引起试样的初次收缩[143]。第一阶段，加热至 100℃左右，吸附在颗粒表面的自由水在加热过程中很快蒸发，从而造成明显失重，这种蒸发一般会引起微小收缩（图 5-6）。第二阶段，延续至 300℃左右，填充于不同孔径中的水逐次蒸发，胶凝材料的多孔结构使 TG 曲线表现为明显失重，这种蒸发会引起明显收缩（图 5-6）。上述两个阶段中涉及的水蒸发，在 DSC 曲线中表现为从常温蔓延至 300℃而峰谷位于约 80℃的明显吸热峰。上述两个阶段的失重量高达 8.5%，占据整个失重量（10.3%）的绝大多数，这说明试样饱含水。由于本试验中碱激发胶凝材料的原材料配比为“70%活化尾矿＋30%矿渣粉”，即其为高钙/低钙复合体系，因此水化产物中极有可能存在低钙硅比的 C-S-H 凝胶（或 C-A-S-H 凝胶），并一定存在 N-A-S-H 凝胶。已有研究结果表明，C-S-H 凝胶在 105～300℃范围内存在显著的吸附水脱附过程[166]，N-A-S-H 凝胶也具有相似行为[142]。因此，上述失重和吸热行为是由这两种凝胶的共同作用引起的。上述两个阶段脱除的是吸附水等非化学结合水，因此脱水试样在更高温度中还会继续脱水，进而表现为第三个脱水阶段。第三阶段，延续至 700℃左右，键合于硅铝聚合结构中的羟基脱除，表现为微量失重，试样继续收缩（图 5-6）。然而在第三阶段温度范围内，对应的 DSC 曲线表明石英在 573℃发生了位移性晶型转变（β-石英转变为 α-石英），这种转变引起的体积膨胀使砂浆试样的膨胀量-温度曲线由缓慢抬升变为陡然上升（图 5-5）。

超过 700℃，失重不明显，甚至在更高温度阶段 TG 曲线变得平直，然而 DSC 曲线显示有吸放热现象。在该温度范围内，试样总体上表现为吸热，对应凝胶分解及长石、铝酸钙等矿物的形成，但凝胶分解及矿物形成并不集中发生，而是始于较低温度并持续至较高温度，因此无对应吸热峰出现。继续升高温度，在 1123℃处出现一明显吸热峰，其对应含钠长石［anorthite，sodian，ordered,(Ca，Na)(Al，Si)$_2$Si$_2$O$_8$］的形成。TG-DSC 曲线在该温度范围内展示的凝胶分解、长石等矿物形成等结果，印证了 XRD 及 FTIR 分析时观察到的相同结果。

需要指出的是，DSC 曲线在 850℃却出现了一微小放热峰，其应该对应少量未反应的水玻璃结晶。

5.1.5 微观结构变化

5.1.5.1 孔结构分析

前文所述的收缩、膨胀及烧结作用都可体现于孔结构参数的变化。表 5-1 汇总了未煅烧及经不同温度煅烧后试样的孔结构参数。

表 5-1 未煅烧及经不同温度煅烧后砂浆试样的孔结构参数

温度/℃	孔隙率/%	平均孔径/nm	总孔比表面积/(m^2/g)	体积密度/(kg/m^3)
20	16.38	9.1	42.91	1676
200	16.51	15.8	19.48	2146
400	19.27	20.1	18.26	1707
600	19.40	31.5	11.75	2093

续表

温度/℃	孔隙率/%	平均孔径/nm	总孔比表面积/（m^2/g）	体积密度/（kg/m^3）
800	20.82	40.4	12.57	1639
1000	22.36	113.1	3.75	2110
1200	20.32	114.5	3.33	2135

当试样经历不高于1000℃煅烧后，其孔隙率逐渐变大，尤其是经400℃煅烧后试样孔隙率突然变大，至1000℃时其孔隙率达到极大值。上述这种孔隙率变大的趋势与试样表面出现越来越明显的裂纹一致（图5-1、图5-2），说明高温煅烧引起的裂纹是导致孔隙率变大的主要原因。然而当试样经1200℃煅烧后，其孔隙率转而变小，这是因为在高温条件下出现了液相并会发生烧结作用，而液相的流动及烧结的致密化作用都会使某些孔或裂纹表现为“自愈合”（self-healing）。正是因为这种“自愈合”作用，使1200℃煅烧试样的孔隙率较1000℃煅烧试样的孔隙率降低了约2%。但这种“自愈合”作用还不足以使孔隙率降低到更低程度，这是因为此时凝胶分解并与石英、刚玉等组分生成了长石，而长石颗粒的堆积必然存在较大孔隙。

平均孔径随着煅烧温度的升高而明显变大，这是因为在高温条件下裂纹等大孔的出现，且数量随着煅烧温度的升高而逐渐变多。平均孔径的逐渐增大必然会导致孔比表面积的逐渐减小。至于砂浆试样的密度，由于其取决于三个方面的因素，煅烧后其无特定规律。煅烧过程中因水损失而表现出的失重，会导致试样密度降低；但经不高于800℃煅烧后试样又表现为收缩，且在更高温度下还会发生烧结，这都会使试样密度增加；高于800℃煅烧后因石英晶型转变引起的膨胀而使砂浆试样表现为膨胀，这又会使其密度降低。因此，这些对密度具有相反作用的因素相互作用，且在不同温度下起主导作用的因素可能也不同，导致煅烧后砂浆试样的密度变化无规律。

除收缩、膨胀及其由此引起的裂纹等物理因素外，分解与结晶等化学过程对孔结构参数也有重要影响。已有结果表明，水玻璃激发的粉煤灰胶凝材料经800℃煅烧后，生成的钠长石会导致孔隙率变大[149]。本实验在1000℃煅烧试样中观察到了硅铝凝胶分解及铝酸钙、长石等矿物形成，这无疑是导致其孔隙率明显高于其他试样的原因。

试样的强度与孔结构有密切关系，大孔隙率通常会导致低强度[167]。经1000℃煅烧后的试样具有最大孔隙率，因此其强度最低。试样的强度与其密度也有直接关系，低密度通常会导致低强度。经800℃煅烧后的试样不仅孔隙率较大，而且其密度最低，这当然会导致其强度很低。对于经1200℃煅烧后的试样，尽管其孔隙率处于较高水平，但因烧结的致密化作用而使其密度较大，因此其强度较1000℃煅烧后的试样有所回升，也就是说烧结对强度增长的贡献大于引起强度下降因素的不利影响。

图5-11为未煅烧及经不同温度煅烧后砂浆试样的孔径分布，它清楚地展示了高温煅烧对试样孔结构的影响。高温煅烧后，试样中占大多数的孔逐渐由纳米的凝胶孔（<10nm）偏移至毛细孔（10～10000nm），甚至大孔（>10μm），这说明在煅烧过程中小孔崩塌并形成大孔，或者说形成了数量更多的大孔（如裂纹）。这种变化必然会导

致平均孔径的变大，并表明砂浆试样的体积变化是不可逆的，因为孔结构发生了根本性变化。正因如此，在先煅烧再冷却的砂浆试样中存在残余变形，表现为其长度的变化。

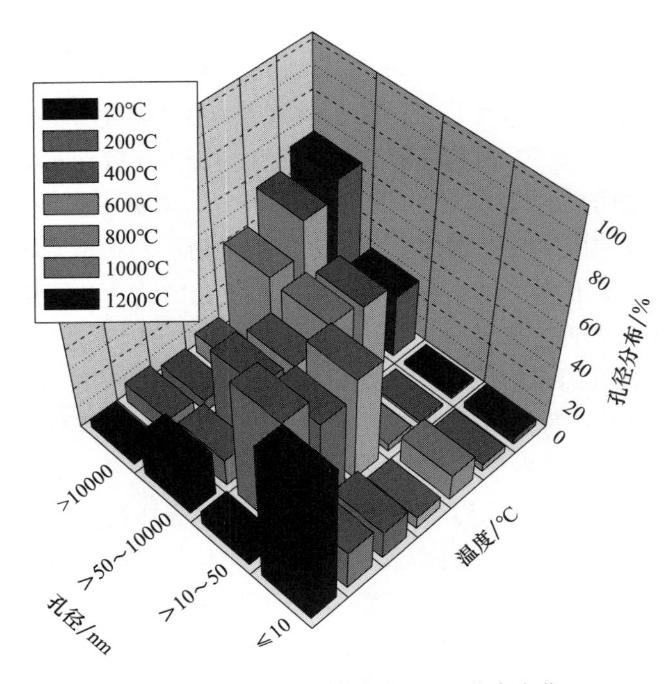

图 5-11　砂浆试样煅烧后其孔径分布变化

通常而言，试样的强度在很大程度上取决于大于 50nm 孔的数量，该尺度孔的数量增加通常会导致强度下降[111-112]。如图 5-11 所示，砂浆试样分别经 800℃和 1000℃煅烧后，该尺度的孔占主导地位，相应地，其强度显著下降。虽然在 1200℃煅烧后的试样中大孔（>10μm）的数量更多［与图 5-2（f）观察到的现象一致］，但由于如前所述的烧结作用使其强度不再下降，转而回升。

5.1.5.2　扫描电镜微观结构观察

图 5-12 为未煅烧试样及经不高于 1000℃煅烧后试样的微观结构对比。由图可知，随着煅烧温度的提高，试样的显微结构有了明显变化。由于凝胶脱水而发生收缩，经较高温度（≥400℃）煅烧后的试样中明显可见裂纹，这与图 5-1 和图 5-2 所观察到的结果一致。

不仅如此，煅烧后试样由凝胶及被凝胶包裹的矿渣颗粒等构成的较均匀结构［图 5-12（a)］，逐渐转变为因凝胶脱水而多见碎屑的非均匀结构［图 5-12（d）和图 5-12（e)］。另外，由于钠、钙、铁等组分的助熔作用，试样经 1000℃煅烧后明显可见熔融［图 5-12（f)］，各产物被玻璃相覆盖。正是由于这层玻璃体的覆盖，在该试样中并没有观察到长石、铝酸钙等晶体。在该试样中，对应的 EDS 分析表明，有液相出现的区域主要成分为 O（64.8%）、Si（14.7%）、Ca（10.4%）、Al（6.5%）、Mg（1.9%）、Na

(1.2%)，而 Fe 的含量极低。按理说，铁作为助熔组分应该在液相中大量出现，而在本试样中并没有观察到 Fe 的明显富集。其原因可能为在 1000℃的高温环境中，液相量有限，因此冷却后形成的玻璃体仅仅是很薄的一层。尽管 EDS 的作用深度仅为 1～3μm[168]，但这层玻璃体可能更薄，因此 EDS 反映的是底层的组分。

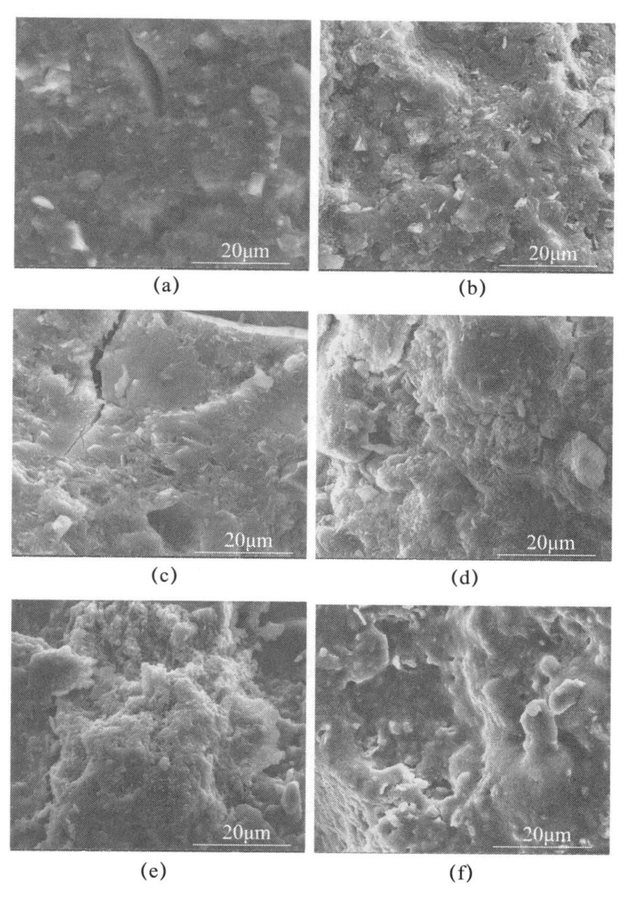

(a)　(b)　(c)　(d)　(e)　(f)

图 5-12　未煅烧及高温灼烧后试样的 ESEM 照片

(a) 未煅烧；(b) 200℃；(c) 400℃；(d) 600℃；(e) 800℃；(f) 1000℃

图 5-13 为经 1200℃煅烧后试样的微观形貌。相比于 1000℃煅烧后的试样，其玻璃体更加明显。对图中 *A* 区域的 EDS 分析表明，其主要成分为 O (66.3%)、Si (13.6%)、Fe (8.8%)、Al (6.4%)、Na (3.3%)、Ca (1.5%)。在该区域中，不仅观察到了 Fe 的明显富集，而且发现 Ca 在玻璃体中被"驱逐"。在该试样中，可明显观察到结晶区域。对图中 B 区域的 EDS 分析表明，其主要成分为 O (67.9%)、Si (15.7%)、Al (9.0%)、Ca (4.4%)、Na (1.9%)。相对于 *A* 区域的低钙玻璃相，该结晶区域的钙含量明显更高，这表明大多数 Ca 进入了晶体。结合前文所述的 XRD 分析结果，该晶体应该为含钠长石 [anorthite，sodian，ordered，(Ca，Na) $(Al, Si)_2Si_2O_8$]。

尽管试样经历 1200℃的高温煅烧后，熔融明显，生成了足够多的液相，这对裂纹愈合及孔洞填充极为有利，但在该试样中仍然可见数百微米甚至是毫米级的大孔，这与孔结构分析时得到的该试样中有相当多大于 10μm 孔的结论一致。

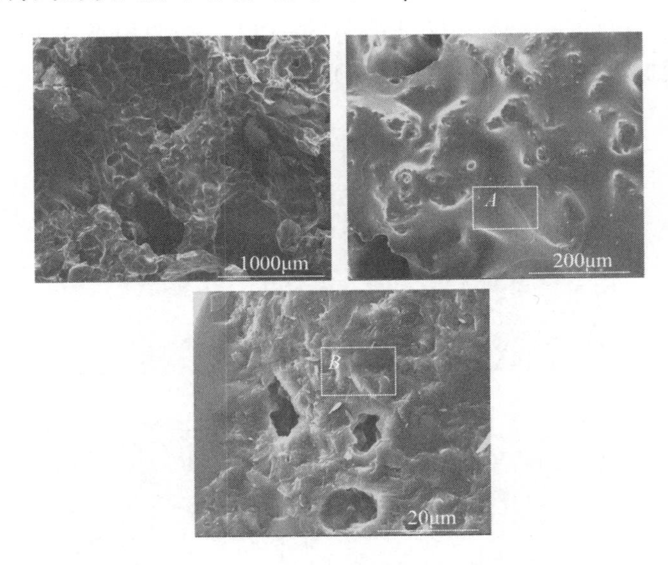

图 5-13　1200℃灼烧后试样 ESEM 照片

5.2　低/负温条件下碱激发胶凝材料的性能

碱激发胶凝材料以硅铝质废弃物为主要制备原料，且拥有优异的力学性能、耐久性，其被认为是一种低碳、绿色的建筑材料[152]。这种材料在混凝土结构及砖瓦、砂浆板等制品方面展示了巨大的应用潜力[19]。而一旦作为建筑材料获得应用，如同现有的传统建筑材料一样总会面临环境的考验，比如严寒地区面临的低温环境，又如火灾面临的高温环境。

碱激发胶凝材料尽管在常温（20℃）及高温养护条件下，具有快硬早强特点，但在实际应用时当地温度不可能都高于 20℃，尤其是在冬季气温甚至有可能低至 0℃以下。那么当碱激发胶凝材料作为建筑材料使用时，这就要求其在低温范围内也能够正常凝结硬化。不仅如此，在我国北方地区的春秋季节，夜间温度甚至低于 0℃，而白天温度则可能高于 10℃，即存在着日间气温高于 0℃而夜间气温低于 0℃的极端情况，这就要求胶凝材料在经历“冻-融”时也能够正常凝结硬化，且强度能够持续发展。除昼夜气温浮动于 0℃上下的极端环境，在高纬度地区气温在冬季还可能长时间处于极低状态（如−20℃）。那么这种极端低温环境对碱激发胶凝材料的强度又有什么影响?

专门对低温条件下碱激发胶凝材料强度发展及产物、结构演化的研究很少，但针对同为胶凝材料的硅酸盐水泥的研究结果可供参考。已有研究结果表明，硅酸盐水泥的凝结硬化行为受温度的影响极其显著。温度降低，水化缓慢，凝结时间延长，早期强度显著下降；但随着水化的不断进行，水化产物均匀致密，强度逐渐提高[169-170]。这一规律在硅酸盐水泥（P·Ⅰ 42.5）中得到了很好的体现。0℃时，虽然钙矾石、水化硅酸钙等水化产物均能正常形成，但其初凝时间由约200min延长至约500min，终凝时间由约300min延长至约800min；3d抗压强度由约30.0MPa降低至约7.0MPa，28d抗压强度虽然有大幅度提升，但也仅为约33.0MPa[170-171]。尽管在低温环境中硅酸盐水泥的性能大打折扣，但超低温（＜－50℃）条件下水泥基胶凝材料的强度较正常养护的强度大幅度提高。例如，在标准养护条件下硬化的普通硅酸盐水泥（P·O 42.5）砂浆经（－110±3)℃的超低温养护后，其强度反而由约55.0MPa提高至约100.0MPa[59,172]。

与硅酸盐水泥一样，碱激发胶凝材料的凝结硬化行为也受养护温度显著影响。以水玻璃作为激发剂制备的偏高岭土基碱激发胶凝材料，在10℃养护条件下因严重缓凝而几乎不具备早期（1d、3d）强度，但如同硅酸盐水泥一样，其后期强度仍然能够缓慢发展，至28d时几乎可达到与正常养护试样相当的水平，这一现象可由“反应产物均匀致密”来解释[173]。

尽管有水泥基胶凝材料低温养护的结果可供参考，且已见10℃养护的水玻璃激发偏高岭土胶凝材料的相关报道，但碱激发胶凝材料与硅酸盐水泥的水化机制、产物都不一样，况且其在使用时还可能面临更低的环境温度，因此有必要探索更低温度养护条件下试样的强度发展及产物形成、结构演化。另外，虽然上述已有研究就低温（0～20℃）对胶凝材料强度发展的影响均有所涉及，但其“低温”均是指特定温度，试样并没有经历正温-负温的交替昼夜过程，而这一过程与胶凝材料在昼夜温差大地区的实际使用环境更为贴切。为此，本实验还探索了其在低温（1℃）环境中成型及冬季环境（正温-负温交替环境）中养护条件下的强度发展及结构、产物演化规律。此外，胶凝材料在使用过程中还可能面临极低温度的考验，因此本实验还研究了硬化试样经历极低温度后其强度变化。

砂浆试样的配比为“65％活化尾矿（含1％氧化钙）＋35％矿渣粉＋30％水玻璃”，水灰比为0.5，胶砂比为1/3。如前所述，当矿渣用量为35％且掺用30％水玻璃激发时，试样具有最高强度。在低温试验中，可以预期低温可能对强度发展有不利影响，因此选择了高矿渣用量、高水玻璃用量的高强度配方。另外，已有研究表明，掺钙会进一步提高碱激发胶凝材料的强度，于是本次试验时还在活化尾矿中添加了1％CaO。如此这般，试样将具有更高的强度，那么在低温对试样强度发展极其不利的假设条件下，采用高强度试样将有利于观察低温环境对强度发展、产物形成、结构变化等方面的影响。

设定了两种低温环境：①常温［(20±2)℃］成型，但置入1℃的低温环境中养护；②低温（约1℃）成型，且在存在正负温交替的冬季室外环境养护。

（1）常温成型恒定低温养护。参考《水泥胶砂强度检验方法（ISO法）》（GB/T 17671—2021），试样在常温下搅拌、成型。成型后，带模试样装入自封袋密封，然后置入设定温度为1℃的冰箱中养护。24h后拆模，试样裹上湿毛巾并再次用自封袋密封，放入1℃的冰箱中养护至设定龄期。

（2）低温成型冬季室外环境养护。成型时所处环境为约1℃的冬季室内环境，成型前所有原料（活化尾矿、液体水玻璃、标准砂、自来水）及成型设备均已在该环境中放置 24h。在该环境中，浆体搅拌、成型完毕后，将带模试样置于室外环境，并覆盖多层湿毛巾，以防止水分在低温环境中快速蒸发。24h 后拆模，将包裹有多层湿毛巾的试块置于相同环境中继续养护，直至设定龄期。在 90d 的试验周期内，北京正值冬季，夜间温度通常低于 0℃，但白天气温往往又会回升至 0℃以上。

为了比较试样在低温及常温条件下的强度，在进行上述试验时还制备了标准养护条件下的碱激发砂浆试样。试样标准养护 6h 拆模，然后置于（20±1)℃、RH 95%±5% 的标准环境中养护至测试龄期。

5.2.1 常温成型恒定低温养护

5.2.1.1 强度发展

图 5-14 为低温养护试样的强度与标准养护试样的对比。碱激发反应如同大多数化学反应一样，受温度影响强烈。降低温度，碱激发反应速度显著下降，因此低温养护试样的强度如预期那样低于标准养护试样的强度。碱激发反应因低温而减速的最直接体现为：低温养护试样 6h 强度极低以至于压力机不能获得数据。对比早龄期（1d、3d、28d）标准养护试样，低温养护试样的抗压强度仅为前者的 1/2 弱，然而到后期后者的抗压强度远超前者的 1/2，至 90d 时这种差距只有约 10MPa。以上说明低温对试样的凝结硬化、强度发展具有延迟作用。正是因为这种延迟作用使低温养护试样失去了快硬早强特点，而呈现强度稳定发展的特点。

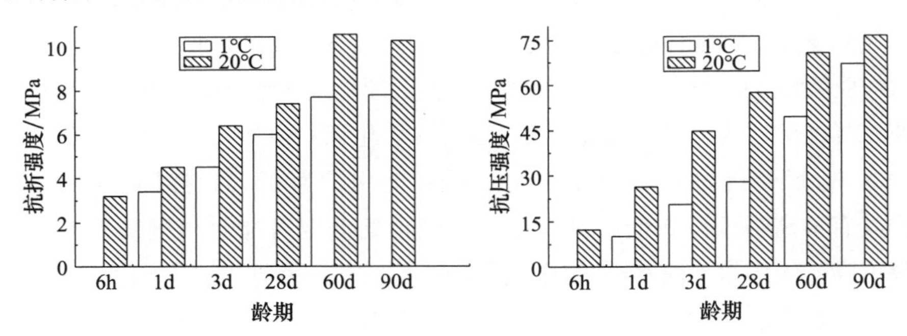

图 5-14 低温（1℃）养护试样与标准养护（20℃）试样的各龄期强度对比

根据 Rovnaník 的研究结果，低温（10℃）养护对早期强度的不利影响明显：水玻璃激发偏高岭土基胶凝材料养护至 7d 时才具有足够强度；而对后期强度无明显不利影响，28d 强度与标准养护试样的相差无几[173]。他认为在低温条件下，碱激发反应较慢而使早期强度偏低，但这种以较慢速度进行的反应使试样有足够时间形成更均匀、更致密的结构，因此其后期强度提升明显。在本实验中，低温（1℃）养护使早龄期强度明显偏低的结果与上述结果完全一致，但低温养护试样的后期强度并没有达到标准养护试样的强度，其原因可能为本实验采取了更低的养护温度（1℃）。

5.2.1.2 反应产物X-射线衍射分析

图5-15为低温（1℃）养护试样的XRD谱图。各龄期试样中尖锐衍射峰均为活化尾矿带入的诸如刚玉等惰性矿物。除此之外，并未见其他尖锐衍射峰，说明低温养护条件下碱激发反应不会生成晶体产物。除了上述尖锐衍射峰外，在各龄期试样中还出现了位于20°～35°（2θ）范围内的衍射峰包，这对应碱激发反应生成的非晶态凝胶。这种峰包在1d龄期试样中即出现，说明尽管低温对碱激发反应有延缓作用，但反应仍能进行且在1d时就生成了一定数量的凝胶。

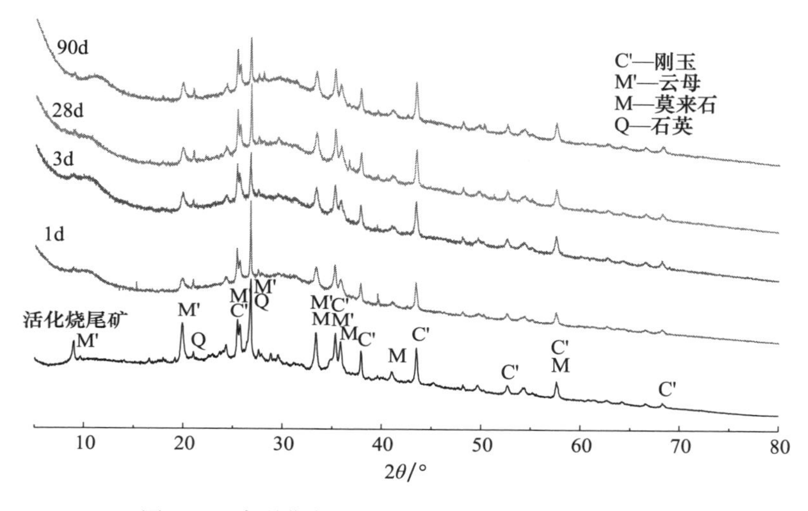

图5-15 各龄期低温（1℃）养护试样的XRD图谱

图5-16为90d低温（1℃）养护及标准养护（20℃）试样的XRD图谱对比。由图可知，低温养护试样的衍射特征与标准养护试样的衍射特征无明显区别。另外，如前所述，不同龄期低温养护试样的衍射特征也无明显区别。因此，采用衍射来表述低温对碱激发反应的延缓及强度发展的延迟并无实质性效果，还需要其他手段来证实上述这种延缓作用。

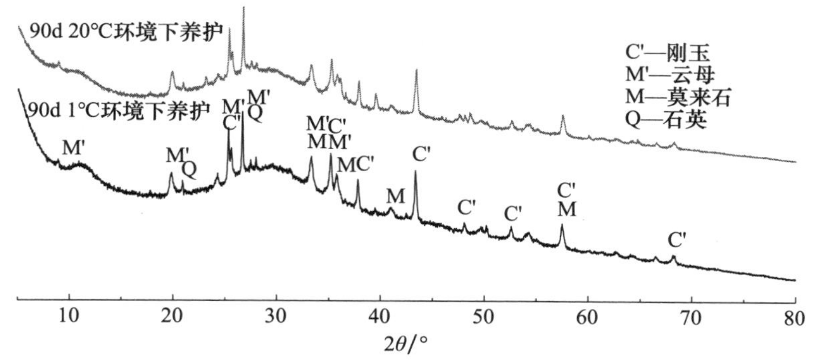

图5-16 90天龄期低温（1℃）养护试样及标准养护（20℃）试样的XRD图谱

5.2.1.3 反应产物热分析

图 5-17 为不同龄期低温（1℃）养护试样的 TG-DSC 曲线。TG 曲线展示了大致相同的规律，即从室温加热至 900℃，各龄期试样均表现约 10%的失重。这部分失重是由水脱除引起的，包括吸附在颗粒表面与填充于孔洞中的水、键合于硅铝聚合结构中的羟基。然而结合 DSC 曲线，早龄期试样又展示出不同的吸放热行为。对于 1d 试样，对应吸附水脱除的吸热峰（位于 111.7℃附近）尤其明显，意味着在拌和阶段润湿于颗粒表面的水此时还大量存在；在 814℃附近存在一个比其他试样都显著的放热峰，推测其可能为结晶引起。

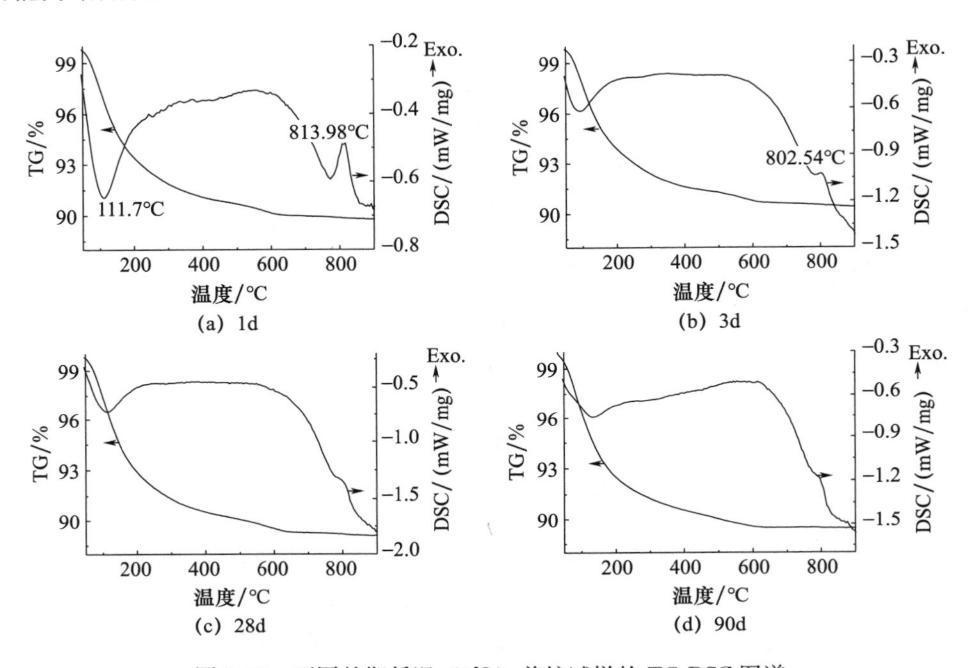

图 5-17　不同龄期低温（1℃）养护试样的 TG-DSC 图谱

图 5-18 为模数为 2.0 水玻璃的 TG-DSC 曲线。其位于 130.6℃附近的吸热峰由水蒸发引起，对应了显著的失重量（约 40%）；其位于 810.6℃附近的放热峰为水玻璃结晶引起，因为此模数的水玻璃处于离子态～聚合态之间的过渡态，即一定数量的水玻璃以溶胶形式存在。将 1d 龄期试样与水玻璃的 TG-DSC 对比，发现该试样的吸放热特征与水玻璃的极其相似，因此可做出这样的判断：1d 试样中在 814℃附近的放热峰为水玻璃结晶引起。这种放热特征的出现，意味着在 1d 龄期低温（1℃）养护试样中还有大量水玻璃以原始状态存在，这说明温度过低而延缓了碱激发反应。

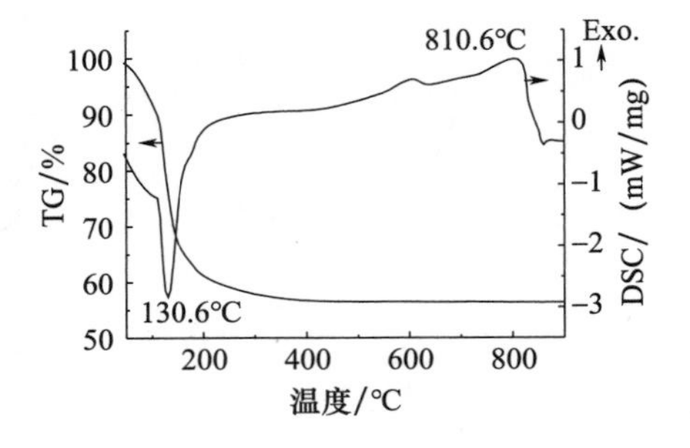

图 5-18　水玻璃（模数为 2.0）的 TG-DSC 曲线

对比同为1d龄期标准养护（20℃）试样的TG-DSC曲线（图5-19），水玻璃的吸放热特征体现得并不明显，这意味着在早龄期标准养护试样中水玻璃因参与碱激发反应而所剩无几，这进一步证实了低温对碱激发反应的延缓作用。

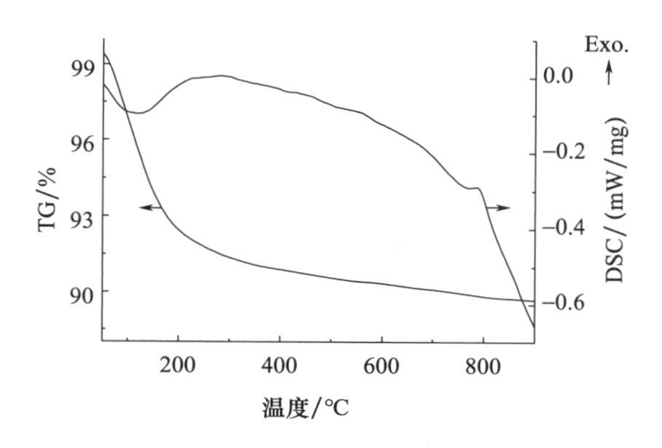

图5-19　1d标准养护（20℃）试样的TG-DSC

5.2.1.4　微观结构扫描电镜观察

低温（1℃）养护及标准养护（20℃）试样的ESEM图像如图5-20所示。对于低温养护试样，其断面的显微形貌与常温条件下制备的偏高岭土基胶凝材料并无明显差异，均为多孔而无特别形态的微观结构[174-175]。然而在低温养护试样中，观察到了堆积松散且由片层状物质构成的区域，如图5-20（a）和图5-20（b）所示。该区域的特征与活化尾矿断面［图5-21（a）］极其相似，且其EDS分析表明其钠含量远远低于其周围的凝胶（表5-2），进而可推断该区域为原料颗粒的堆积区域。该区域的钠含量如此低，说明离子扩散在低温条件下受到抑制，以致该区域没有足够的碱溶液使硅铝质原料颗粒溶解。

需要说明的是，这种原料颗粒的聚集不可能是由搅拌不充分引起的，因为在搅拌时浆体经历了更长时间的搅拌（10min，比标准程序长6min）。况且，采用标准程序搅拌而制备的常温养护试样，其经90d养护后并没有观察到这种原料颗粒的明显聚集区，这说明掺用的水玻璃是足量的。基于上述分析，可以确定图5-20（a）和图5-20（b）的堆积松散且由片层状物质构成的区域为原料颗粒聚集体，这是低温对碱激发反应延缓的结果。未反应的原料颗粒聚集体与凝胶间的界面如此清晰［图5-20（b）］，这显然有害于强度。因此，存在众多未反应原料颗粒聚集体而证实的低温对碱激发反应的延缓，以及原料颗粒聚集体与凝胶间显著的界面，使低温养护试样即使经历长达90d龄期的反应，其强度仍然偏低。

在低温养护试样中观察到被凝胶包裹的层状颗粒［图5-20（c）］，而在活化尾矿同样观察到了这种形态的物质［图5-21（b）］。结合活化尾矿及水化试样的XRD分析，再次证实此颗粒为对碱激发反应呈惰性的云母。

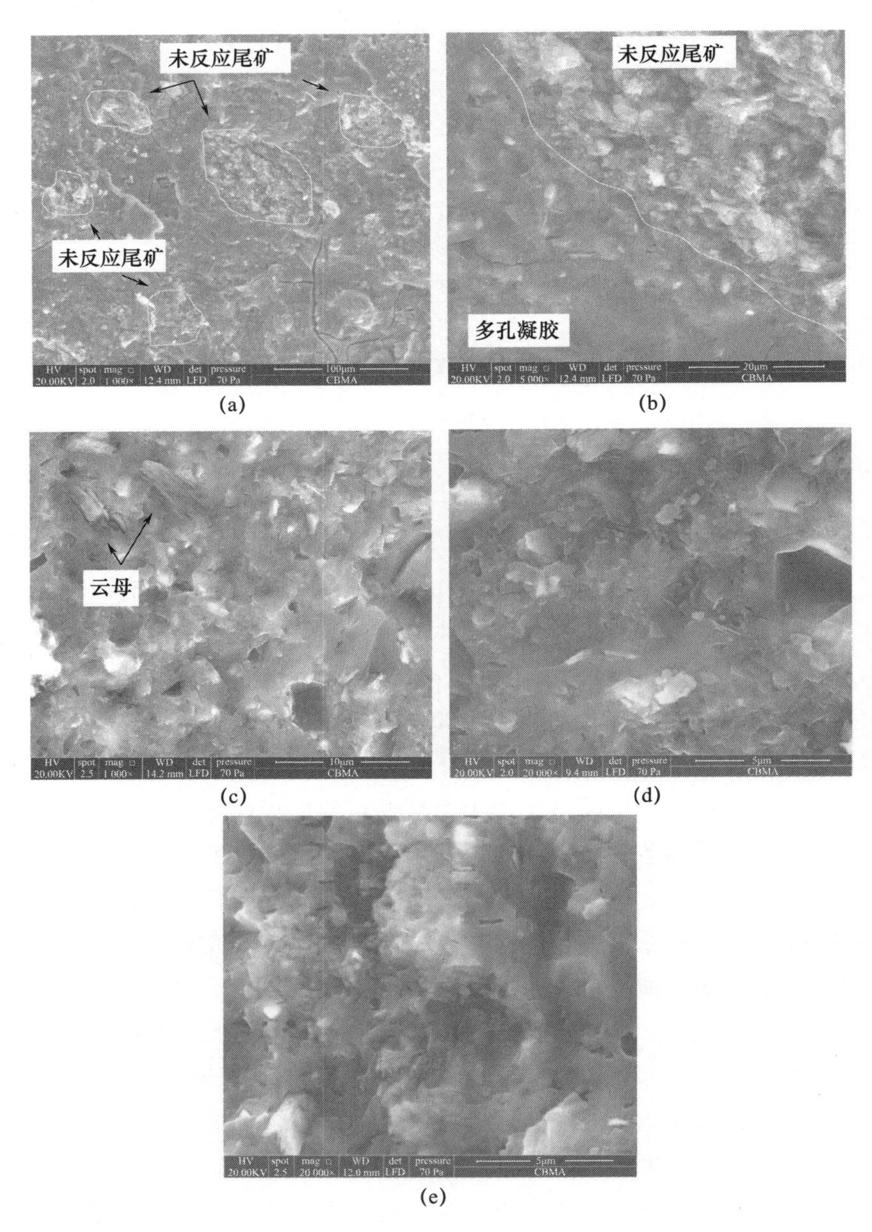

图 5-20 低温（1℃）及标准养护（20℃）90d 试样的 ESEM 照片

（a）～（d）低温养护试样；（e）标准养护试样

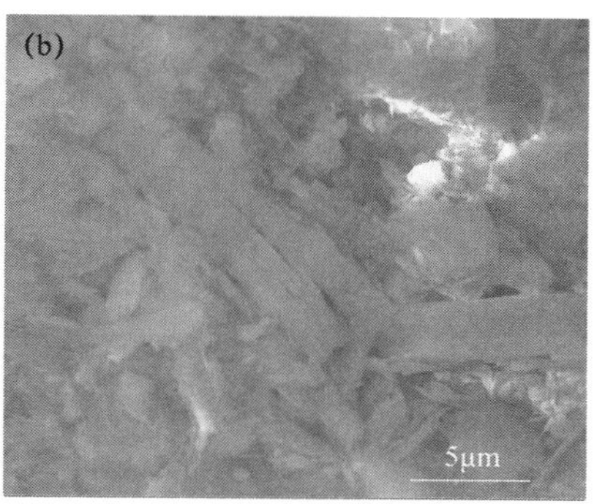

图 5-21 活化尾矿的 ESEM 照片

表 5-2 图 5-20（a）中原料颗粒聚集区与周边凝胶的 EDS 成分对比（5 点平均值）

区域	元素/%							
	O	Na	Mg	Al	Si	K	Ca	Fe
未反应尾矿	68.5	1.4	0.5	7.5	12.9	0.7	6.5	2.1
凝胶	70.6	3.4	0.6	6.3	13.1	0.9	4.1	1.0

比较低温养护试样与标准养护试样的断面结构［图 5-20（d）和图 5-20（e）］，可发现前者比后者更致密，因为后者在凝胶中明显可见大量孔，这说明低温养护虽然延缓了反应但可获得更致密的结构。一般而言，试样越致密其强度越高，但低温养护试样的强度反而更低。这种似乎与常识背离的现象，其深层次的原因在于强度与试样的孔结构有更直接关系。即使表观上观察到试样更致密（孔数量少），但只要有一定数量的大孔存在就会导致试样强度偏低，尤其是大于 10μm 的大孔更是会导致强度显著下降。因此，为了解释更致密的低温养护试样其强度反而更低，有必要进行低温养护及标准养护试样的孔结构对比分析。

5.2.1.5 孔结构分析

低温（1℃）养护试样的累积孔容及增量孔容（孔径分布）曲线如图 5-22 所示。相比于早龄期试样，60d 及 90d 养护试样的累积孔容曲线除了在小于 10nm 时出现明显抬升外，还在较大尺度时出现了一次轻微抬升。在此阶段抬升，意味着长龄期试样中有数量较多的大尺寸孔。根据抬升对应的孔径，可知这些孔主要分布于 10～1000nm。与累积孔容曲线对应，在孔径分布曲线中观察到了长龄期试样在该尺度范围内孔的集中分布。这些孔的出现可能源于试样的收缩，因为随着反应的进行水肯定有所蒸发，而水的蒸发必将导致收缩。

根据累积孔容及增量孔容曲线展示的结果，可知低温养护试样的孔主要分布于 10nm 以内，即凝胶孔占据绝大多数，这与常温养护试样无明显差异。因此，需要进一步从孔结构参数等细节来寻找低温养护试样强度偏低的原因。

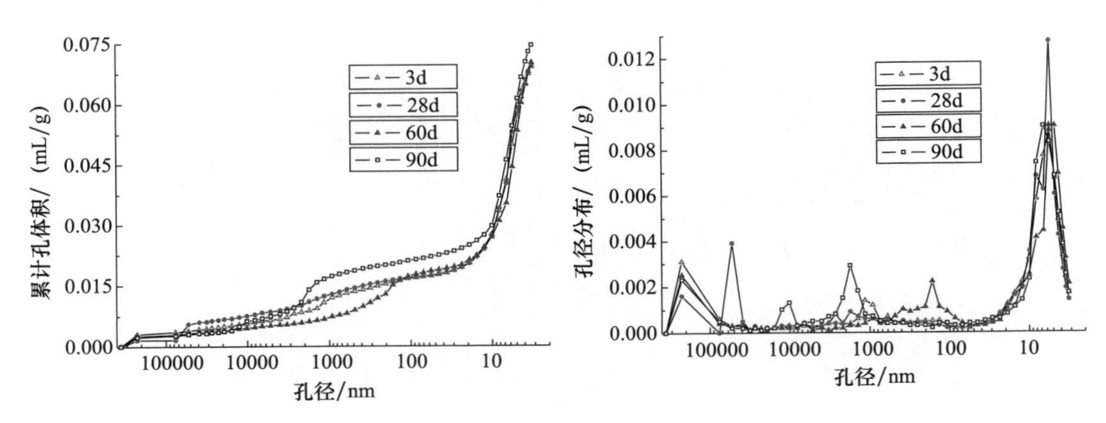

图 5-22　不同龄期低温养护试样的累积孔容及孔径分布曲线

低温养护试样、标准养护试样的孔结构参数及不同孔径范围内的分布分别见表 5-3、表 5-4。正如 ESEM 照片展示的那样，标准养护试样的孔隙率果然大于低温养护试样的孔隙率，这再次说明低温养护有利于更致密结构的形成。低温养护试样具有更致密的结构，还体现于其体积密度比标准养护试样的更高。

表 5-3　低温（1℃）养护试样及标准养护（20℃）试样的孔结构参数对比

养护时间/d	孔隙率/%		平均孔径/nm		总孔面积/（m²/g）		体积密度/（kg/m³）	
	1℃	20℃	1℃	20℃	1℃	20℃	1℃	20℃
3	11.89	16.05	7.8	8.2	35.41	47.5	1725	1645
28	14.85	16.83	7.9	12.6	34.73	31.78	2153	1687
60	12.29	14.55	7.2	7.1	38.70	49.90	1759	1637
90	13.49	15.30	8.1	12.5	36.80	28.75	1816	1698

表 5-4　低温（1℃）养护试样及标准养护（20℃）试样不同尺度孔的数量对比

孔径/nm	1℃				20℃			
	3d	28d	60d	90d	3d	28d	60d	90d
≤10	64.40	65.70	65.19	63.34	67.28	65.62	67.20	68.03
>10～50	10.27	9.41	8.27	7.28	6.54	12.34	10.87	11.72
>50～10000	16.93	14.04	19.97	20.89	22.19	18.70	18.35	16.36
>10000	8.39	10.85	6.56	8.49	4.09	3.34	3.58	3.89

具有更致密结构的低温养护试样，其强度为什么会更低呢？这还得从孔结构找原因。如表 5-4 所示，低温养护试样中对强度有显著不利影响的大孔（>10μm）远远多于标准养护试样的。在低温养护试样存在不少未反应的原料颗粒，这些颗粒堆积在一起，形成不少大尺寸孔隙。在进行压汞测试时，这些孔隙都会被认为是孔洞。因此，低温养护试样的大孔除了因碱激发反应而形成的孔洞外，还来自未反应原料颗粒间的孔隙。试样即使经历了长达 90d 龄期的养护，其中仍然可见未反应原料颗粒聚集区域，也就是说因颗粒堆积而形成的孔隙在长龄期试样中仍然存在，这就是低温养护试样的

大孔（>10μm）并不随龄期的延长而显著下降的原因。基于上述分析，低温养护试样尽管拥有更致密的凝胶微观结构，但由于存在未反应原料颗粒聚集而形成的弱化区，使具各龄期强度都低于标准养护试样的。

5.2.2 低温成型冬季室外环境养护

前文所述的常温成型恒定低温养护试验结果展示了该胶凝材料即使在低至1℃的环境中养护，其强度也能稳定发展，并能达到较高的长龄期强度，这说明其有可能被应用于低温地域。然而，大自然并不会提供一个恒定低温的环境，且材料制备时所处的环境与使用环境也应该是完全一致的。为此，本实验还研究了在低温条件下成型、养护的胶凝材料强度发展情况。

本试验中，试样配比为“65%活化尾矿（含1%氧化钙）+35%矿渣粉+30%水玻璃”。砂浆试样在约1℃的环境中搅拌、成型后，带模试样置于室外环境养护。24h拆模后试样继续在室外环境中养护。在本试验周期内，室外夜间温度通常低于0℃，但白天气温往往又会回升至0℃以上。如图5-23所示为试验期间室外的历史气温，其范围为−13～17℃。

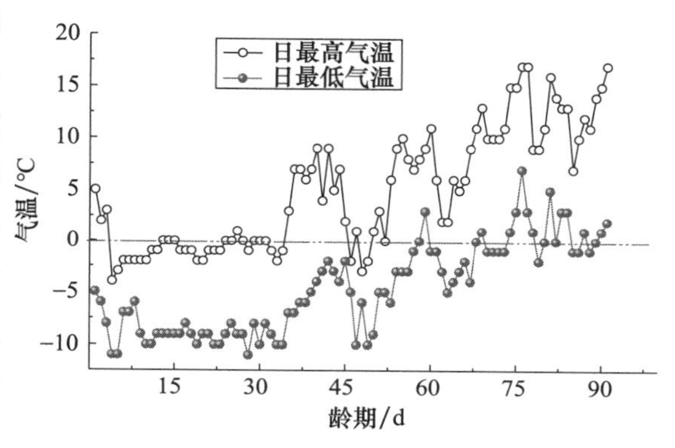

图5-23 试验期间当日的最高、最低气温

由图可知，在成型当天及室外养护的前2d，气温振荡于0℃上下（最高气温5℃，最低气温−8℃），相应地试样经历了由正温至负温的两次循环；在随后的32d内，气温多在0℃以下，相应地试样始终处于“冻”的状态；在随后的38d内，气温振荡剧烈（最高气温13℃，最低气温−10℃），相应地试样经历了多次正温-负温循环；在随后的18d内，气温显著上升，最低气温降至0℃以下的天数较少，相应地试样多处于非冻状态，但仍然处于低温环境中。由此可知，试验期间试样不仅一直处于低温环境中，还经历了数次正-负温循环，其强度发展将面临严峻考验。

5.2.2.1 室外低温环境对试样强度的影响

图5-24为室外低温养护砂浆试样与标准养护试样的强度对比。由图可知，室外低温养护砂浆试样的各龄期强度普遍低于标准养护试样的强度，这说明冬季的室外低温环境确实对其凝结硬化行为造成了不利影响，以致6h时低温养护砂浆试样还不足以拆模。尽管这种低温环境延缓了碱激发砂浆试样的强度发展，但在砂浆硬化过程中及硬化后所经历的正温-负温循环过程并没有引起强度劣化，而是如图5-24所示的那样其强度随龄期的延长而逐步增长。这种增长是持续而稳定的，以致在后期仍然拥有较强的强度增进能力，而常温养护试样因早期强度发展快而使后期强度增进能力不足。例如，

低温养护砂浆试样的90d抗压强度较28d抗压强度增长了约20.0MPa，达到60.0MPa以上，而标准养护试样仅增长了约6.0MPa。

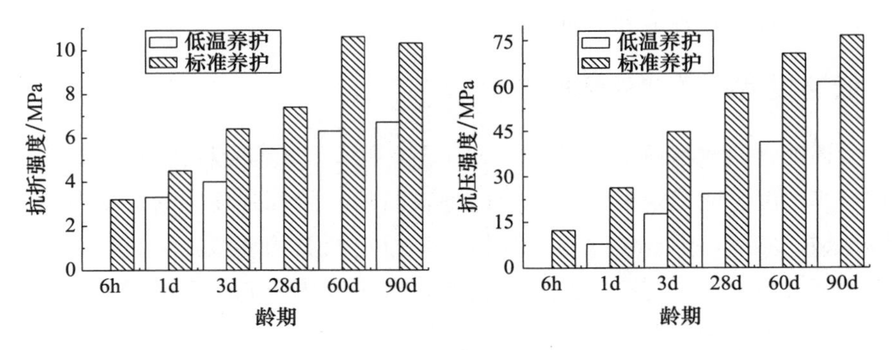

图5-24　室外低温养护试样强度与标准养护试样强度的对比

如前所述，造成室外低温养护试样强度偏低的原因可归结于低温对碱激发反应的延缓，以及由这种延缓作用而导致的未反应原料颗粒/凝胶界面的弱化区。

与恒定为1℃的低温养护试样（图5-14）相比，在室外低温环境中养护的试样其各龄期强度均低一些，其原因为：前者在常温条件下成型，成型温度高于后者，这在一定程度上有利于硅铝质原料在早期的溶解；前者养护时始终处于1℃的低温环境，而后者还经历了更低温度（如－13℃），因此低温对碱激发反应的延缓作用在后者中更甚。尽管如此，由于存在昼夜温差，后者还经历了相对高温（如17℃）的养护，因此后者长龄期（90d）抗压强度仅比前者低约5.0MPa。

以上结果说明，存在正温-负温交替的室外低温环境会延缓碱激发胶凝材料的强度发展而使早期强度偏低，但不会劣化其强度，而是表现为强度稳定而持续地增长。

通常而言，试样经历数次冻融循环后因裂纹形成而对试样强度有不利影响。本实验在对这种碱激发胶凝材料制备的砂浆试样进行冻融实验发现，其仅经历25次冻融循环后强度损失就达到了7.9%。在本次实验中，试样也经历了数次冻融循环，但并未观察到强度下降，其原因主要有以下几项。

(1) 本实验在室外环境中进行，即使经历了冻融循环，其一冻一融的循环时长约24h，如此长的循环时间尤其是冻的过程可能经历了较长降温时间，使水分子结晶产生的压力不会集中释放。而在冻融试验中，采取的是快速冻融方法（一冻一融历时4h），且冻的温度更低（－20℃），那么冻融产生的破坏必然大于室外低温环境中的。

(2) 如图5-23所示，在试样成型后的前两天经历了冻融过程，而此时试样才刚刚凝结硬化，其结构处于发育的初始阶段，其必然存在众多孔洞与孔隙。在冻的过程中，这些孔洞与孔隙成为因结晶压力而产生的裂纹的终点，这在一定程度上削弱了冻融引起的破坏。

(3) 经历前两天的冻融后，在此后的32d时间内试样通常处于冻的状态，几乎不存在冻融过程。而在随后的38d内，试样才又经历冻融的考验，但随后18d试样多处于正温状态。因此，即使在38d冻融过程中试样产生了微裂纹，但由于随后18d碱激发反应的愈合作用，裂纹有可能得以愈合，强度得以增强。

5.2.2.2 低温条件下不同加水方式对试样强度的影响

水作为水泥基胶凝材料的反应物，对浆体凝结硬化有重要作用，但碱激发胶凝材料与硅酸盐、铝酸盐、硫铝酸盐等水泥基胶凝材料不同，水在浆体凝结硬化过程中不仅作为反应物，还是润湿原料颗粒及溶解硅铝质原料、离子扩散等过程的介质，更是碱激发反应产物[176]。在整个反应过程中，在初期 Si^{4+}、Al^{3+} 等离子水解会消耗部分水，但在后期硅、铝单体聚合又会释放出水。因此，水对于碱激发胶凝材料不仅具有重要作用，而且在不同反应阶段发挥的作用也不同。

在低温成型、养护条件下，不仅碱激发反应的动力学过程受到显著抑制，还有可能得不到液态水。本次实验所用激发剂为液体水玻璃，其含水量为 53.26%。这部分水在正温-负温交替过程中可能会发生结晶、融化，这必然影响凝结硬化过程，进而影响试样强度发展。然而，实验表明将该水玻璃置于冬季室外环境（夜间气温低于 0℃），其并不会结冰，仅是变得更黏稠。况且，TG-DSC 分析表明水玻璃的脱水温度高达 130℃（图 5-18）。因此，水玻璃中的水并不等同于在 0℃就会结冰的纯净水，而是结合于硅酸钠胶团的结合水和包裹 Na^{+} 的水化膜。

虽然水玻璃中的水在 0℃时不会结冰，但为了达到水灰比为 0.5 的设定值，在成型时还需额外添加 82.6g 水（对应 450g 灰）。这部分在成型时才加入的水如果不能成为水玻璃胶体的结合水，其在本实验的正温-负温交替过程中可能会发生结冰-融化过程，进而可能影响试样强度发展，甚至可能造成强度倒缩。

为此，在水玻璃调整模数（添加工业级片碱将其模数由 2.42 调整至 2.0）的蒸煮过程中就事先将 82.6g 水添加入水玻璃，这样成型时就不再需额外添加水而使试样达到 0.5 的水灰比，且所需的所有水都能够成为水玻璃胶体的结合水，达到避免可能出现的水结冰-融化的目的。

这两种不同加水方式因水的存在状态不同而是否影响试样强度呢？如图 5-25 所示，在标准养护条件下不同加水方式的砂浆试样几乎具有相当的各龄期强度，因此水不会因为存在状态不同而影响强度。

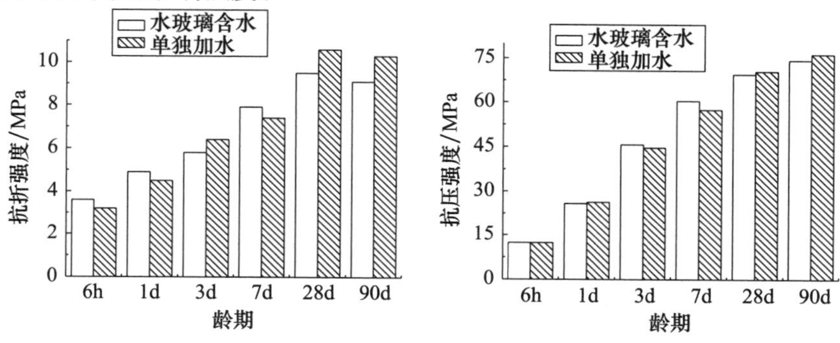

图 5-25 不同加水成型方式对标准养护试样强度的影响

上述实验结果为低温条件下不同加水方式的强度实验创造了条件，因为其可排除不同来源的水对强度的影响这一因素，但其仅仅只是说明常温条件下不同加水方式不会对强度造成不同影响。事实上，1℃的水较20℃的水在物理化学性质（如黏度等）上肯定有所不同，那么低温成型时添加水及在蒸煮水玻璃时添加水极有可能对低温成型、养护试样强度施以不同影响。

图5-26为低温成型条件下不同加水方式试样的强度发展对比。与常温条件下一样，成型时加水与蒸煮水玻璃时加水并不会造成显著的强度差别，这两种试样在各龄期几乎拥有相同的强度。因此，在低温环境中，成型时加入的水在试样凝结硬化过程中经历的正温-负温循环不会对试样强度造成不利影响。

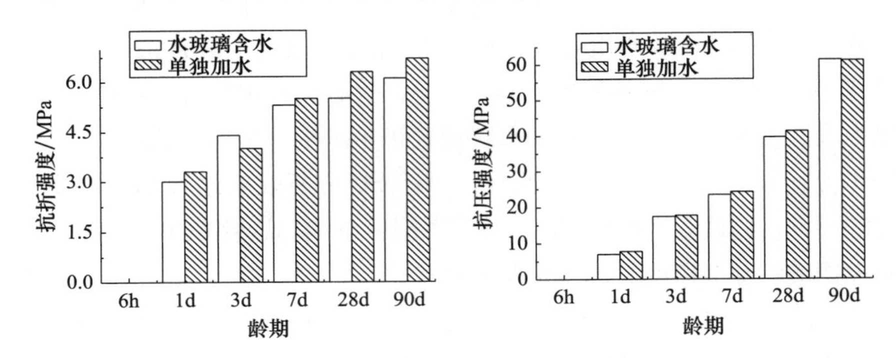

图5-26　不同加水成型方式对低温（1℃）成型、养护试样强度的影响

上述实验结果为该类材料搅拌、浇筑工艺的选择提供了依据。只要水没结冰，就可以在搅拌现场加水拌和，而不必事先将水添加至水玻璃中；若施工现场温度过低，无法得到液态水，可采用满足设定水灰比要求的高含水量的水玻璃。

5.2.3　极低温作用后胶凝材料的强度

自然条件不仅有可能使构筑物经历上述低温甚至是正负温交替的低温服役环境，更有可能使其长时间处于低温环境中。例如，我国东北地区冬季气温都在0℃以下，且长时间保持在－20℃左右。更有甚者，在特殊结构工程中构筑物有可能遭遇超低温度。例如，液化天然气的液化温度为－163℃，这就要求储罐等构筑物必须能够经受这一超低温的考验。在低温及超低温环境中，胶凝材料的性能将决定构筑物的服役性能。为此，本实验研究了碱激发胶凝材料在低温（－20℃）及超低温环境（液氮，－196℃）中的强度变化。

本实验中，砂浆试样配比为“65％活化尾矿（含3％氧化钙）＋35％矿渣粉＋30％水玻璃”，水灰比为0.5，胶砂比为1/3。相对于前文中的恒定低温（1℃）及存在正负温交替的低温（－13～17℃）环境，本实验中试样将经历更低的温度，为此进一步提高了活化尾矿中氧化钙的掺量，以获得更高强度的试样。

试样在常温下成型、拆模并在标准条件下养护至设定龄期后，转移至极低温环境中继续养护至设定龄期，观察其强度变化。

本实验中设定了两种极低温环境：－20℃；液氮（－196℃）。

（1）－20℃养护。试样在标准条件下 6h 后拆模，立即取一组（3 块）置入－20℃的低温环境中继续养护 3 天。

当拆模试样标准养护至 1d、3d、7d、28d 时，各取一组置入－20℃的低温环境中继续养护 3d。低温养护结束后，用保温箱转移试样，并测试其抗折、抗压强度。在强度测试时，待测试样始终置于保温箱中。

为了掌握如此低的温度对试样凝结硬化行为的影响，还进行了常温成型、－20℃养护试验。在 20℃的室内环境中成型，带模试样置入－20℃的低温养护箱中，6h 后拆模，试块继续置入该条件下养护至设定龄期，并测试其强度。

（2）液氮（－196℃）浸泡。与－20℃养护试验一样，将标准养护至一定龄期的试样置入盛装有液氮的保温桶中，并保证液氮淹没试块。浸泡 3d 后，同样用保温箱转移试样，并测试强度。

尽管已采取了保温桶的隔热保温措施，但为了减缓液氮挥发的速度，将保温桶置入－20℃的低温养护箱中。即使如此，液氮损失的速度仍然较快，每隔 12h 就得补充一次。

为了验证受冻试样恢复至常温对其强度的影响，还进行了受冻-常温试样的强度实验。在该实验中，将 28d 龄期的标准养护试样置入液氮中浸泡 3d，然后取出在常温［（20±2)℃］室内环境中分别放置 30min、1h、3h、6h、12h、24h 后，测试其强度。

5.2.3.1　低温受冻试样的强度

表 5-5 为不同龄期标准养护试样经历 3d 低温养护后其强度及其与同龄期标准养护试样强度的对比。由表可知，试样先经历不同时间的标准养护后，在－20℃环境中养护 3d，其抗折、抗压强度都较受冻前提高，这是因为水结冰对试样强度增长的贡献[59,172]。对比受冻试样的抗折、抗压强度，发现两者的变化规律大相径庭。受冻试样的抗折强度随龄期呈“V”字形变化。对于早龄期试样，受冻后抗折强度增长显著；随着标准养护龄期的延长，试样受冻后其抗折强度增长幅度显著降低，以致该受冻试样的抗折强度反而较早龄期受冻试样的低得多；随着标准养护龄期的进一步延长，受冻试样的抗折强度转而回升。与受冻试样的抗折强度变化规律不同，标准养护不同龄期的试样受冻后其抗压强度逐渐增长，但早龄期试样的抗压强度增长更明显。

表 5-5　标准养护（20℃）试样再经历 3d 低温（－20℃）养护后的强度对比

标准养护时间	冷冻前		再冷冻 3d		再标准养护 3d	
	抗折强度/MPa	抗压强度/MPa	抗折强度/MPa	抗压强度/MPa	抗折强度/MPa	抗压强度/MPa
6h	1.7	9.6	9.9	24.5	3.1	17.5
1d	3.0	17.3	8.5	31.4	5.1	43.6
3d	5.0	37.5	5.5	44.7	5.9	51.3
7d	5.6	53.8	6.7	59.5	6.4	58.3
28d	6.8	70.7	9.7	79.8	7.7	71.2

引起上述差别的原因在于：水在早、后龄期试样中的量及存在形式不一样；抗折、抗压测试时试样的破坏机制不一样。尽管碱激发反应迅速，但在早龄期试样中一定存在较多吸附于颗粒表面、填充于空隙（孔洞）中的水，试样受冻后这些水都会结冰。在进行强度测试时，抗折实验条件下试样发生拉伸破坏，而抗压实验条件下试样发生剪切破坏。在水泥基胶凝材料中，水结冰后将紧紧黏附在颗粒表面，而已有研究结果表明冰的拉伸黏结强度大于剪切黏结强度[135]。因此，对于早龄期试样而言，因结冰明显，将使抗折强度大幅度提高，而抗压强度提高幅度则比不上抗折强度的幅度。随着标准养护龄期的延长，碱激发反应持续进行，水不断被消耗并键合于硅铝聚合结构中，并可能有部分水因蒸发而损失。因此，该试样中水的数量变少，其受冻后结冰的程度降低，那么结冰对抗折强度增长的贡献将被削弱，相应地受冻试样的抗折强度反而较早龄期受冻试样的低。虽然结冰对抗压强度增长的贡献同样减弱，但由于标准养护试样的抗压强度发生了大幅度增长，这使该龄期受冻试样的抗压强度较早龄期受冻试样的强度仍然表现出增长。随着标准养护龄期的进一步延长，虽然水继续消耗或损失，但碱激发反应进行的程度更深入，即该龄期的标准养护试样具有比早龄期标准养护试样高得多的抗折、抗压强度。因此，其受冻后虽然结冰对强度增长的贡献进一步削弱，但由于其受冻前就已经拥有足够高的强度，相应地受冻试样的抗折强度较前一龄期受冻试样的抗折强度转而回升，而抗压强度则表现为持续增长，但此时抗压强度相较于受冻前的增长幅度进一步变小。

对比经历了同样反应时长的受冻试样及标准养护试样，发现－20℃养护对试样强度的影响主要体现于早期。如前所述，在早期存在大量水，那么结冰更显著，因此对强度的影响更显著。正是由于结冰对强度增长的显著贡献，早龄期受冻试样的抗折强度远远高于同龄期标准养护试样的抗折强度。例如，先经历 6h 标准养护，再在－20℃条件下养护 3d，其抗折强度比相同龄期标准养护试样的抗折强度高 6.8MPa。由于低温对硅铝聚合反应的延缓作用，再加上因标准养护时间的延长而水不断被消耗及标准养护条件下试样强度发展迅速的因素，延长标准养护时间再受冻的试样其抗折、抗压强度甚至有可能低于相同龄期标准养护试样的。例如，先经历 3d 标准养护，再在－20℃条件下养护 3d，其抗折、抗压强度就比相同龄期标准养护试样的低。进一步延长标准养护时间，此时试样的强度已经接近于完全发挥。因此，在标准养护基础上再延长 3d，标准养护的试样强度增长程度有限，那么因结冰的增强作用将使再在－20℃条件下养护 3d 试样的强度再次超过相同龄期标准养护试样的强度，但两者差距已不如早龄期时明显。

根据上述实验结果可知，试样中是否存在大量水是该胶凝材料在受冻前后能否保持相当强度的关键。对于长龄期试样，由于水被持续消耗，其受冻后结冰的现象缓和，因此受冻前后试样几乎具有一致的强度，也就是说构筑物在常温下硬化足够长时间再在约－20℃的环境中受冻，不会导致强度的剧烈变化。

如果试样在常温成型后即遭遇－20℃的极端环境又会如何？实验结果表明，试样常温成型后即置入－20℃的环境中养护，虽然6h后因结冰而使试样表现为“硬化”，并能够拆模，但强度极低。抗折强度测试时发现，对于在－20℃环境中养护6h、1d、3d、7d的试样，由于能够发生较大变形而不能获得抗折强度数据。这种变形具体表现为试样沿着夹具的加载圆柱方向而出现明显压痕，这使加压装置即使发生较大位移，试样也不会断裂。抗压强度测试时发现，试样破型后犹如夹杂着砂石的松散泥土，这说明凝胶数量极其有限而不能黏结各物料。正因如此，试样的抗压强度极低，养护6h、1d、3d、7d试样的抗压强度仅为3.7MPa、4.1MPa、7.8MPa、9.9MPa。虽然抗压强度呈现增长的趋势，但即使养护至90d、120d，其抗压强度也不过分别是12.2MPa、13.5MPa。上述试验结果说明，本实验制备的碱激发胶凝材料虽然能在如此低的温度下“凝结硬化”，但这是一种假象，只是因水结冰而表现为试样受冻硬化。即使其能够“凝结硬化”，其强度不仅极低，而且发展极其缓慢，因此该胶凝材料不能在如此低的温度下发生明显反应而使试样具有足够强度。

5.2.3.2　超低温（液氮）受冻试样的强度

除了上述自然环境对胶凝材料施加的极端低温条件外，人类生产活动也会使胶凝材料面临更极端的低温环境，如液化气体储罐及附属设施等。

表5-6为不同龄期标准养护试样经历液氮浸泡3d后的强度。结合该表展示的实验结果及表5-5给出的标准养护试样强度，发现标准养护试样经液氮浸泡3d后，其强度提升异常明显。

表5-6　不同龄期标准养护试样经液氮浸泡3d后的强度

标准养护时间	在液氮中浸泡3d后	
	抗折强度/MPa	抗压强度/MPa
6h	14.0	47.3
1d	10.4	62.6
3d	8.6	86.3
7d	11.1	96.6
28d	14.0	107.4

与－20℃养护试样一样，相同原因造成液氮浸泡试样的抗折强度曲线呈现V形变化，而抗压强度持续增长。与－20℃养护试样不同，在抗折强度的V形曲线中，由于液氮浸泡试样的强度提升程度更为显著，即使是浸泡试样抗折强度的最小值也大于相同龄期标准养护试样的抗折强度，甚至大于所有标准养护试样的。造成这种不同的原因可能为液氮温度更低，水更容易也更快地结冰。

若试样一直处于超低温状态，其强度便一直保持高水平。但储罐、冷库总会因使用需要（如空罐）或意外（停电）而造成温度回升，在极端情况下甚至恢复至常温。这对胶凝材料势必造成不可逆转的影响，因为这相当于经历了一次更为严酷的冻融循环。

表5-7为28d标准养护试样经液氮浸泡3d后置入常温环境中放置不同时间后的强度。由表可知，仅仅是经历30min的常温放置，试样的强度即回落至与标准养护试样的相当。此时，试样的芯部应该还处于低温，因此将其在常温环境中放置更长时间以使其与环境温度达到平衡。实验结果表明，当受冻试样放置足够长时间后，其强度进一步回落，这说明仅这一次冻融循环就已经给试样造成了一定伤害。

表5-7　28d标准养护试样经液氮浸泡3d后再在常温中放置一定时间后的强度

常温下放置时间	抗折强度/MPa	抗压强度/MPa
0	14.0	107.4
0.5h	6.7	70.2
1h	5.4	69.2
3h	5.3	65.6
6h	6.1	67.8
12h	5.8	66.2
24h	5.2	65.3

5.3　海水拌/养条件下碱激发胶凝材料的性能

充分利用海洋资源、加快发展海洋经济已成为当今世界沿海各国和地区发展经济的战略重点。我国是一个海洋大国，开发海洋资源、建设海洋强国对于维护我国领海主权、实现我国经济社会的可持续发展具有至关重要的作用，是我国未来经济增长的重要战略方向。适用于海洋环境要求的建筑材料是这一战略顺利实施的关键之一。然而，现有的通用硅酸盐水泥等胶凝材料在海洋环境条件下很容易因侵蚀而发生结构破坏。因此，开发适用于海洋腐蚀环境的新型胶凝材料，是开展海洋基础设施建设、发展海洋经济以及实现海洋战略的重要基础，具有深远的战略意义。

通常情况下，淡水是水泥水化、混凝土制备及养护过程中重要的原料之一，是最为容易获得的原材料资源。然而，海水因含有大量的Na^{+}、Mg^{2+}以及Cl^{-}、SO_4^{2-}等离子，被严格禁止应用于海洋混凝土工程中。这就使得原本最易获得的淡水资源在海洋环境条件下反而成了最为紧缺的原材料资源。众所周知，海水中SO_4^{2-}对$Ca(OH)_2$等水泥水化产物的侵蚀作用以及海水中Cl^{-}引发的钢筋锈蚀是海水导致混凝土结构破坏的主要原因。相对而言，碱激发胶凝材料的水化产物中不含$Ca(OH)_2$，并且其通常具有较硅酸盐水泥更高的致密程度和更高的Cl^{-}结合能力[177-179]，故海水有可能作为碱激发胶凝材料的制备原料。

近些年来，虽然Ca^{2+}、Na^{+}、SO_4^{2-}等离子对于碱激发胶凝材料性能的影响得到了证实[180-182]。然而，海水中Cl^{-}、Mg^{2+}等其他离子对于碱激发反应过程的影响并未得到足够重视。此外，由于受原材料组成、激发剂参数（种类、掺量）等因素的影响，现有相关研究中所获得的结果也不尽相同。

综上，在前文研究基础上，本实验以“（52.5%硅钙渣+22.5%矿粉+25.0%粉煤灰）+5%水玻璃（模数为2.4）”制备碱激发胶凝材料，分别研究海水拌和、海水养护条件下强度、产物组成、微观结构的发展规律及变化机理，分析海水作为碱激发胶凝材料制备原料的可行性；并采用砂浆预埋钢筋的方式，对海水拌和、海水养护以及海水拌养条件下钢筋的锈蚀行为进行初步探讨，从而为该类材料在海洋环境中的应用提供技术指导和理论支撑。

5.3.1 海水拌和对碱激发胶凝材料性能的影响及机理

研究分别以淡水（自来水，Tapwater）、海水（Seawater）作为拌和用水时所制备胶凝材料的工作性能、力学性能、产物组成以及微观结构，探讨海水拌和的影响机理。

实验中，固定H_2O与粉体原料的质量比为0.5，并按照配比将液体水玻璃与拌和用水（淡水、海水）混合均匀制备成激发剂溶液。经制备、标养24h脱模后，将试样置于标准养护箱[T=（20±1）℃，RH≥90%）中分别养护至设定龄期。

需要说明的是，在激发剂溶液制备过程中发现，将液体水玻璃与淡水混合时所制备的激发剂溶液呈透明液态胶体，而将液体水玻璃与海水混合时激发剂溶液则立即由透明变为浑浊液体。这说明海水与液体水玻璃之间发生了某种化学反应，并生成了大量难溶于水的反应产物。

5.3.1.1 工作性能

海水拌和对碱激发胶凝材料凝结时间以及流动性能的影响见表5-8。

表5-8 碱激发胶凝材料的凝结时间和工作性能

	浆体凝结时间/min		砂浆流动度/min
	初凝时间	终凝时间	
淡水拌和	65	125	275
海水拌和	60	125	235

由表可知，以海水为拌和用水时，碱激发胶凝材料的凝结硬化基本不受影响，但浆体的工作性能（砂浆流动度）有所下降。通常来说，胶凝材料的工作性能主要受水灰比、凝结时间、浆体黏度、颗粒形貌等诸多因素影响。本实验中以模数为2.4的液体水玻璃为激发剂，虽然其具有黏聚特征，但由于粉煤灰颗粒的滚珠效应，使得淡水拌合试样浆体具有优异的工作性能。相比之下，以海水为拌和用水时，在浆体组成方面其与淡水拌合试样的区别仅仅在于海水中引入了少量盐类，但前者的工作性能显著下降。其原因可能是海水与液体水玻璃间的化学反应。

5.3.1.2 力学性能

海水拌和对碱激发胶凝材料力学性能的影响如图5-27所示。

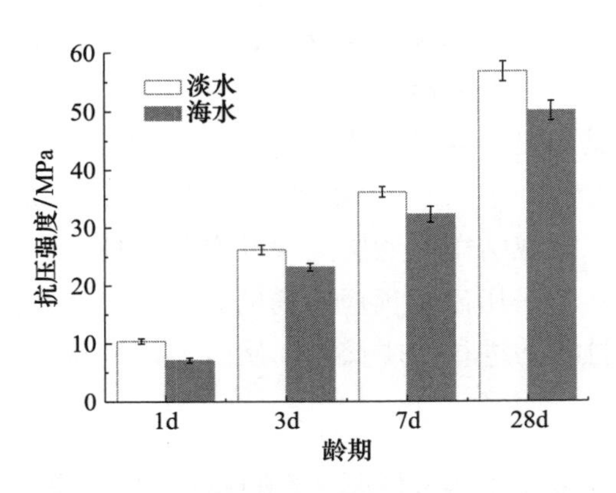

图 5-27　海水拌和对碱激发胶凝材料强度的影响

由图可知，海水拌和试样的抗压强度要略低于淡水拌和试样的。随着养护龄期的增长，这一强度差距并无明显变化。已有研究表明，对于以矿渣或矿渣-粉煤灰复合粉体制备的碱激发胶凝材料，以海水为拌和用水时并不会对强度造成明显影响，甚至由于 Na^+ 等离子的引入还会对凝结硬化以及早龄期强度起到一定的促进作用。本实验结果与文献结果并不一致，这可能是所用原材料不同造成的。

养护至 28d 龄期时，海水拌和试样的抗压强度虽然略低于淡水拌和试样的，但也达到了 50.0MPa 以上。这说明尽管海水拌和会在一定程度上导致强度降低，但并无明显影响，因此以海水为拌和用水制备碱激发胶凝材料是完全可行的。

5.3.1.3　*产物组成*

不同水拌和制备的碱激发胶凝材料的 XRD 图谱如图 5-28 所示。由图可知，淡水拌和试样主要含有来自原料中未反应的硅酸二钙、方解石、水化石榴石、石英以及莫来石等晶体矿物。相比之下，海水拌合试样的晶体矿物组成与淡水拌和试样的并无明显区别。

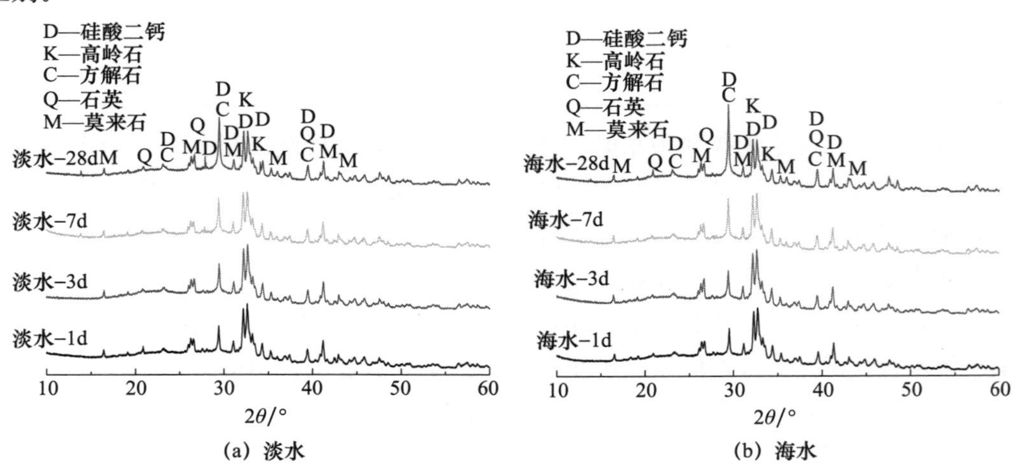

图 5-28　不同水拌合制备的碱激发胶凝材料的 XRD 图谱

尽管在激发剂溶液制备过程中发现，海水与液体水玻璃之间可发生化学反应，并生成大量难溶性产物，但考虑到海水中较低的盐分含量（质量分数约为 3.5%），这些反应产物在胶凝材料体系中所占的比例可能极低。因此，需要借助其他手段对海水拌和试样中的产物组成进行进一步表征与分析。

图 5-29 是不同水拌和制备的碱激发胶凝材料的 FITR 图谱。由图可知，淡水拌和试样中除表征 H_2O、CO_3^{2-} 以及 $[SiO_4]^{4-}$ 的振动特征峰外，并无其他基团的红外特征峰出现。对于以海水为拌和用水的试样，其红外图谱与淡水拌和试样相比并无明显变化，这与 XRD 结果一致。

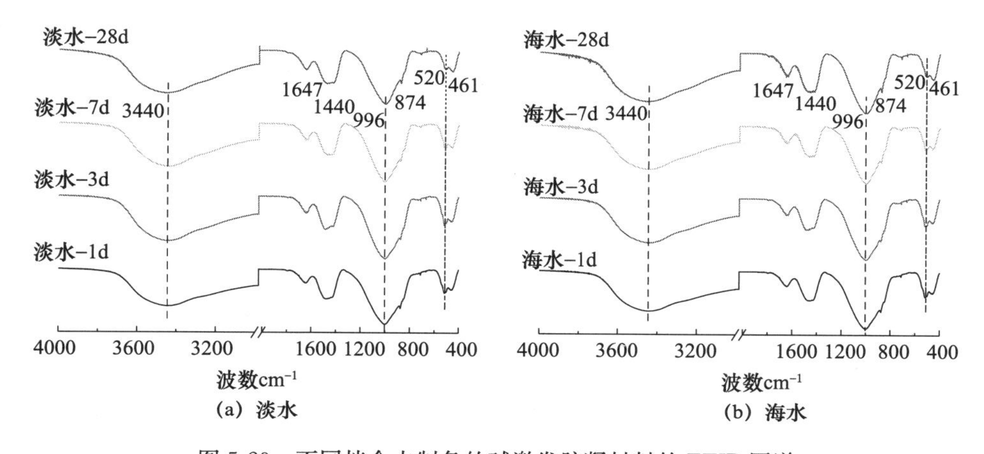

图 5-29　不同拌合水制备的碱激发胶凝材料的 FTIR 图谱

图 5-30 是不同水拌和制备的碱激发胶凝材料的 TG/DSC 曲线。曲线中各特征峰的峰位、特点及其对应物理/化学过程见表 5-9。

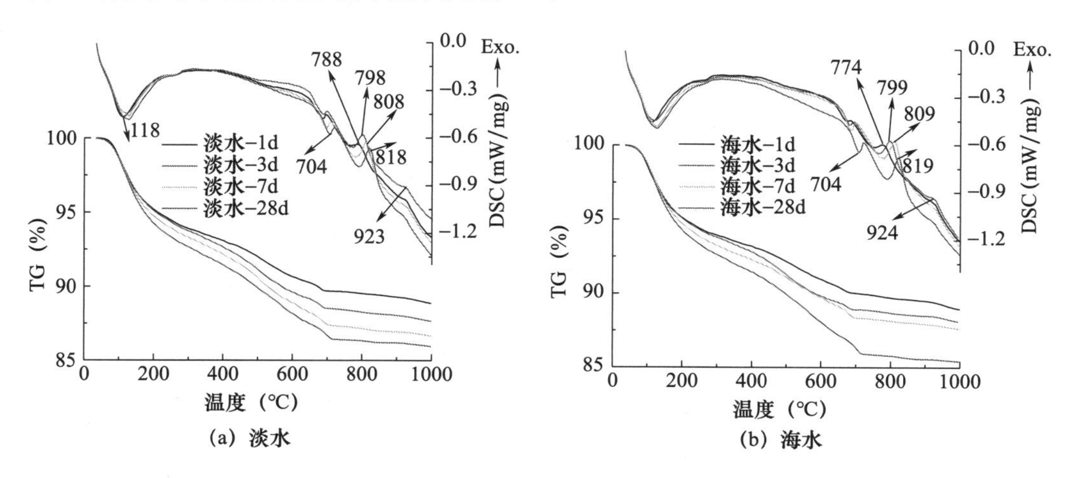

图 5-30　不同拌合水制备的碱激发胶凝材料的 TG/DSC 曲线

表 5-9　TG/DSC 曲线中特征峰汇总

温度/℃	特征	物理/化学过程
93～130	吸热失重	游离 H_2O 蒸发
100～300	吸热失重	结晶水/层间水蒸发
700℃左右	吸热失重	方解石中 CO_2 分解（g）
800℃左右	放热	C-S-H 凝胶结晶成 β-硅灰石（$CaO \cdot SiO_2$）
800℃左右	放热	N-A-S-H 凝胶结晶成卡耐基石/霞石（$NaAlSiO_4$）
920℃左右	放热	C-A-S-H 凝胶结晶成辉长石（C_2AS：$2CaO \cdot Al_2O_3 \cdot SiO_2$）

由图及表可知，对于淡水拌和试样，其 TG/DSC 曲线上在 120℃左右和 700℃左右可观察到较为明显的吸热失重特征峰，在 260℃左右可观察到微弱的吸热失重特征峰，在 800℃左右可观察到明显的放热特征峰，在 920℃左右可观察到微弱的放热特征峰。结合前文研究及表 5-10 可知，120℃左右的吸热失重峰归属于试样中游离水以及部分结晶水的脱除，260℃左右的吸热失重峰归结于试样水化产物中层间水的脱除，700℃左右的吸热失重峰归属于试样中方解石的分解，800℃左右的放热峰归属于水化产物 C-S-H 凝胶以及 N-A-S-H 凝胶的结晶转变，920℃左右的微弱放热峰归属于水化产物 C-A-S-H 凝胶的结晶转变。

对于海水拌和试样，其 TG/DSC 曲线与淡水拌和试样相比并无明显变化。

5.3.1.4　*微观形貌*

淡水、海水拌和碱激发胶凝材料的微观形貌如图 5-31 所示。

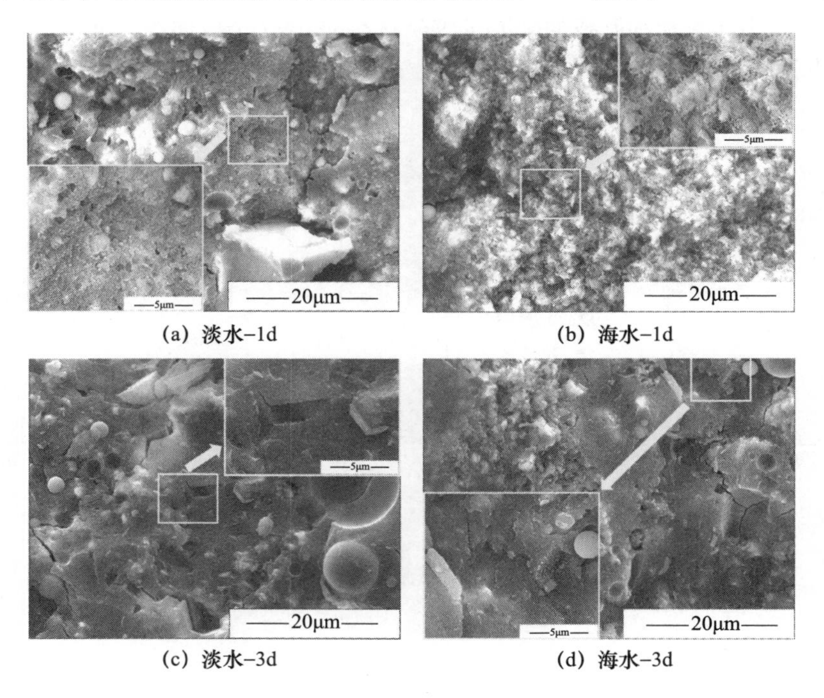

(a) 淡水-1d　(b) 海水-1d

(c) 淡水-3d　(d) 海水-3d

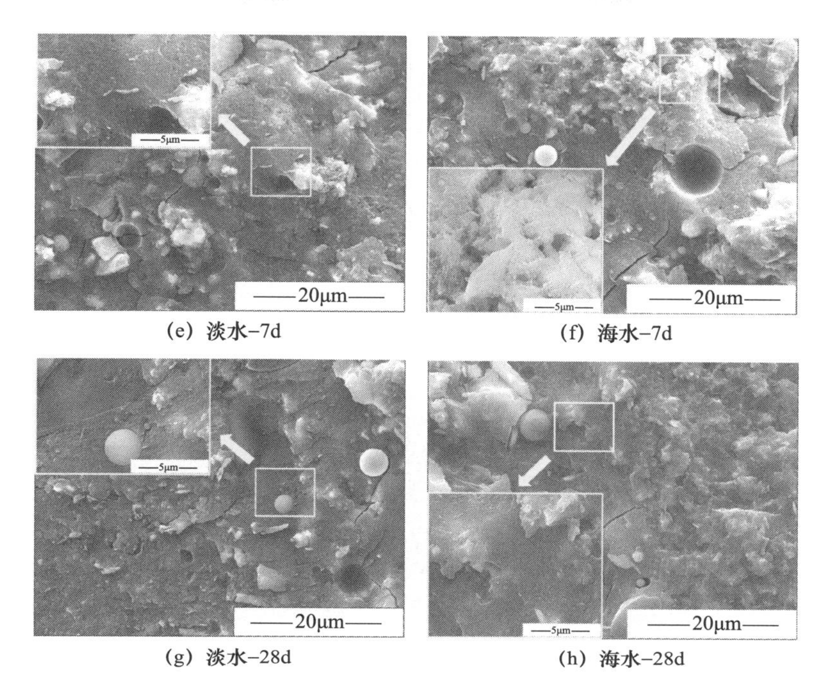

(e) 淡水-7d (f) 海水-7d

(g) 淡水-28d (h) 海水-28d

图 5-31 不同拌合水制备的碱激发胶凝材料的 SEM 照片

由图可知，在淡水拌和试样中，1d 龄期时即已生成大量凝胶产物。这些凝胶粒子聚集在未反应原料颗粒表面并连接在一起，从而形成较为致密的基体结构。随着龄期的增长，由于碱激发反应的持续进行，试样中凝胶产物数量逐渐增多，相应地基体的致密程度也逐渐增大。

在海水拌和试样中，随着龄期的增长，由于碱激发反应的持续进行以及产物数量的逐渐增多，基体的致密程度也逐渐增大。然而，1d 龄期时试样的致密程度明显低于淡水拌和试样的。随着龄期的增长，海水拌和试样与淡水拌和试样的这一差异逐渐缩小。

5.3.1.5 海水拌和的作用机理

由前文可知，以海水为拌和用水时，其对碱激发胶凝材料的产物组成、微观形貌基本没有影响，但对强度具有微弱的降低作用。考虑到海水与淡水的区别在于海水中含有 NaCl 等盐类矿物，加之海水与液体水玻璃间可发生化学反应，因此可推断这一反应是海水作为拌和用水时对胶凝材料性能造成影响的主要原因。

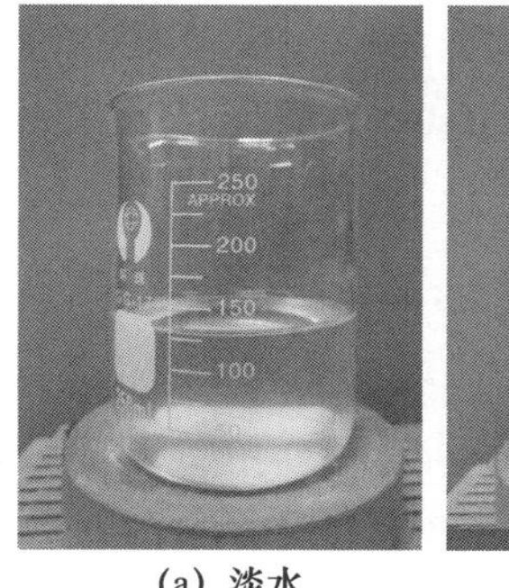

(a) 淡水

(b) 海水

图 5-32 淡水混合水玻璃溶液及海水混合水玻璃溶液的照片

为进一步理解海水与液体水玻璃间的化学反应过程，深入探讨海水拌和对碱激发胶凝材料性能的影响机理，分别采用淡水、海水与液体水玻璃混合（图 5-32）。混合时，搅拌速率 60r/min，搅拌时间 4min。海水-液体水玻璃的化学反应产物经布氏漏斗过滤后，采用去离子水冲洗 3 次以去除滤渣表面残留的其他离子杂质，采用无水乙醇冲洗 3 次以去除滤渣中残余的水。将经上述处理过的滤渣置于真空干燥箱内烘干 24h 后分别进行微观形貌、产物组成等分析。对海水混合的滤液以及淡水混合的水玻璃制备激发剂溶液的 pH 值进行测量，以明确海水-液体水玻璃相互作用对激发剂溶液 pH 值的影响。

（1）海水-水玻璃的反应产物。海水-液体水玻璃反应产物的微观形貌及能谱结果如图 5-33 所示。

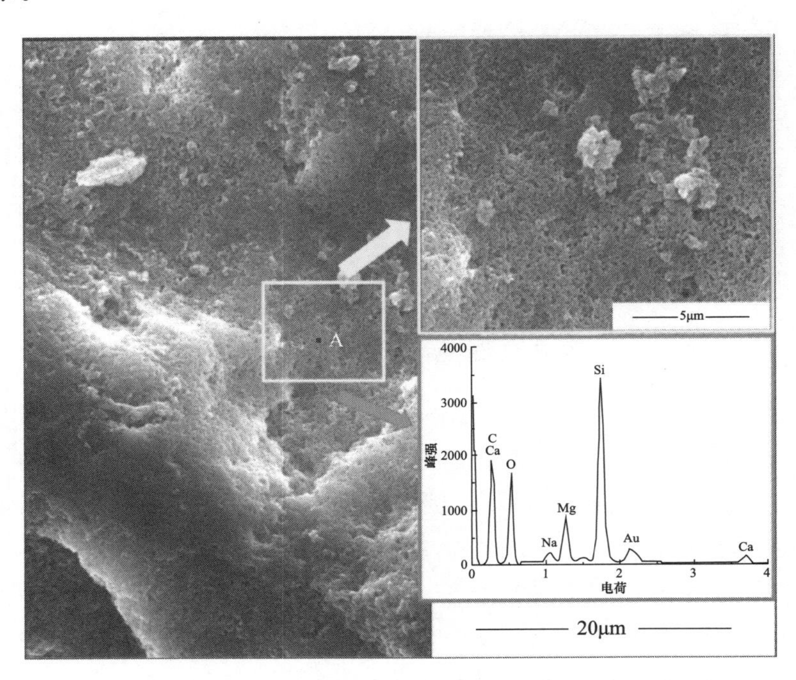

图 5-33　海水-水玻璃反应产物的微观形貌及能谱结果

由图可知，海水与液体水玻璃发生反应后在短时间（4min）内即可生成大量纳米尺寸的难溶性颗粒。这些产物可胶结在一起，形成较为致密的微结构。能谱结果表明，该产物主要由 Si（11.8%）、Mg（3.0%）、O（31.9%）以及少量的 Ca（0.9%）和残余的 Na（0.6%）组成。

图 5-34 为海水-液体水玻璃反应产物的 XRD 图谱。由图可知，该产物（沉淀）在 20°～25°（2θ）范围内呈现出明显的非晶态硅酸盐/硅铝酸盐衍射特征峰，在 35°～45°（2θ）范围内呈现出微弱的非晶态硅/铝氧化物衍射特征峰。这说明海水-液体水玻璃发生反应生产的主要为非晶态产物。进一步地，将海水-液体水玻璃的反应产物在 1000℃条件下煅烧 30min。经煅烧处理后该产物的 XRD 图谱中可观察到典型的方石英（SiO_2）特征峰和斜顽辉石（$MgSiO_3$）特征峰。因此，结合能谱结果以及 XRD 结果可以推断，海水与液体水玻璃发生化学反应生成的主要产物为非晶态的 SiO_2 凝胶和 M-S-H 凝胶。

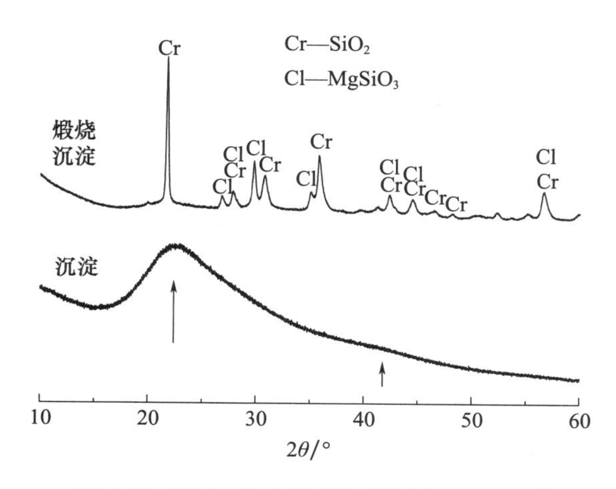

图 5-34　海水-水玻璃反应产物的 XRD 图谱

(2) 海水拌和的作用机理。由前文结果可知，海水拌和虽然对胶凝材料的主要反应产物组成以及微观结构影响不大，但由于海水与液体水玻璃间发生了化学反应，从而在一定程度上导致胶凝材料的强度略有降低。基于海水-液体水玻璃的反应产物组成（SiO_2凝胶和 M-S-H 凝胶），二者的反应可以下式表示。

$$MgCl_2+Na_2O\cdot 2.4SiO_2+mH_2O \rightarrow MgO\cdot nSiO_2\cdot xH_2O\ (\text{M-S-H}) + (2.4-n)\ SiO_2\cdot (m-x)\ H_2O+2NaCl \tag{5-1}$$

如式（5-1）所示，海水与液体水玻璃反应过程中，海水中的 Mg^{2+} 与水玻璃溶液中的 $[SiO_4]^{4-}$ 离子结合，生成难溶性的 M-S-H 凝胶和 SiO_2凝胶。与此同时，液体水玻璃中的 Na^+ 则和海水中的 Cl^- 生成可溶性的 NaCl。由于难溶性 M-S-H 凝胶和 SiO_2凝胶的生成，该反应过程同时伴随着激发剂溶液 pH 值（表 5-10）。

众所周知，碱激发反应可分为原料溶出、物相平衡、凝胶化、重构、聚合与硬化五个阶段。其中，溶出是指固态的原料在碱性环境下溶解并释放出类离子态硅铝单体的过程。原料溶出贯穿于整个反应进程，控制着整个反应的进行，是碱激发反应过程中最重要的一步。原料的溶出除受原材料影响外，还主要取决于激发剂 pH 值等因素。研究表明，提高激发剂溶液的 pH 值可显著促进原料的溶出，进而提高溶液中硅、铝单体的浓度[183]。本实验中，以海水为拌和用水时，海水与液体水玻璃的相互作用会导致激发剂溶液的 pH 值降低，从而在一定程度上对碱激发反应起到抑制作用，这是海水拌和导致强度有所下降的原因之一。

表 5-10　水玻璃溶液分别混合淡水、海水后的 pH 值

溶液	pH 值
淡水混合水玻璃	11.30
海水混合水玻璃	11.01

此外，海水与液体水玻璃发生反应，生成了难溶性的 M-S-H 凝胶和 SiO_2凝胶，直接导致激发剂溶液中的可溶性 Si 含量降低，这也是海水拌和胶凝材料强度降低的原因之一。

另外，由图 5-33 可知，海水与液体水玻璃反应生成的主要为纳米级的 M-S-H 凝胶和 SiO_2凝胶。这些纳米级凝胶包裹在原料颗粒表面，从而将未反应颗粒与激发剂溶液隔离开来。这在一定程度上也会对碱激发反应过程造成影响，从而导致胶凝材料的强度降低。

5.3.2 海水养护对碱激发胶凝材料性能的影响及机理

众所周知，养护条件对于胶凝材料的水化硬化、强度发展以及产物组成、微观结构等具有显著的影响。在海洋环境条件下，按照混凝土与海水的接触程度可将混凝土结构分为大气区、浪溅区、水位变动区、水下区、泥下区。其中，浪溅区、水位变动区、水下区、泥下区部位的混凝土结构可与海水直接接触。因此，海水作为外部养护介质时对胶凝材料性能的影响将直接决定混凝土整体结构在海洋环境下的耐久性。

海水中含有约 3.5%的盐类，其中以氯盐和硫酸盐为主。对于传统的硅酸盐水泥混凝土，由于其主要水化产物为高 Ca/Si 比的 C-S-H 凝胶、$Ca(OH)_2$以及水化铝酸钙。通常海水中的硫酸盐可与水泥中的 $Ca(OH)_2$发生化学反应，生成硫酸钙等化合物；硫酸钙与水泥中的 $Ca(OH)_2$、水化铝酸钙等发生二次反应，生成水化硫铝酸钙，使混凝土结构体积膨胀开裂，继而导致海水中氯离子入侵引发钢筋锈蚀，最终造成混凝土结构破坏[184-185]。

碱激发胶凝材料因产物中不含 $Ca(OH)_2$，且通常情况下具有较硅酸盐水泥更为致密的微观结构，因此往往具有更为优异的耐化学腐蚀性能。前文研究结果证实，制备的碱激发胶凝材料具有优异的耐酸、耐硫酸盐侵蚀性能，且以海水为拌和用水制备该材料完全具有可行性。基于此，本实验以“（52.5%硅钙渣＋22.5%矿粉＋25.0%粉煤灰）＋5%水玻璃（模数 2.4）”制备碱激发胶凝材料，研究其分别在淡水、海水养护过程中表观形貌、强度、产物组成以及微观形貌的变化规律，探讨海水养护对该类材料性能的影响，为其在海洋环境中的推广应用提供支撑。

在实验过程中，试样经制备、标养脱模并在标准养护箱［T＝（20±1)℃，RH≥90%］中养护至 28d 龄期后，将试样取出并分别置入提前准备好的室温淡水（自来水）和室温海水中进行养护。至设定龄期时，将试样取出并用湿毛巾轻轻擦干试样表面水分后进行表观形貌、力学性能、产物组成以及微观形貌测试。

5.3.2.1 养护用水 pH 值

养护过程中养护用水的 pH 值变化如图 5-35 所示。

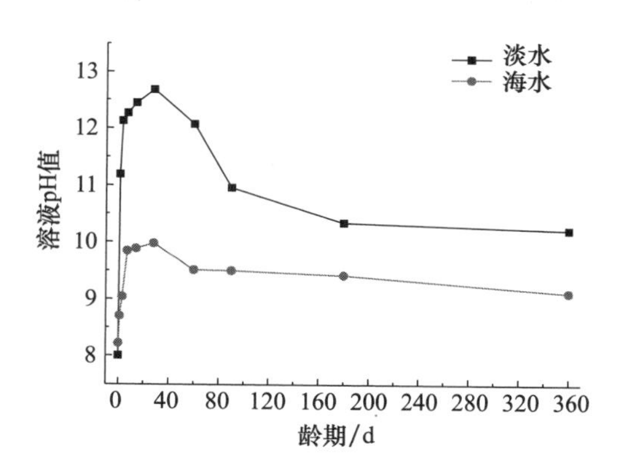

图 5-35　养护用水的 pH 值变化

由图可知，淡水的初始 pH 值约为 8.0，海水的初始 pH 值约为 8.2［ASTM D1141—98（2013)］。当试样置入水中后，由于试样中碱的溶出作用，淡水和海水的 pH 值均急剧增大，且随养护龄期的增长而继续逐渐增大。其中淡水 pH 值的增大程度和增大速度尤为显著。试样在水中养护至 28d 龄期时，淡水和海水的 pH 值分别达到极大值 12.7 和 10.0。此后随着养护龄期的进一步增长，淡水和海水的 pH 值均呈逐渐下降趋势。需要说明的是，尽管初始 pH 值相差不大，但在整个实验周期内，淡水的 pH 值要始终明显高于海水的。这可能与海水中存在的 Cl^-、$SO_4{}^{2-}$、Mg^{2+} 等离子及其与试样的相互作用有关。

对于淡水养护条件下，长龄期养护过程中水溶液 pH 值的下降主要由高碱性水溶液缓慢吸收空气中的 CO_2 所致。

对于海水养护条件下，除缓慢吸收空气中 CO_2 这一影响因素外，Cl^-、SO_4^{2-}、Mg^{2+} 等离子与试样中相关组分的反应也是造成长龄期养护过程中海水 pH 值逐渐下降的原因之一。

5.3.2.2　表观形貌

分别经淡水、海水养护不同龄期碱激发胶凝材料的表观形貌如图 5-36 所示。

由图可知，淡水养护条件下，随养护龄期的逐渐增长，试样的表观形貌几乎没有变化。相比之下，海水养护条件下，试样表面出现了明显的白色物质，这说明海水的离子组分与试样中的相关组分发生了反应并生成了难溶于水的产物。由前文研究结果可知，海水中的 Mg^{2+} 可与液体水玻璃中的［SiO_4］$^{4-}$ 等发生反应，生成非晶态的 M-S-H 凝胶和 SiO_2 凝胶。本实验中，试样在海水养护前已在标准养护箱内养护了 28d 龄期，故液体水玻璃中的［SiO_4］$^{2-}$ 在激发反应过程中已被大量消耗，且海水中离子向致密基体渗透也变得更困难。尽管如此，仍可观察到海水与试样相互反应所生成的含 Mg 或含 $SO_4{}^{2-}$ 的白色产物。随着养护龄期的增长，这些白色产物数量逐渐增多，其中以试样表面孔隙中的聚集尤为显著。然而，当养护龄期超过 90d 时，随着养护龄期的进一步增长，这些产物的数量则呈逐渐减少的趋势。上述现象说明在长龄期养护过程中，这些产物发生了二次反应。

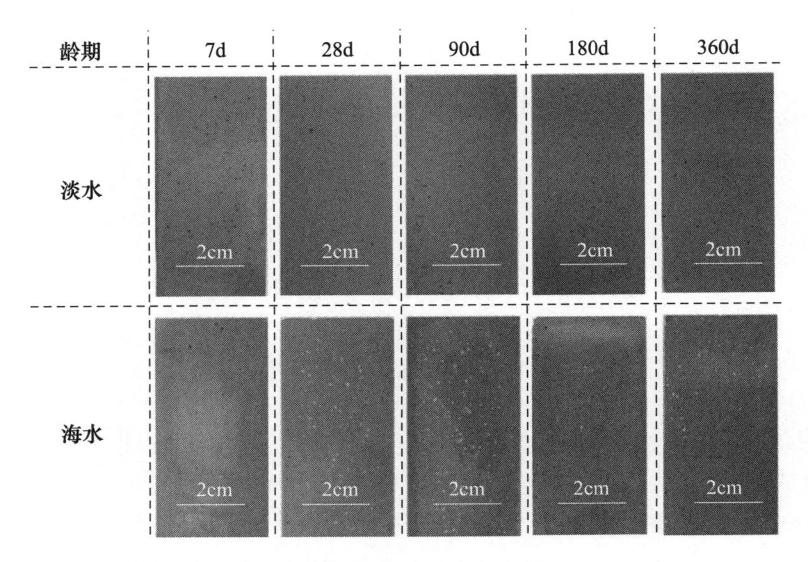

图 5-36　淡水和海水养护条件下碱激发胶凝材料的表观形貌

5.3.2.3　力学性能

分别经淡水、海水养护不同龄期碱激发胶凝材料的抗压强度如图 5-37 所示。

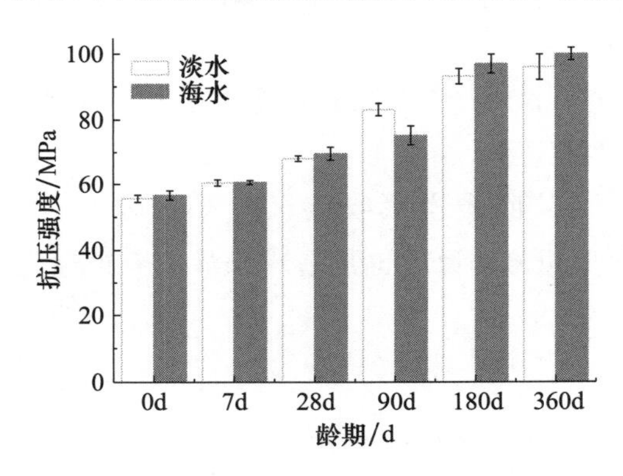

图 5-37　淡水和海水养护条件下碱激发胶凝材料的抗压强度

由图可知，随着养护龄期的增长，淡水和海水养护试样的强度均呈逐渐增长的趋势，且两者差异并不明显。养护至 360d 时，所制备试样的抗压强度可达 100.0MPa 左右。

众所周知，海水中除含 Na^{+}、Cl^{-} 外，还含有一定量的 Mg^{2+}、Ca^{2+}、SO_4^{2-} 等其他离子。由前文研究可知，碱激发胶凝材料处于硫酸镁溶液环境中时，硫酸镁溶液中的 Mg^{2+}、SO_4^{2-} 可与试样中的碱激发反应产物 C-(A)-S-H 凝胶发生反应，使凝胶结构脱钙，生成 M-S-H 凝胶和膨胀性的二水石膏产物，从而造成试样开裂破坏和强度降低。以海水为拌和用水制备碱激发胶凝材料时，海水中的 Mg^{2+} 也会与液体水玻璃中的硅酸根离子结合，生成难溶性的 M-S-H 凝胶和 SiO_2 凝胶。本实验中海水养护试样表面的白色产物也验证了海水与试样之间的相互作用。尽管如此，海水养护试样仍然表现出了与淡水养护试样相当的强度。这一方面可能是由于海水中的 Mg^{2+}、SO_4^{2-} 等离子浓度较低，尽管其可对试样发生硫酸盐侵蚀，但作用效果有限；另一方面可能是本实验中试样在进行海水养护前已在标准养护条件下进行了 28d 的预养护。在这一过程中，试样由于碱激发反应已形成了致密的基本结构，这在一定程度上阻碍了 SO_4^{2-}、Mg^{2+} 等离子向试样内部的扩散，从而进一步降低了海水中硫酸盐侵蚀对试样结构及强度的不利影响。

5.3.2.4　产物组成

分别经淡水、海水养护不同龄期碱激发胶凝材料的 XRD 图谱如图 5-38 所示。

由图可知，淡水养护试样的主要矿物组成为硅酸二钙、方解石、水化石榴石、石英以及莫来石等晶体矿物。随着养护龄期的增长，硅酸二钙矿物的特征峰强度逐渐降低。养护龄期达到 360d 时，XRD 图谱中硅酸二钙矿物的特征峰已完全消失。结合前文研究结果，可知在淡水养护条件下，试样中的硅酸二钙可持续参与碱激发反应，生成非晶态的 C(N)-(A)-S-H 凝胶产物。

尽管前述研究结果已证实海水与碱激发胶凝材料之间存在相互反应，并可生成难溶性产物，但海水养护试样的 XRD 图谱中并未出现新的晶体矿物特征峰。结合前文可以推断，该产物数量较少是导致这一现象的主要原因。

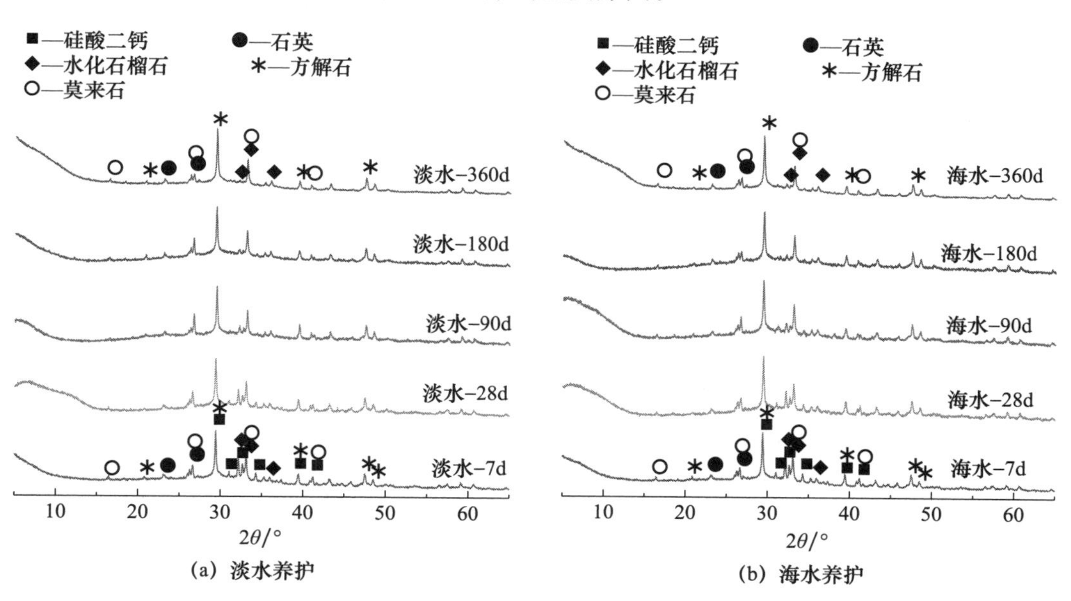

图 5-38　淡水和海水养护条件下碱激发胶凝材料的 XRD 图谱

分别经淡水、海水养护不同龄期碱激发胶凝材料的 TG/DSC 曲线如图 5-39 所示。由图可知，淡水与海水养护试样的 TG/DSC 曲线特征峰分布情况基本一致，主要由 120℃附近的游离水以及部分层间水脱除特征峰，700℃附近的方解石分解特征峰，820℃附近的 C-S-H/N-A-S-H 凝胶结晶转变特征峰以及 930℃附近的 C-A-S-H 凝胶结晶转变特征峰。

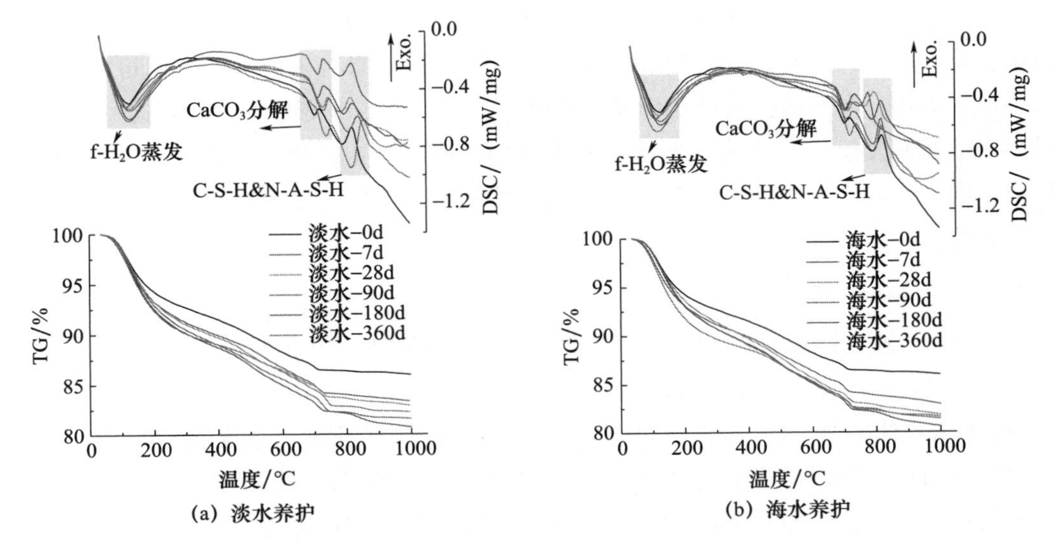

图 5-39 淡水和海水养护条件下碱激发胶凝材料的 TG/DSC 曲线

然而，随着养护龄期的增长，淡水与海水养护试样的 TG/DSC 曲线中，上述特征峰的变化规律却有所不同（表 5-11）。其中，对于方解石的分解特征峰，随着养护龄期的增长，淡水和海水养护试样对应特征峰均逐渐向高温方向移动，但前者温度要明显高于后者。这说明淡水养护过程中，更高的 pH 值使溶液更容易吸收空气中的 CO_2，从而使试样更容易发生“碳化”反应。

表 5-11　图 5-39 中特征峰峰位变化/℃

养护时间	淡水中养护		海水中养护	
	$CaCO_3$分解温度/℃	C-S-H 与 N-A-S-H 结晶温度/℃	$CaCO_3$ 分解温度/℃	C-S-H 与 N-A-S-H 结晶温度/℃
0d	704.0	819.0	704.0	819.0
7d	715.3	820.3	704.9	779.9
28d	730.1	820.1	714.9	794.9
90d	730.3	840.3	715.2	820.2
180d	715.4	825.4	710.3	820.3
360d	740.5	855.5	719.6	819.6

对于 C-S-H/N-A-S-H 凝胶的结晶转变特征峰，随着养护龄期的增长，由于淡水养护试样中碱激发反应的持续进行，生成的凝胶产物数量越来越多，相应地该特征峰温度逐渐向高温方向移动。至 360d 龄期时，该特征峰温度可达 850℃左右。相比之下，对于海水养护试样，该特征峰的温度在早龄期时首先向低温方向移动至 780℃附近。随着养护龄期的增长，该特征峰又逐渐向高温方向移动至 820℃附近。

5.3.2.5　微观形貌

淡水养护和海水养护碱激发胶凝材料的微观形貌与 EDS 结果分别如图 5-40 和图 5-41 所示。

由图 5-40 可知，淡水养护条件下，7d 龄期时试样表面即可观察到一定量的 $CaCO_3$ 产物。一方面，这可能是试样在标准养护箱内养护过程中试样表面发生缓慢的碳化反应所导致的。另一方面，结合前文结果可知，由于试样中碱的溶出作用，1d 龄期时水溶液的 pH 值即由初始自来水的 8.0 左右升至强碱性的 11.0 以上，7d 龄期时溶液的 pH 值更是达到了 12.0 以上。众所周知，在空气环境中，强碱性溶液极易吸收空气中的 CO_2 并以 CO_3^{2-} 形式存在于溶液中，因此试样表面的 $CaCO_3$ 产物可主要归因于试样中溶出的 Ca^{2+} 与水溶液中 CO_3^{2-} 之间的相互反应。随着养护龄期的增长，试样中 Ca^{2+} 不断溶出以及水溶液对空气中 CO_2 持续吸收，试样表面生成的 $CaCO_3$ 数量逐渐增多。

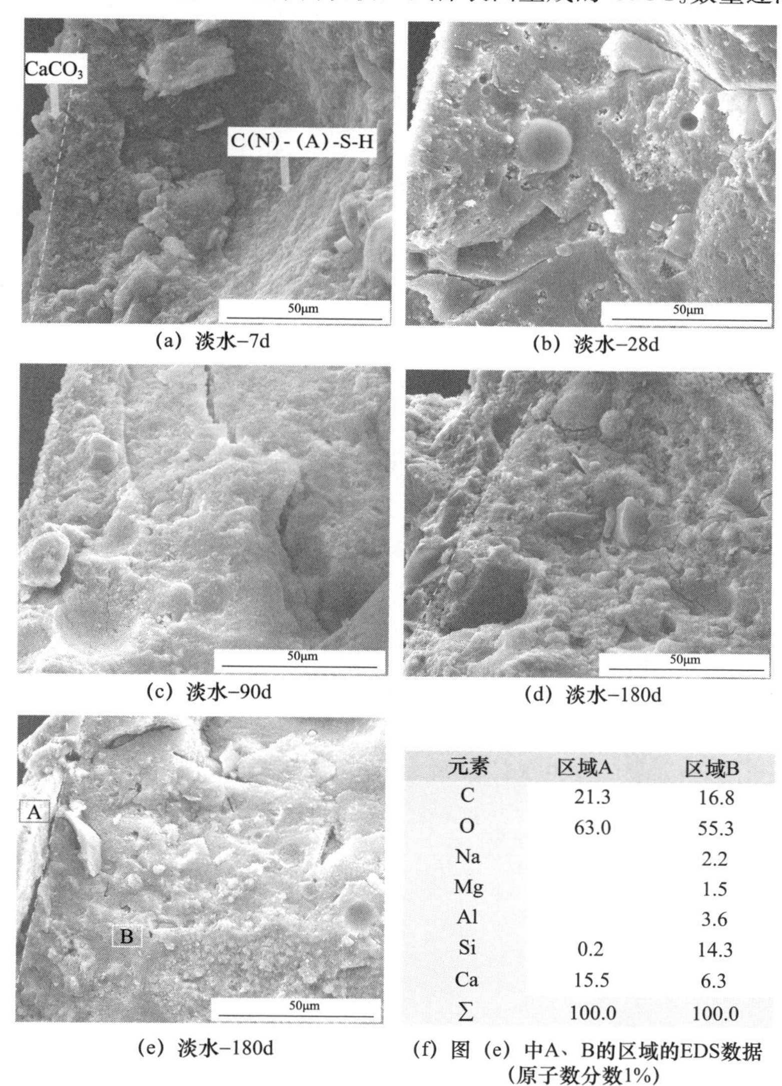

元素	区域A	区域B
C	21.3	16.8
O	63.0	55.3
Na		2.2
Mg		1.5
Al		3.6
Si	0.2	14.3
Ca	15.5	6.3
Σ	100.0	100.0

(a) 淡水-7d　(b) 淡水-28d　(c) 淡水-90d　(d) 淡水-180d　(e) 淡水-180d　(f) 图 (e) 中A、B的区域的EDS数据（原子数分数1%）

图 5-40　淡水养护条件下碱激发胶凝材料的微观形貌

相比之下，海水养护条件下随养护龄期的逐渐增长，试样的微观形貌呈现出显著的变化。

由图 5-41 可知，7d 龄期时，除试样表面处少量的 $CaCO_3$ 产物外，还在表面发现了大量新生成的产物。能谱分析表明（区域 1），该产物主要由 Mg、Si、O 组成，且 Mg/Si 比达到 4.5 以上。由前文结果可知，Mg^{2+} 可与水玻璃溶液中的硅酸根离子发生反应，生成 M-S-H 凝胶和 SiO_2 凝胶；Mg^{2+} 还可与试样中的 C-(A)-S-H 凝胶发生反应，使凝胶脱钙，生成强度较低的 M-(A)-S-H 凝胶；甚至由于 $Mg(OH)_2$ 极低的溶解度特性，在高 pH 值溶液中 Mg^{2+} 也会以 Mg $(OH)_2$ 析出。由于试样中碱的溶出作用，7d 龄期时海水的 pH 值已达到 9.5 以上，这为海水中 $Mg(OH)_2$ 的生成与析出创造了条件。因此，综合考虑元素组成以及海水 pH 值，可推断该产物为 M-S-H 凝胶和 Mg $(OH)_2$ 的混合物。这些产物呈疏松状堆积在试样表面，形成大约 40μm 厚的覆盖层。

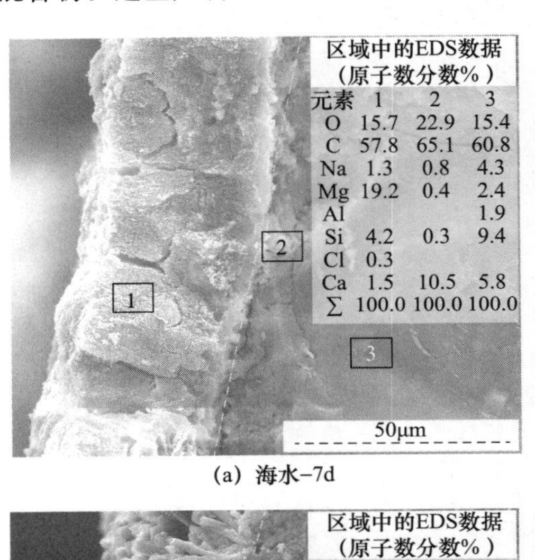

(a) 海水-7d

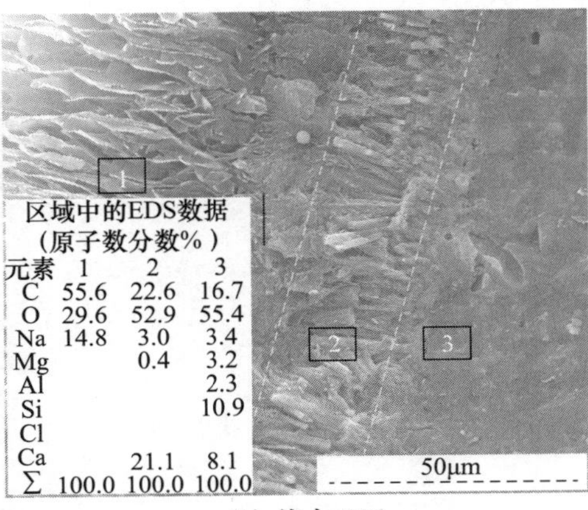

(b) 海水-28d

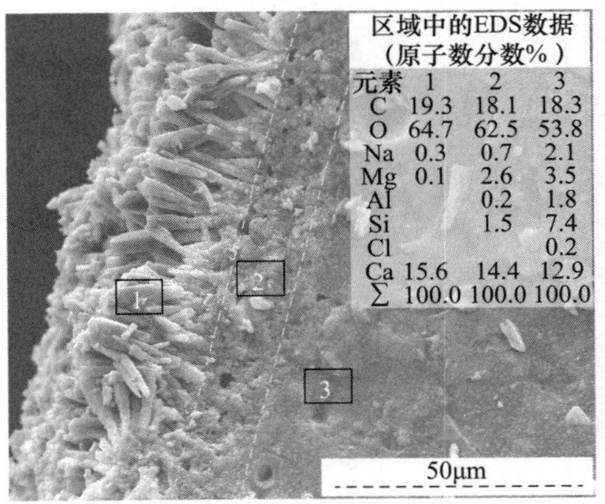

(c) 海水-90d

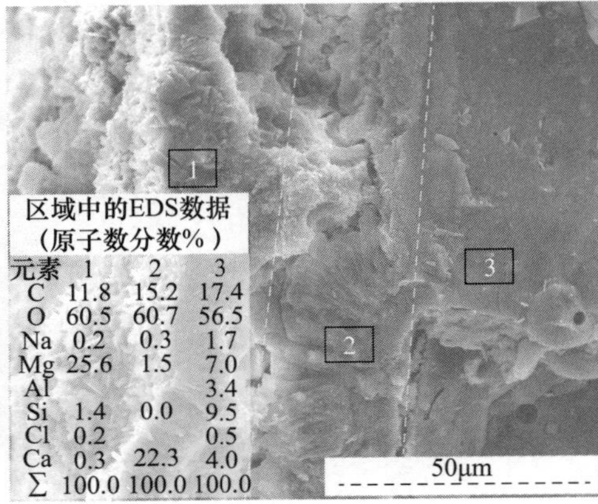

(d) 海水-180d

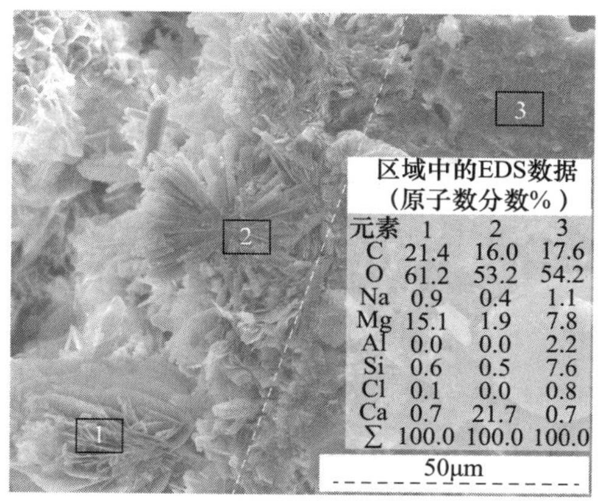

(e) 海水-360d

图 5-41 海水养护条件下碱激发胶凝材料的微观形貌

与7d龄期相比，养护龄期达到28d时，海水养护试样的微观形貌发生了显著的变化。首先，覆盖于试样表面的M-S-H凝胶-$Mg(OH)_2$复合层消失，在区域2所在的层出现了大量晶体产物。这些晶体产物成簇状排列于试样表面，且相互之间交叉搭接，使试样表面形成一层致密的“珊瑚”层。能谱结果显示，该簇状产物主要由Ca、O、C以及少量的Na组成，因此可推断其主要为碱性海水吸收空气中CO_2而形成的$CaCO_3$。此外，在簇状$CaCO_3$表面（区域1所在的层），还夹杂堆积着大量的瓣状产物。随着与试样基体表面距离的增大，这些瓣状产物的尺寸逐渐增大，结构也越来越疏松。能谱结果表明，这些片状产物主要由Na、O、C组成，即该产物为碳酸钠晶体（Na_2CO_3）。然而，在28d试样表层并未观察到任何富Mg产物的存在。这可能与海水中Mg^{2+}的含量较低以及海水对空气中CO_2的吸收反应有关。在本实验所采用海水的Mg^{2+}浓度约为0.05mol/L，因此7d龄期时试样表面生成的富Mg产物数量有限，且结构较为疏松。这为海水中离子的扩散以及试样中离子的溶出提供了通道。试样中溶出的Ca^{2+}、Na^+与扩散进入的CO_3^{2-}反应生成的$CaCO_3$、Na_2CO_3产物，使7d龄期时试样表面生成的富Mg产物层逐渐剥离从而导致28d龄期试样表面并未观察到任何富Mg产物存在。

随着养护龄期的增长，90d时海水养护试样表面的Na_2CO_3产物消失，同时$CaCO_3$晶体的尺寸变大和数量进一步增多。至180d养护龄期时，由于数量的进一步增长，试样表面已形成一层致密的$CaCO_3$保护层（区域2所在的层）。然而，在$CaCO_3$产物层外，又观察到大量的片状产物（区域1所在的层）。结合能谱结果，推断该片状产物为$Mg(OH)_2$。这可能是致密$CaCO_3$“保护层”对试样中Ca^{2+}、Na^+溶出的抑制作用，使$CaCO_3$生成速率大为降低，这为海水中所生成的$Mg(OH)_2$在试样表面的沉积提供了条件。随着龄期的进一步增长，360d龄期时已可在试样表面观察到大量的片状$Mg(OH)_2$。

5.3.3 海水对碱激发胶凝材料中钢筋锈蚀行为的影响

通常情况下，碳化和Cl^-侵蚀是导致混凝土结构中钢筋锈蚀的主要原因。其中，因混凝土碳化而导致的钢筋锈蚀呈均匀腐蚀状态，而由 Cl^- 侵蚀导致的钢筋锈蚀往往因钢筋表面 Cl^- 的不均匀吸附而呈点蚀状态[186-187]。在海洋环境中，由硫酸盐腐蚀、Cl^- 渗透所引起的钢筋锈蚀是混凝土结构破坏的主要原因。

前文表明，碱激发胶凝材料具有优异的耐化学侵蚀性能，且在海洋环境条件下采用海水拌和、养护对于胶凝材料的产物组成、强度发展以及微观结构等无明显不利影响。基于此，本实验以“（52.5％＋22.5％矿粉＋25.0％粉煤灰）＋5％水玻璃（模数为 2.4）”制备碱激发胶凝材料，对比研究海水拌和、海水养护、海水拌养三种不同条件下碱激发胶凝材料中预埋钢筋的锈蚀情况，并初步探讨海水对碱激发胶凝材料中钢筋锈蚀行为的影响机制。

实验中，固定胶凝材料中 H_2O 与复合微粉的质量比为 0.5。参照《水泥胶砂强度检验方法（ISO 法）》（GB/T 17671—2021）制备尺寸 40mm×40mm×160mm 并预埋有 ϕ7mm×165mm 建筑钢筋的胶砂试样。试样在标准养护箱内养护 24h 后脱模。采用干净抹布将胶砂试样两端残余油脂擦除干净后，采用钢刷将试样两端刷毛处理。采用气枪将刷毛后试样两端的残渣吹除干净后，采用石蜡：松香比为 9：1（质量比）密封涂料对胶砂试样两端及外露的钢筋进行密封处理。

对两端经过刷毛、密封处理后的试样进行养护处理。对于海水拌和试样，将其重新置入标准养护箱内，在常温潮湿空气条件下继续养护至设定龄期；对于海水养护试样（其拌合用水为淡水），将其置入准备好的室温海水［（20±2)℃］中养护至设定龄期；对于海水拌养试样，将其置入准备好的室温海水［（20±2)℃］中养护至设定龄期。为加快海水养试样中钢筋的锈蚀速率，每隔 24h 将试样从海水中取出，并置于室内自然空气中晾干 24h。不同试样的编号及养护制度见表 5-12。

表 5-12　试样编号及养护制度设计

编号	拌和与养护方式	养护介质	养护制度
B-n_d^a	海水拌和 & 标准养护	潮湿空气 ［T=（20±1)℃，RH ≥ 95％］	养护至测试龄期
Y-n	淡水拌合 & 海水养护	海水［T=（20±2)℃， 介质体积/样品＝5.0］	湿[b]（24h）、干[c]（24h） 循化至测试龄期
BY-n	海水拌和 & 海水养护	海水［T=（20±2)℃， 介质/样品＝5.0］	湿（24h）、干（24h） 循化至测试龄期

[a]养护龄期
[b]海水浸泡
[c]置于环境空气中（RH＝40％～85％）

经不同条件养护至设定龄期后，对试样进行抗压强度测试，并参照《普通混凝土长期性能和耐久性能试验方法标准》（GB/T 50082—2009）进行试样中预埋钢筋的处理及质量损失率测试。

5.3.3.1　钢筋表观形貌

不同条件下碱激发胶凝材料中的钢筋锈蚀情况如图 5-42 所示。

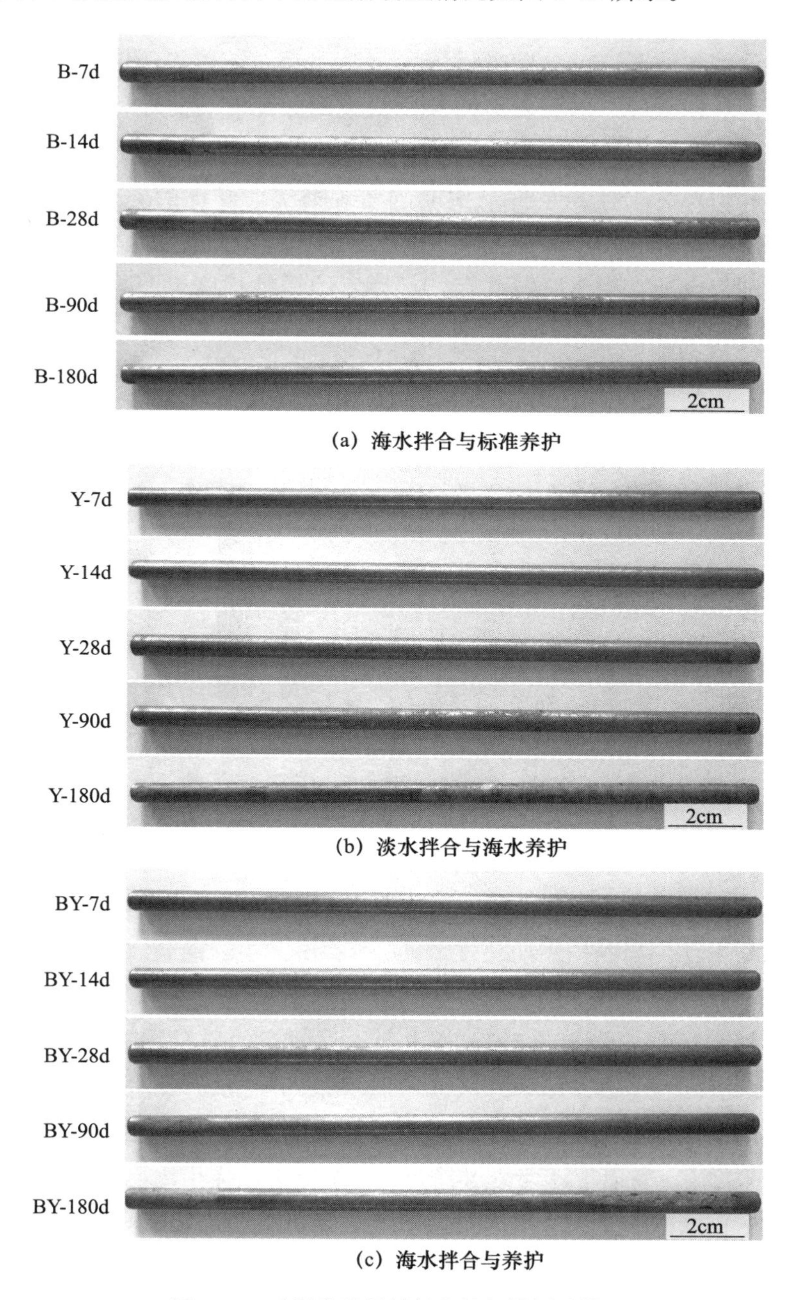

(a) 海水拌合与标准养护

(b) 淡水拌合与海水养护

(c) 海水拌合与养护

图 5-42　碱激发胶凝材料中的钢筋锈蚀情况

由图可知，不同情况下碱激发胶凝材料中钢筋的锈蚀情况有较大区别。海水拌和情况下，钢筋表面几乎没有任何锈蚀痕迹。

相比之下，海水养护与海水拌养条件下，尽管干-湿循环养护制度在一定程度上增加了试样干缩开裂的风险，从而加剧了海水中 Cl^- 向试样内部渗透，但养护龄期不超过 90d，试样中钢筋表面几乎无任何锈蚀痕迹。然而，当养护龄期达到 90d 时，钢筋表面开始出现明显锈蚀痕迹。随着龄期进一步增长，至 180d 时钢筋表面已出现大量锈蚀。这说明在海水养护条件下，短龄期时试样中钢筋因表面钝化膜的保护作用，并不会发生锈蚀；但在长龄期条件下钢筋表面的钝化膜遭到破坏，从而导致钢筋表面逐渐出现明显的锈蚀痕迹。

对比海水养护与海水拌养条件下钢筋的锈蚀情况，发现当养护龄期达到 90d 时，海水养护条件下钢筋表面发生的锈蚀主要为大面积的均匀腐蚀，而海水拌养条件下钢筋表面的锈蚀则为点蚀、均匀腐蚀共存，且后者的锈蚀程度要明显较海水养护条件下的更为严重。

5.3.3.2　钢筋质量损失

不同条件下碱激发胶凝材料中钢筋的质量损失情况如图 5-43 所示。

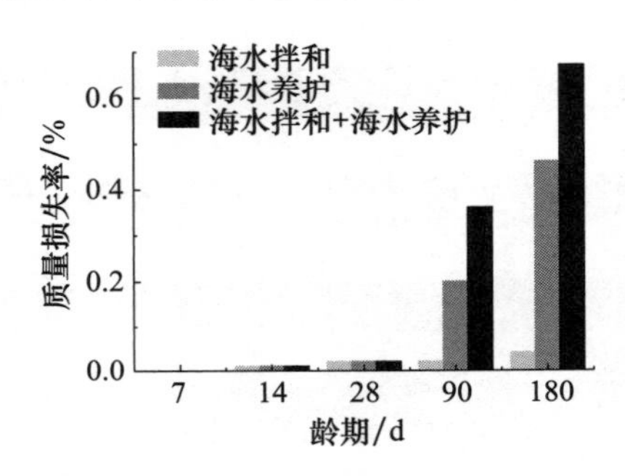

图 5-43　碱激发胶凝材料中钢筋锈蚀引起的质量损失率

由图可知，不同条件下试样中钢筋因锈蚀导致的质量损失率均随养护龄期的增长而逐渐增大。当养护龄期不超过 28d，不同条件下试样中钢筋因锈蚀导致的质量损失极低，几乎可忽略不计。当养护龄期超过 28d，尽管试样中的钢筋因锈蚀而出现了明显的质量损失，但不同养护条件下钢筋的质量损失差距较大。

对于海水拌和试样，当养护龄期超过 28d 时钢筋的质量损失仅有微弱增大，至 180d 龄期时钢筋的质量损失尚不足 0.05%。相比之下，养护龄期达到 90d 时，海水养护试样中钢筋的质量损失出现了明显增大；养护龄期进一步增长至 180d 时，钢筋的质量损失继续增大至 0.4%以上。与海水拌和、海水养护试样相比，养护龄期达到 90d 时海水拌养试样中钢筋的质量损失增大更为明显；养护龄期达到 180d 时，其质量损失可达 0.6%以上。上述这种现象与图 5-42 所示的结果基本一致。

5.3.3.3　钢筋锈蚀对试样强度的影响

不同条件下钢筋锈蚀对碱激发胶凝材料强度的影响如图 5-44 所示。

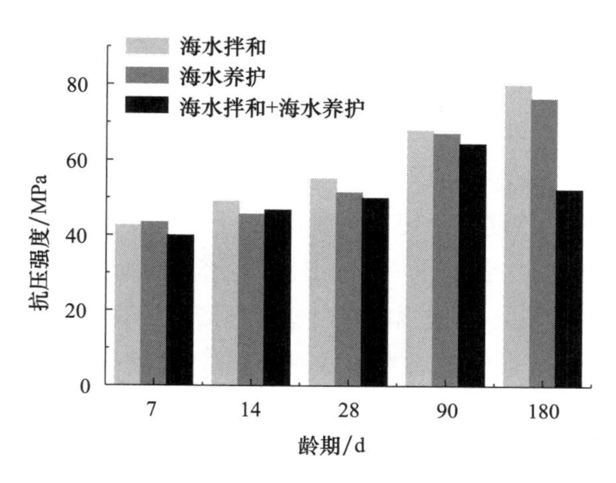

图 5-44 不同条件下钢筋增强碱激发胶凝材料的抗压强度

由图可知，对于海水拌和试样，由于持续进行的碱激发反应，加之钢筋锈蚀程度有限，其抗压强度随养护龄期的增长而呈逐渐增大趋势。

对于海水养护试样，虽然养护龄期超过 28d 时钢筋的锈蚀程度明显加深，但由于已形成致密结构，钢筋的锈蚀程度尚不足以对强度造成显著影响。因此，随养护龄期的继续增长，试样强度依然呈逐渐增大趋势。

对于海水拌养试样，养护龄期不超过 90d 时强度呈逐渐增长趋势，但当养护龄期继续增长至 180d 时强度出现了显著降低。结合图 5-42 和图 5-43 的结果可知，这主要是由钢筋锈蚀所导致的。

5.3.3.4 钢筋锈蚀机制分析

通常情况下，由于水泥水化产物 $Ca(OH)_2$ 的存在，硅酸盐水泥混凝土内部为 $Ca(OH)_2$ 饱和的强碱性环境，其孔溶液 pH 值高达 12.5 以上。在强碱性条件下，钢筋表面生成的致密钝化膜使其相较于中性和酸性环境条件下更不易被腐蚀。然而，当混凝土孔溶液 pH 值由于碳化作用而降低至 9 左右或钢筋表面的 Cl^- 浓度达到一定限值（临界值）时，钝化膜因遭到破坏而失去保护作用，使钢筋变成易腐蚀的活化态而开始遭受锈蚀。

在碱激发胶凝材料中，其孔溶液通常具有较硅酸盐水泥混凝土孔溶液更高的 pH 值，这使碱激发混凝土中钢筋表面的钝化膜具有更高的稳定性。此外，碱激发胶凝材料孔溶液中的硅酸盐/铝酸盐对钢筋锈蚀也具有一定抑制作用[188]，加之碱激发反应生成的低 Ca/Si 比 C-S-H 凝胶具有更强的 Cl^- 结合能力[177-179]，因此其往往具有较硅酸盐混凝土更强的耐钢筋锈蚀能力[179,188]。然而，碱激发胶凝材料抗碳化性能较差，且其较高的干缩开裂风险又在一定程度上增加了外部环境中 Cl^- 向内部渗透概率，这使其不得不面临极大的钢筋锈蚀风险。因此，部分学者得出了“碱激发混凝土耐钢筋锈蚀能力不如硅酸盐混凝土”的结论[189]。

实际上，碱激发混凝土的抗钢筋锈蚀能力主要由孔溶液 pH 值、结构致密程度以及产物组成类型等因素决定，而这些因素则又取决于激发剂参数（种类、掺量）、原料组成、养护制度等诸多因素。研究表明，钢筋钝化膜的形成及破坏过程高度依赖环境溶液的 pH 值，pH 值越高越有利于钢筋钝化膜的形成及稳定[190-191]。对于常用的激发剂种类，Na_2SiO_3、NaOH、Na_2CO_3溶液具有较高的 pH 值，均可使钢筋具备较好的抗锈蚀侵蚀能力。其中，以 Na_2SiO_3 的效果最好。Na_2SO_4 因溶液 pH 值过低，无法使钢筋表面形成稳定的钝化膜，钢筋常出现自腐蚀现象[192]。甚至当孔溶液中存在可溶性硫酸盐时，由于不同离子间的相互作用，单纯提高孔溶液中 Na^+ 的含量也无法将溶液 pH 值上升至 10.0 以上[193]。在一定范围内提高激发剂掺量可有效提高钢筋锈蚀的临界 Cl^- 含量（［Cl^-］/［OH^-］[191,194]）。原料组成对钢筋锈蚀也有着显著影响：偏高岭土基碱激发胶凝材料的钢筋耐锈蚀性能要劣于粉煤灰基碱激发胶凝材料[195]；采用高钙矿渣与低钙粉煤灰复合，会导致基体抗碳化能力降低，进而降低钢筋的耐锈蚀能力。然而，高钙与低钙复和体系生成的 C-A-S-H 和 N-A-S-H 复合凝胶可有效提高基体致密程度，在降低 Cl^- 渗透能力的同时还可提高 Cl^- 的结合能力[196]，进而提高钢筋的耐锈蚀能力[197]。在极端情况下，当基体中已存在 Cl^- 时，由于孔溶液 pH 值较低的影响，碱激发混凝土的钢筋耐锈蚀能力反而遭到劣化，甚至不如硅酸盐水泥混凝土的[198]。

本实验中，对于海水拌和试样，试样处于常温潮湿空气养护条件［$T=$（20±1）℃，RH≥95%］下。鉴于此条件下极低的碳化反应速率，因此试样制备过程中由海水引入的 Cl^- 等离子是钢筋锈蚀的唯一诱发因素。考虑到液体水玻璃中已含有部分 H_2O，因此实际由海水拌和引入的 Cl^- 含量仅为 0.61%（以占粉体原料的质量百分比计）。经折算海水引入的 Cl^- 在激发剂溶液中的浓度仅为 0.90%（质量分数）。在激发剂掺量 5.0%条件下，理论上由激发剂引入的 OH^- 浓度最高为 4.05%（质量分数）。因此海水拌和试样中，［Cl^-］/［OH^-］的实际数值仅为 0.11 左右，这要远远低于硅酸盐水泥混凝土中的临界 Cl^- 含量[199]。因此，海水拌和试样中由海水引入的 Cl^- 尚不足以使钢筋表面脱钝继而引发钢筋锈蚀。

对于海水养护试样，一方面，考虑到试样内部并不含有可引发钢筋锈蚀的 Cl^-，因此海水中 Cl^- 向试样内部的入侵和扩散可能是引发钢筋锈蚀的主要原因之一。另一方面，尽管通常情况下水养环境并不利于碳化反应的进行，但由前文结果可知在长期养护过程中溶液可缓慢吸收空气中的 CO_2，从而在试样/水溶液中生成碳酸盐产物，进而导致溶液 pH 值逐渐降低，这为钢筋表面钝化膜破坏创造了有利条件。加之本实验为加快钢筋锈蚀速率，采用了干湿循环的养护方式，这无疑又进一步增大了试样碳化的可能性。因此，对于海水养护试样，碳化也可能是导致钢筋锈蚀的主要原因之一。由图 5-42 可知，钢筋表面的锈蚀主要以大面积的均匀腐蚀为主，因此推断海水养护试样中钢筋的锈蚀主要是由碳化引起的。

对于海水拌养试样，由于其所处环境及养护制度与海水养护试样相同，因此碳化以及海水中 Mg^{2+} 等因素同样会造成其内部 pH 值的降低。该试样在制备过程中还由海水引入了部分 Cl^- 随着试样内部 pH 值的逐渐降低，引入的这部分 Cl^- 使［Cl^-］/

[OH^-] 更容易超过钢筋锈蚀的临界 Cl^- 浓度值，甚至无须外部 Cl^- 的渗入。由图 5-42 可知，当养护龄期达到 90d 时海水拌养试样中开始出现明显的钢筋锈蚀痕迹，且呈点蚀为主、均匀腐蚀共存状态，这说明海水拌养条件下钢筋锈蚀为 Cl^- 侵蚀和试样 pH 值降低的共同作用。

6　碱激发胶凝材料的改性研究

从化学组成角度看，碱激发胶凝材料与硅酸盐水泥间除碱金属含量外最大的不同就在于钙含量。虽然在一定条件下前者的生成产物与后者的水化产物具有相似的物理形态（凝胶），但前者的钙硅比通常在1.0以下，而后者的钙硅比为1.2～2.3[199-200]。不仅如此，这种低钙系统在不同条件下却有着不同的生成产物。例如，以矿渣（主要组分为氧化硅与氧化钙）为原料，以水玻璃为激发剂，其常温养护条件下的产物为低钙的C-S-H凝胶或C-A-S-H凝胶；而当以偏高岭土（主要组分为氧化硅与氧化铝）为原料时，其产物则为低钙甚至是贫钙的N（C）-A-S-H凝胶[56]。由此可见，原料中钙的多寡可决定最终生成产物的种类甚至数量，并由此影响碱激发胶凝材料的宏观性能，如凝结时间、流变特性及强度等。

已有相关研究表明，从矿渣、偏高岭土这两种不同的原料出发，虽然最终产物截然不同，但采用相适宜的制备手段均可得到较高强度的碱激发胶凝材料。由此引出这样一个值得探究的问题：在低钙碱激发胶凝材料合成时，人为地引入额外钙源对性能尤其是强度有什么样的影响呢？

如前所述，本研究为了在常温下获得凝结正常、强度较高的碱激发胶凝材料，已添加了25％～35％的高钙组分（矿渣粉）。这些掺有矿渣粉的配方，其28天强度都在50.0MPa以上，甚至个别配方超过60.0MPa。因此，在低钙的活化尾矿中引入高钙组分确实可达到促凝增强的目的。基于上述试验结果，若在碱激发胶凝材料中再添加钙，是否可以进一步提高强度？为此，本实验在利用活化尾矿这种低钙原料成功制备出较高强度的碱激发胶凝材料的基础上，着重探讨了再掺入氧化钙等富钙组分对试样强度的影响。

6.1　不同钙源的促凝增强效果

对于碱激发粉煤灰、偏高岭土等低钙体系，其产物为具有三维网络结构的N(C)-A-S-H凝胶；而碱激发矿渣等高钙体系，其产物为具有托贝莫来石结构的C-S-H凝胶或C-A-S-H凝胶。已有研究表明，上述两种凝胶在同一体系可以同时存在。因此，在低钙体系掺入钙有可能因产物改变而影响胶凝材料强度等性能。

在本实验中，为了突出钙的作用，根据前文所述的碱激发胶凝材料组成设计结果，挑选了低矿渣用量的配方“75％活化尾矿＋25％矿渣粉＋30％水玻璃”作为研究对象。

根据溶解度，选择了三种钙的化合物。

（1）易溶物，包括 $CaCl_2 \cdot 6H_2O$ 与 $Ca(NO_3)_2 \cdot 4H_2O$。

（2）微溶物，包括 $Ca(OH)_2$ 与 $CaSO_4 \cdot 2H_2O$。

（3）难溶物，即 $CaCO_3$。

另外，还选择了 CaO 作为掺钙物。由于其与水会发生化学作用，故将其单独讨论。

所有含钙物质的掺量按照占活化尾矿的质量百分比计算。$Ca(OH)_2$ 以 CaO 计算掺量，而 $CaCl_2 \cdot 6H_2O$、$Ca(NO_3)_2 \cdot 4H_2O$ 与 $CaSO_4 \cdot 2H_2O$ 则需要扣除结晶水。钙的最高掺量对应试样快凝而不能成型时的掺量。当最高掺量较高（如 5%）时，以 1%为间隔设定掺量；当最高掺量较低（如 1%）时，以 0.25%为间隔设定掺量。

需要指出的是，由于碳酸钙几乎不改变试样的凝结硬化行为，为此还进行了高掺量实验。由于石灰石粉是水泥工业常见原料，因此在进行高碳酸钙掺量时选择石灰石粉作为钙源。实验时，石灰石粉的掺量根据占活化尾矿/矿渣复合粉体的质量百分比计算，设定为 5%、10%、15%、20%、25%。

掺钙试样一直标准养护至设定龄期后测试强度。在进行凝结时间测定时，不事先测定标准稠度，而是直接测定与砂浆试样相同配比的净浆（水灰比为 0.4）。

6.1.1 氧化钙

图 6-1 为在活化尾矿中添加一定量 CaO 后净浆试样的凝结时间变化。由图可知，随着 CaO 掺量的增加，试样的凝结时间急剧缩短，尤其是当 CaO 掺量达到 5%时因凝结太快而不能区分初终凝时间。因此，CaO 具有显著的促凝功能，其掺量较高时甚至使碱激发胶凝材料的凝结时间由数百分钟缩短至 10min 以内。凝结时间的过分缩短对于搅拌、浇筑等操作肯定不利，但若其用作有快凝要求的特种工程材料，则显示了一定潜力。

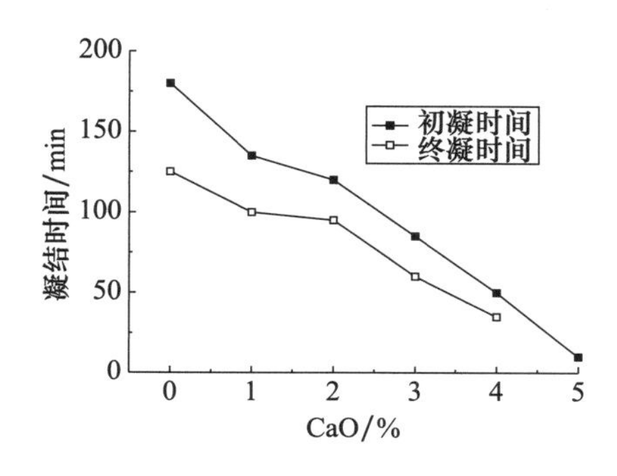

图 6-1 掺入 CaO 对试样凝结时间的影响

掺入 CaO 引起试样凝结行为的改变，是否会影响其强度呢？表 6-1 为掺入 CaO 对试样强度的影响。由表可知，即使仅掺入 1%CaO，试样的强度就显著提升。然而，继续提高 CaO 掺量强度几乎保持不变，并且当 CaO 掺量达到 5%时还会因快凝反而使试样强度下降。

表 6-1　掺入 CaO 对试样强度的影响

CaO/%	3d		28d	
	抗折强度/MPa	抗压强度/MPa	抗折强度/MPa	抗压强度/MPa
0	6.7	38.9	8.6	54.2
1	6.8	42.3	9.2	60.5
2	6.8	41.7	8.5	58.9
3	6.6	42.0	9.2	60.3
4	6.6	42.4	9.1	59.6
5	6.3	41.0	8.2	52.7

就增强效果而言，CaO 的掺量存在饱和点，其原因可能为在本合成体系中能够使 CaO 水化、溶解的量存在极值。超过此极值，多余的 CaO 将起不到增强作用。事实上，Temuujin 等在对比研究 CaO 与 Ca（$OH)_2$对水玻璃激发的粉煤灰胶凝材料强度影响时，就发现前者的增强效果要比后者弱 20%，其推断这是因为 CaO 不完全水化引起的[201]。对于图 6-1 所示的凝结时间，则不存在 CaO 的饱和点，其原因可能为在塑性阶段溶液充足，即使 CaO 不能完全水化，但因高掺量条件下 CaO 数量更多，与液相接触的概率更大，那么引起凝结时间缩短事件发生的概率随之变大，进而表现为凝结时间随 CaO 掺量增加而缩短。

上述这种增强并非由掺入的 CaO 因消耗水而使砂浆水灰比降低而引起的。假设掺入的 CaO 全部生成 $Ca(OH)_2$，当 CaO 掺量占活化尾矿的 1%时，砂浆的水灰比仅因此而降低 0.0023。如此微弱的水灰比降低程度不足以使砂浆的 3d、28d 抗压强度提高数兆帕。虽然提高氧化钙掺量，砂浆的折算水灰比确实有所下降，但其强度始终维持在与低 CaO 掺量相当的增长状态。例如，当 CaO 掺量为 4%时，水灰比因此而降低 0.009，但 28d 抗压强度仍然为 60.0MPa 左右。

掺钙增强效应在以粉煤灰为原料的碱激发体系中也有所体现。已有研究表明，掺入的 CaO 与水作用生成 $Ca(OH)_2$，但在高碱条件下 $Ca(OH)_2$的溶解度降低，会立即析晶；新生成的 $Ca(OH)_2$颗粒作为非均匀成核基体，诱导了硅铝凝胶的生成；而继续存在于溶液中的 $Ca(OH)_2$还可能与溶液中的硅铝组分或水玻璃溶液间发生反应，生成低钙的水化硅酸钙或铝硅酸钙[199,201]。因此，掺入的 CaO 加速甚至改变了硅铝聚合反应历程，使浆体在早期阶段可以不受原料中硅、铝组分的溶解—聚合这一较缓慢过程的影响，进而在宏观上表现为凝结时间的缩短及早期强度的提高。除此之外，这些早期产物还发挥着微集料作用及搭接作用，进而填充孔隙与胶结固体颗粒[201]，这显然有利于强度提高。

上述过程发生在早期甚至是塑性阶段，因此现有测试手段很难捕捉到 CaO 的促凝增强原因，但通常认为上述过程会体现于硬化体的微观结构（获得更均匀、更致密的结构)[183,201]。图 6-2 为未掺及掺不同量 CaO 试样的 ESEM 照片。正如已有研究结果所观察到的那样，掺入 CaO 将使试样的断面呈现更均匀、更致密的微观形貌，且 CaO 掺量越高试样的均匀及致密化程度越高。对掺有 5%CaO 的试样，因快凝使试样结构过早形成，故其断面再次呈现多孔状态［图 6-2（f)］。

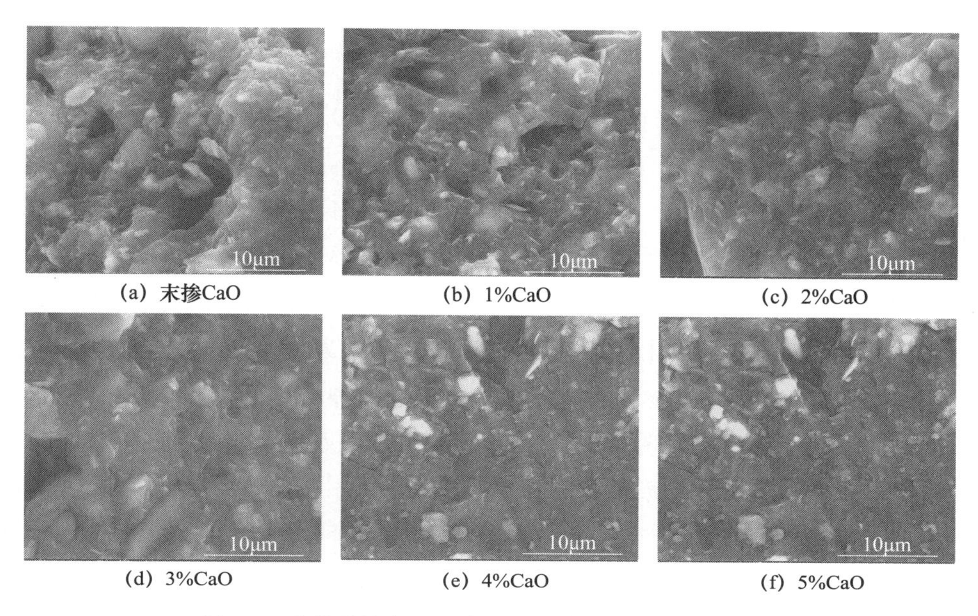

图 6-2　未掺及掺有 CaO 的 28d 砂浆试样的 ESEM 照片

前期研究表明，增钙煅烧并不会改变活化尾矿的组成，即煅烧前增钙可能并不会因增钙而强化活化尾矿的活性。为了证实这一推测，以增钙活化尾矿为原料研究了 CaO 掺量与试样强度的关系，试验结果见表 6-2。

表 6-2　增钙活化尾矿制备的碱激发胶凝材料（砂浆）的强度

煅烧时尾矿中CaO/%	3d		28d	
	抗折强度/MPa	抗压强度/MPa	抗折强度/MPa	抗压强度/MPa
0	6.7	38.9	8.6	54.2
0.86	6.5	42.9	9.5	61.2
1.73	6.9	42.5	9.3	60.7
2.59	6.6	41.4	8.8	59.9
3.45	6.8	42.1	8.9	61.9
4.32	6.2	40.2	8.5	50.8

在本实验中，CaO 掺入原状尾矿粉体并混合均匀再入炉煅烧。为了与表 6-1 所示的掺钙量一致，在计算原状尾矿中 CaO 的掺量时考虑了尾矿的烧失量。由于该尾矿的烧失量为 13.7%，因此相对于表 6-1 所示的掺量，其 CaO 掺量要乘以 0.863 的系数。

由表 6-2 可知，相对于空白试样（CaO 掺量为 0%），增钙活化尾矿制备试样的强度明显提高，其 28d 抗压强度可提高约 6.0MPa。这种增强作用是否是由增钙并煅烧的协同作用引起的呢？比较表 6-1、表 6-2，可知煅烧后再增钙也能提高试样的强度，且这种增强效应与先增钙后煅烧完全相当，这说明煅烧与增钙并不存在叠加放大效应。

煅烧增钙与增钙煅烧具有相同的增强效应，印证了掺入的钙在煅烧过程中与尾矿间并无化学作用。因此，若有必要则增钙可在尾矿煅烧后进行。

6.1.2 易溶钙盐

本次实验对象为 $CaCl_2 \cdot 6H_2O$ 及 $Ca(NO_3)_2 \cdot 4H_2O$。

在初次实验时，计划按照 1%、2%、3%、4%、5%的掺量（扣除结晶水，占活化尾矿的质量百分比）进行实验，可成型时发现当掺量大于 1%时砂浆凝结过快，以致来不及成型。为此，钙盐的掺量重新设定为 0.25%、0.5%、0.75%和 1%。

分别掺入不同量 $CaCl_2 \cdot 6H_2O$、$Ca(NO_3)_2 \cdot 4H_2O$ 后，砂浆试样的强度见表 6-3。该表所示结果展示了如下规律：①分别掺 $CaCl_2 \cdot 6H_2O$ 与 $Ca(NO_3)_2 \cdot 4H_2O$ 的试样几乎具有完全相同的强度变化规律，这说明此掺量范围内这两种易溶钙盐不会因阴离子不同而对试样强度有不同影响，也说明对试样强度起作用的仅仅是 Ca^{2+}。②在该掺量范围内，这两种易溶钙盐对后期强度的提升作用有限，其增强作用主要体现在早期强度。③掺量过高（>0.5%），这两种易溶钙盐都不再起增强作用，试样因快凝反而表现为强度下降。

表 6-3 易溶钙盐［$CaCl_2 \cdot 6H_2O$、$Ca(NO_3)_2 \cdot 4H_2O$］对砂浆试样强度的影响

钙盐	掺量/%	3d		28d	
		抗折强度/MPa	抗压强度/MPa	抗折强度/MPa	抗压强度/MPa
—	0	6.8	38.8	8.7	50.4
$CaCl_2 \cdot 6H_2O$	0.25	6.9	43.2	8.7	51.5
	0.50	6.7	40.2	8.3	50.3
	0.75	6.0	29.7	7.7	47.7
	1.00	5.4	25.3	7.0	44.0
$Ca(NO_3)_2 \cdot 4H_2O$	0.25	6.7	44.5	8.6	50.5
	0.50	6.4	39.7	8.5	51.3
	0.75	5.8	30.4	7.4	46.7
	1.00	5.0	24.1	6.7	42.8

分别掺入这两种易溶钙盐后，试样的凝结时间变化见表 6-4。由表可知，这两种钙盐对凝结行为的影响几乎完全一样：不仅都表现为凝结时间随钙盐掺量的增加而显著缩短，而且同一掺量对应的凝结时间几乎相同，这再次说明易溶钙盐带入的 Ca^{2+} 是影响试样凝结硬化行为的主因。

表 6-4 易溶钙盐［$CaCl_2 \cdot 6H_2O$、$Ca(NO_3)_2 \cdot 4H_2O$］对净浆试样凝结时间的影响

凝结时间	空白浆体	$CaCl_2 \cdot 6H_2O$/%				$Ca(NO_3)_2 \cdot 4H_2O$/%			
		0.25	0.50	0.75	1.00	0.25	0.50	0.75	1.00
初凝/min	125	95	60	10	—	100	65	10	—
终凝/min	180	145	95	25	9	150	90	30	8

与 CaO 的促凝增强效果对比，发现这两种易溶钙盐具有更明显的促凝效果，但后两种的增强效果只体现于早龄期，这与它们不同的物理化学性质有关。这两种易溶钙盐的溶解度都很大［$Ca(NO_3)_2 \cdot 4H_2O$ 的溶解度为 84.5g，$CaCl_2 \cdot 6H_2O$ 的溶解度为 74.5g］，一旦与溶液接触，将很快溶于溶液而释放出 Ca^{2+}。在高碱条件下，Ca^{2+} 会立即生成 $Ca(OH)_2$，本来就属于微溶的 $Ca(OH)_2$ 因在高碱条件下溶解度降低而更容易析晶，这将使 Ca^{2+} 以 $Ca(OH)_2$ 沉淀赋存的过程持续进行，进而使溶液中局部 OH^- 浓度持续降低，诱发溶液中硅酸根离子的聚合并胶凝化[139]。沉淀的 $Ca(OH)_2$ 及因 OH^- 浓度降低而诱发的沉淀物都可以作为非均匀成核基体，诱导硅铝凝胶的生成。因此相比于 CaO，易溶钙盐的加入不仅同样可沉淀 $Ca(OH)_2$ 作为非均匀成核基体，而且会因其改变液相环境而额外提供沉淀物（水玻璃絮凝、沉淀）作为非均匀成核基体，再加上不排除 Ca^{2+} 与溶液中的硅铝组分或水玻璃溶间发生反应而生成低钙的水化硅酸钙或铝硅酸钙凝胶，这使得易溶钙盐的加入对浆体凝结时间的缩短作用更显著。正是因为其更显著的促凝作用，其掺量不能过高。也正是因为掺量过低，易溶钙盐因改变液相环境、诱发凝胶生成而对强度增长的贡献只能体现于早期。随着龄期的延长，硅铝质原料自身的溶解一聚合过程对强度增长将起主要作用，故不同掺量试样的后期强度并不随掺量的增加而表现为明显增长。

6.1.3 微溶钙的化合物

本次试验对象为 $Ca(OH)_2$ 及 $CaSO_4 \cdot 2H_2O$。$Ca(OH)_2$ 以 CaO 的形式计算掺量，而 $CaSO_4 \cdot 2H_2O$ 则扣除结晶水。

图 6-3 及表 6-5 分别为添加上述微溶物后试样的凝结时间及强度变化。与前述的 CaO 及易溶钙盐一样，试样的凝结时间都随掺量的增加而显著缩短，但凝结时间缩短至 10min 以内对应的掺量高于易溶钙盐而低于 CaO；掺量过高时因凝结过快转而使强度降低，但强度转折点对应的掺量高于易溶钙盐而低于 CaO。与易溶钙盐一样，掺入上述两种微溶钙的化合物的增强作用均只体现在早期。

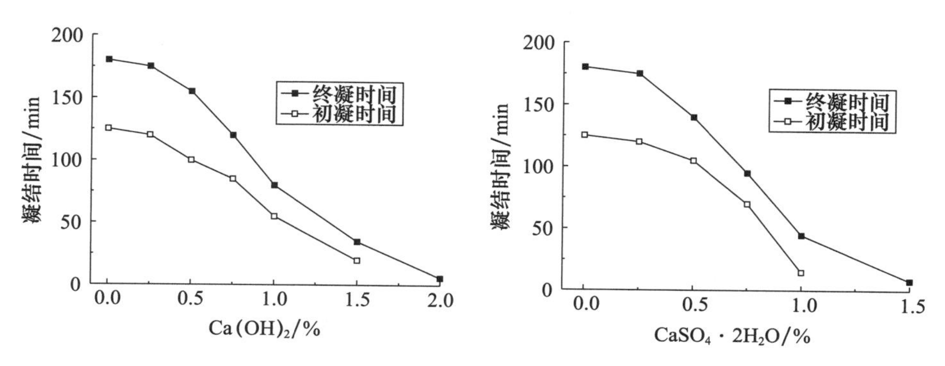

图 6-3 掺入微溶钙的化合物［$Ca(OH)_2$、$CaSO_4 \cdot 2H_2O$］对试样凝结时间的影响

表 6-5 微溶钙的化合物［$Ca(OH)_2$、$CaSO_4 \cdot 2H_2O$］对砂浆试样强度的影响

钙盐	掺量/%	3d		28d	
		抗折强度/MPa	抗压强度/MPa	抗折强度/MPa	抗压强度/MPa
—	0	6.7	37.9	8.5	51.1
$Ca(OH)_2$	0.25	7.0	43.3	8.5	52.5
	0.50	6.9	43.0	8.8	52.5
	0.75	6.9	43.8	8.6	52.9
	1.00	6.8	44.4	8.5	53.6
	1.25	6.7	40.4	8.8	51.0
	1.50	5.7	30.4	7.0	45.2
	2.00	2.5	10.5	3.7	15.0
$CaSO_4 \cdot 2H_2O$	0.25	7.0	42.5	8.6	51.8
	0.50	6.9	42.1	8.8	52.9
	0.75	6.8	43.2	8.7	51.5
	1.00	6.7	42.8	8.6	52.9
	1.25	6.0	31.8	7.0	42.8
	1.50	3.8	14.8	4.5	20.4

$Ca(OH)_2$与其他钙的化合物不同，其本来就已经以氢氧化物的形式存在，因此其既不与水作用也不会争夺溶液中的 OH^-，而仅仅涉及溶解过程。基于此，“沉淀的 $Ca(OH)_2$及因 OH^-浓度降低而诱发的沉淀物都可以作为非均匀成核基体”这一促进凝结时间缩短的因素不复存在。那么，试样凝结时间仍然显著缩短只能归因于“Ca^{2+}与溶液中的硅铝组分或水玻璃溶液间发生反应而生成低钙的水化硅酸钙或铝硅酸钙凝胶”。尽管 $Ca(OH)_2$的溶解度（0.17g）低而释放 Ca^{2+}的数量有限，但其可随时补充被消耗的 Ca^{2+}。由此可见，生成凝胶才是主导凝结时间缩短的主要因素，否则 $Ca(OH)_2$的促凝增强作用将无从体现。

因 Ca^{2+}与溶液中硅铝组分或水玻璃反应生成的凝胶对试样的微观结构也有所影响，故掺有 1% $Ca(OH)_2$的 3d 试样因凝胶填充孔洞、胶结颗粒而具有更致密的结构。

(a) 未掺$Ca(OH)_2$

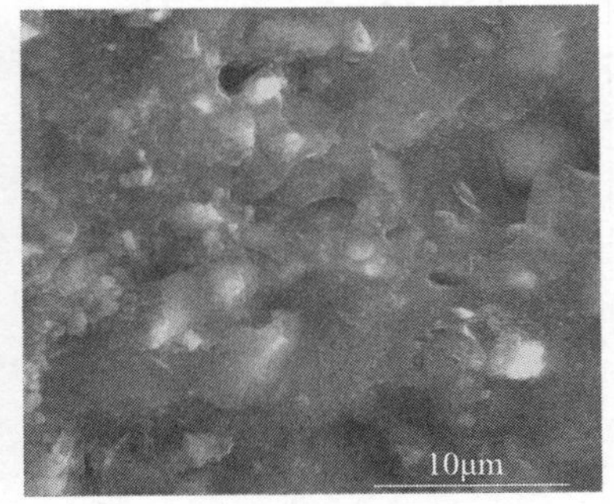

(b) 掺1%$Ca(OH)_2$

图 6-4 未掺及掺有 1.0% $Ca(OH)_2$的 3d 砂浆试样的 ESEM 照片

相比于 CaO，$Ca(OH)_2$ 的促凝作用更明显。尽管 $Ca(OH)_2$ 的促凝作用只能通过 Ca^{2+} 与溶液中的硅铝组分或水玻璃反应生成凝胶来体现，但 CaO 相比于 $Ca(OH)_2$ 多一个与水反应的过程，因此 CaO 对试样凝结的促进存在延后，也就是说即使在较高 CaO 掺量时试样也不会过快凝结。

相比于 $CaCl_2 \cdot 6H_2O$ 及 $Ca(NO_3)_2 \cdot 4H_2O$ 等易溶钙盐，$Ca(OH)_2$ 的促凝作用稍差。原因显而易见，易溶钙盐不仅会析晶 $Ca(OH)_2$ 还会改变液相环境而使可溶性硅沉淀，因此前两者较后者多一个非均匀成核基体的促进因素。尽管这一促进因素起次要作用，但其与生成凝胶的共同作用使易溶钙盐的促凝作用更明显。

$CaSO_4 \cdot 2H_2O$ 的溶解度为 0.26g，与 $Ca(OH)_2$ 处于同一水平，但前者的促凝作用较后者稍为显著。如前所述，尽管 $CaSO_4 \cdot 2H_2O$ 微溶，但溶解的 Ca^{2+} 会与溶液中的 OH^- 作用而沉淀为 $Ca(OH)_2$，并可能引起液相局部环境变化而导致可溶性硅沉淀，因此非均匀成核基体的促凝因素仍然起作用，这也就导致其促凝效果较 $Ca(OH)_2$ 的显著。由于 $CaSO_4 \cdot 2H_2O$ 微溶，Ca^{2+} 的释放速度肯定不及易溶钙盐的。因此，虽然 $CaSO_4 \cdot 2H_2O$ 具有与易溶钙盐相同的促凝机制，但它的促凝作用显然不及易溶钙盐明显。

6.1.4 难溶钙盐

6.1.4.1 低掺量

以分析纯化学试剂 $CaCO_3$ 的形式掺入，掺入碳酸钙后对试样强度及凝结时间的影响见表 6-6。

表 6-6 难溶碳酸钙对碱激发胶凝材料强度及凝结时间的影响

掺量/%	3d		28d		凝结时间/min	
	抗折强度/MPa	抗压强度/MPa	抗折强度/MPa	抗压强度/MPa	初凝	终凝
0	6.1	33.5	7.9	50.4	180	125
0.25	5.9	33.2	8.0	48.2	180	125
0.50	5.8	33.1	7.9	52.8	180	125
0.75	5.6	33.2	8.4	51.1	175	125
1.00	6.0	33.9	8.1	52.0	180	120
1.25	6.1	34.4	7.9	50.3	180	125
1.50	5.5	33.7	8.3	52.5	185	125
2.00	6.2	33.1	8.0	52.2	180	125
3.00	5.9	32.5	7.9	51.8	180	125

由表可知，掺入不多于 3%的碳酸钙，对试样强度及浆体凝结时间没有任何有利或不利影响。这是因为碳酸钙的溶解度极低，仅为 0.0013g，因此如前所述的形成非均匀成核基体、生成凝胶等促进凝结的因素对碳酸钙而言都不存在，或者更严格地说在低掺量范围内碳酸钙因溶解度过低，其形成成核基体、生成凝胶等促凝增强因素的作用

体现得不明显。根据上述表述，碳酸钙似乎对碱激发而言呈惰性，因此 Keig 等人认为碳酸钙主要发挥微骨料效应[48]。这正如图 6-5 所示的那样，在 28d 砂浆试样中可明显观察到碳酸钙颗粒，只不过其与周围的凝胶结合得较紧密。

(a) $CaCO_3$

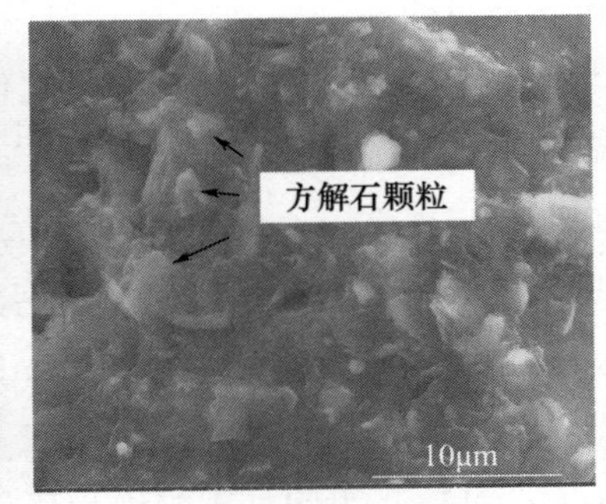

(b) 掺有3%$CaCO_3$的砂浆

图 6-5　$CaCO_3$及掺有 3% $CaCO_3$的 28d 砂浆试样的 ESEM 照片

上述实验表明，少量碳酸钙并不会改变碱激发胶凝材料的凝结硬化行为，因此掺碳酸钙的砂浆能够保持良好工作性能。正因如此，掺入 3%碳酸钙的砂浆其流动度仍然保持在 200mm 左右。另外，已有研究表明采用水玻璃激发石灰石粉，其 80d 抗压强度可达到 10MPa，这说明碳酸钙并非完全意义上的惰性组分[48]。为此，本实验还研究了高掺量条件下石灰石粉对碱激发胶凝材料强度、产物、结构的影响。

6.1.4.2　高掺量

表 6-7 为高掺量条件下石灰石粉对砂浆试样强度的影响。在该实验中，石灰石粉的掺量占活化尾矿与矿渣粉构成的复合粉体的质量百分比计。由表可知，随着石灰石粉掺量的增加，试样的 3d 及 28d 强度均下降。在本体系中，石灰石粉部分替代了活化尾矿和矿渣，强度下降虽然不能肯定其对于碱激发而言呈惰性，但至少说明其活性明显不如活化尾矿和矿渣。在碱激发条件下，石灰石粉的化学性质并不活泼，可由图 6-6 所示的 XRD 图谱得到印证。由图可知，在不同石灰石粉掺量、不同龄期试样中，均明显可见石灰石粉对应的特征峰，且随龄期的延长这一特征峰并没有明显弱化，这在一定程度上说明石灰石粉对碱激发而言其反应活性不高。

表 6-7　高掺量石灰石粉对砂浆试样强度的影响

掺量/%	3d		28d	
	抗折强度/MPa	抗压强度/MPa	抗折强度/MPa	抗压强度/MPa
0	6.7	37.9	8.3	54.5
5	6.1	35.7	8.0	52.7
10	6.3	34.6	7.9	47.5
15	6.2	33.8	7.2	42.6
20	4.8	28.8	6.9	40.0
25	4.3	26.7	6.3	35.5

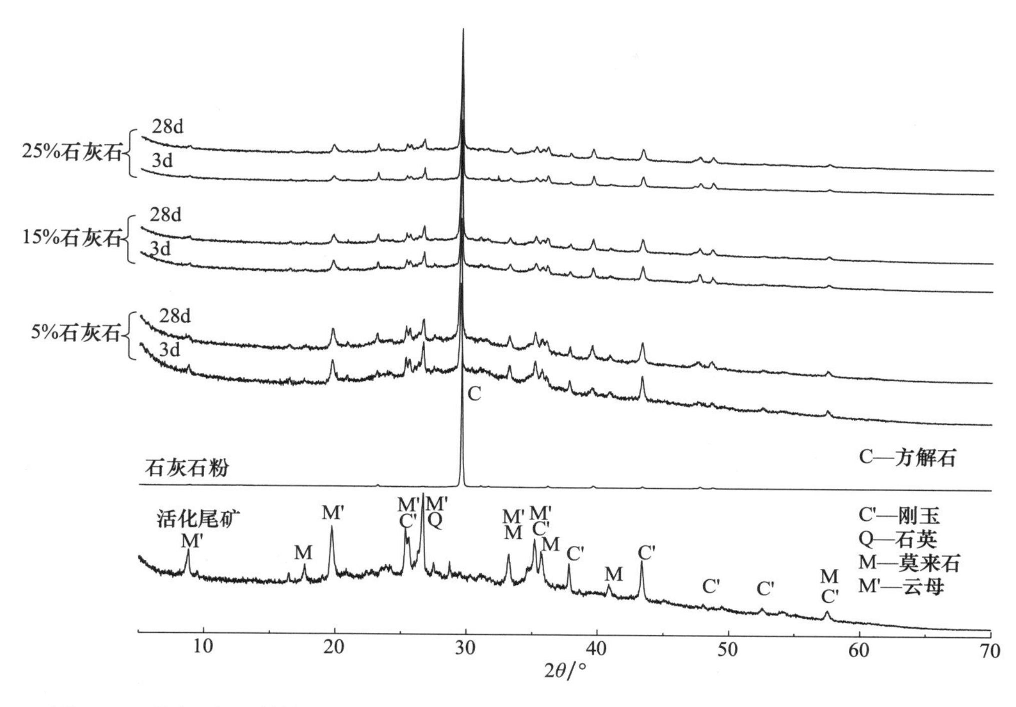

图 6-6　不同石灰石粉掺量试样的 XRD 图谱及其与活化尾矿、石灰石粉等原材料的对比

图 6-7 为掺 25%石灰石粉且水化 28d 试样的 Rietveld 拟合结果。由图可知，石灰石粉在该试样中的含量高达 40%以上。在活化尾矿中，数量较多的四种矿物为云母、莫来石、刚玉（α-三氧化二铝）及石英。在上述矿物中，云母属于层状矿物，尽管已有研究表明伊利石等层状矿物在碱溶液中会溶出硅、铝组分，但以之为原料制备的氢氧化钠（钾）激发胶凝材料的强度极低[202]。因此，推测同为层状硅酸盐矿物的云母虽然可能具有一定的碱激发反应活性，但参与碱激发反应的程度应该很低，因为在即使长达 6 年龄期的试样中仍然可观察到云母颗粒。其他三种矿物对碱激发而言均呈惰性，如同前文对高温养护及长龄期试样的组成研究时所发现的结果一样。尤其对于 Al_2O_3，已有研究结果表明即使将其磨细至纳米级，其在碱激发胶凝材料中仅仅起到微集料的致密化作用，在化学上的贡献不大[184]。因此，石灰石粉在该试样中计算含量远远高于设定掺量（25%）并不是因其他晶体矿物数量变少引起的。这种含量变高与 Rietveld 拟合的计算过程有关。在计算各矿物含量时扣除了非晶态物质，而石灰石粉的掺量是基于活化尾矿与矿渣粉构成的复合粉体掺入的，但活化尾矿中含有由高岭石脱水形成的无定形物质及矿渣中含有玻璃体，且水化试样中也含有凝胶等无定形物质，因此非晶态物质的扣除使石灰石粉的 Rietveld 拟合结果高于设定掺量值（25%）。但无论如何，都说明掺入的石灰石粉绝大部分仍然以方解石形式存在。

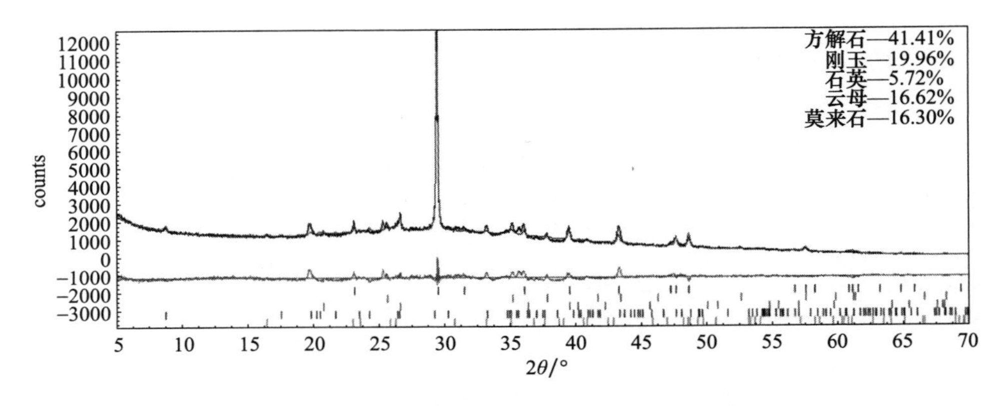

图 6-7 掺 25%石灰石粉试样（28d）的 Rietveld 拟合结果

掺入的石灰石粉绝大部分仍然以方解石形式存在，可由图 6-8 所示的 TG-DSC 曲线得到印证。对于不同掺量、不同龄期的试样，在 700～800℃范围内明显可见因石灰石粉分解而引起的吸热及失重特征。根据该温度范围内的失重量，可推算出石灰石粉在水化试样中的含量，再根据整个加热过程的失重量并结合胶凝材料的配比，可反推出这个石灰石粉含量对应的掺量。以掺 25%石灰石粉的 3d 试样为例，以 100g 入炉（综合热分析仪的样品炉）试样为计算基准，其石灰石粉分解引起的失重量为 5.566g，折算为石灰石粉为 12.650g；至升温结束（1000℃），剩余物质量为 85.237g；近似认为这部分剩余物不含任何水，那么根据质量守恒定律，这部分剩余物对应成型时各种固体组分，包括活化尾矿、矿渣粉（扣除烧失量）、水玻璃（扣除水）、石灰石粉（扣除 CO_2）；扣除石灰石粉（以 CaO 计）后，这部分剩余物的质量为 78.153g，由活化尾矿、矿渣粉（扣除烧失量）、水玻璃（扣除水）构成；成型试样时，添加了 30%水玻璃（以其固体计，扣除了其带入的水），则这部分剩余物中活化尾矿与矿渣粉（扣除烧失量）质量为 60.118g；复合粉体由 75%活化尾矿及 25%矿渣粉构成，矿渣粉烧失量为 1.3%，则剩余物中活化尾矿与矿渣粉质量为 60.314g；最终反推出石灰石粉的掺量为 21.0%（占活化尾矿与矿渣粉构成的复合粉体的质量百分比）。

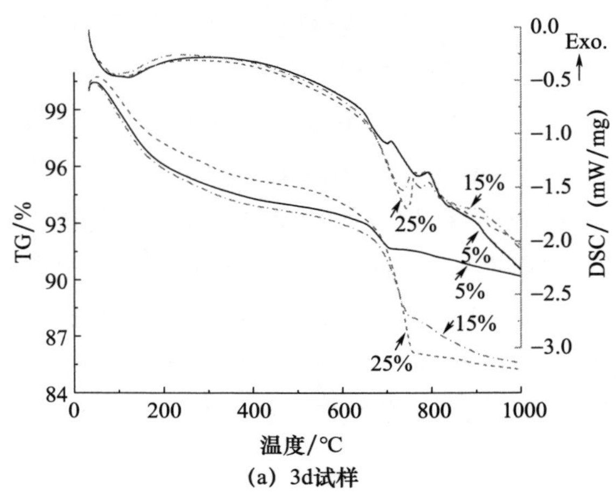

(a) 3d试样

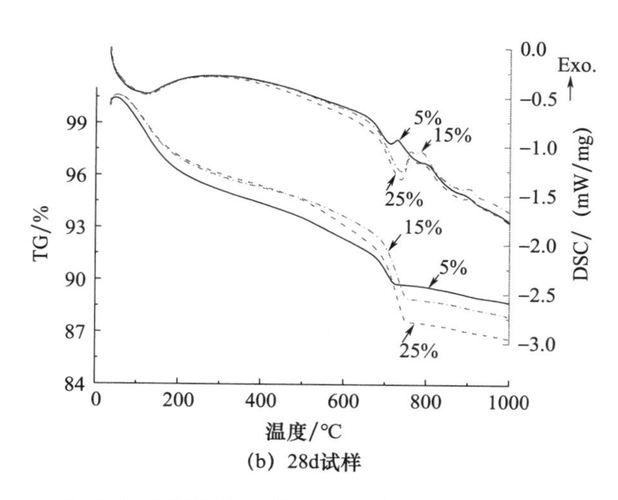

(b) 28d试样

图 6-8 不同石灰石粉掺量试样的 TG-DSC 曲线

表 6-8 为根据 TG 曲线计算出的石灰石粉掺量。与设定掺量对比，发现计算掺量与设定掺量很接近，这再次说明石灰石粉对于碱激发反应不活泼。由该表还发现，长龄期试样的石灰石粉掺量计算值要比短龄期的更接近设定值，这主要是因为随着龄期的延长生成了更多硅铝凝胶，而这种凝胶键合有在较高温度下才能脱除的羟基。因此，在石灰石粉分解温度范围内脱除的羟基引起的质量损失也被当成了由 CO_2 释放引起的，即长龄期试样的石灰石粉掺量计算值被放大。但这种放大的程度有限，因为未掺石灰石粉的试样在较高温度阶段的失重曲线已经变得很平缓，即此阶段由脱水引起的失重很小。

表 6-8 石灰石粉计算掺量与设计掺量的对比

设计掺量/%	计算值/%	
	3d	28d
5.0	3.7	4.7
15.0	12.5	13.7
25.0	21.0	21.1

图 6-9 为不同石灰石粉掺量、不同龄期试样的 FTIR 图谱。在该图中，位于 1430cm^{-1}、875cm^{-1}、713cm^{-1}附近的吸收谱带对应石灰石粉中 CO_3^{2-} 的振动[104]。随着石灰石粉掺量的增加，$CO_3{}^{2-}$ 振动对应的吸收谱带越发明显，且相同掺量时随龄期延长上述特征谱带并没有明显变化，这在一定程度上也说明石灰石粉对于碱激发反应的不活泼。

石灰石粉对于碱激发反应的不活泼必然在硬化体的微观结构上有所体现。如图 6-10 所示，当石灰石粉掺量高达 25%时，即使石灰石颗粒小至数微米，其在早龄期试样中仍然明显可见，且其与周边凝胶结合得并不紧密，以致能观察到断面上石灰石颗粒被拔出后留下的规则坑洞［图 6-10（a）］。这说明在早期石灰石粉几乎不参与碱激发反应，仅仅起到骨料的作用。因此，石灰石颗粒虽然可发挥微骨料作用，但其与凝胶间结合得不紧密，导致了掺 25%石灰石粉试样的 3d 强度显著下降。

随着龄期的延长，硅铝凝胶增多，石灰石小颗粒被包裹，此时已经观察不到裸露的小颗粒［图 6-10（b）］。

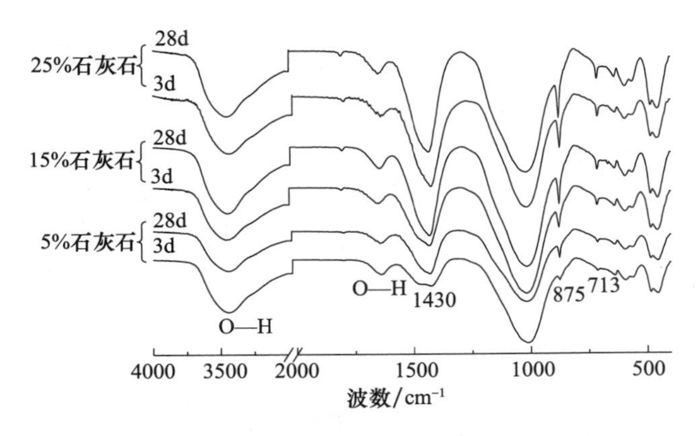

图 6-9　不同石灰石粉掺量试样的 FTIR 图谱

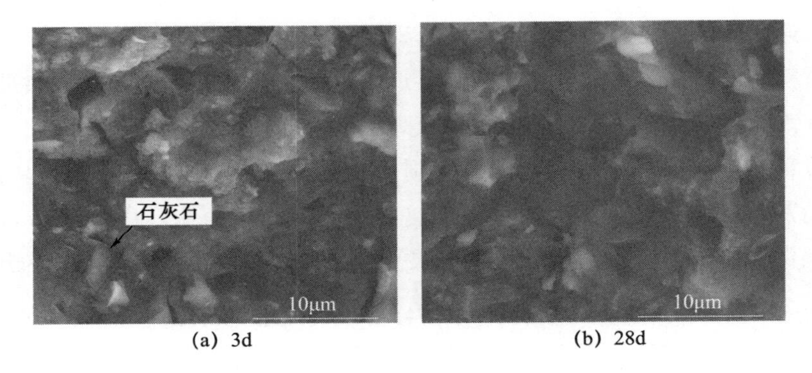

(a) 3d　　(b) 28d

图 6-10　掺有 25%石灰石粉的 3d 及 28d 砂浆试样的 ESEM 照片

在 28d 试样中尽管石灰石小颗粒被凝胶包裹，但仍可见数十微米的大颗粒分布于凝胶中［图 6-11（a）］，并且这些大颗粒与凝胶间的界面明显，这导致掺 25%石灰石粉试样的 28d 强度仍然很低。然而，并不是所有大颗粒的表面均光滑如初，某些颗粒表面附着了不少水化产物［图 6-11（c）］。EDS 分析表明［图 6-11（b）中的 A 点］，其主要成分为 O（65.2%）、C（23.2%）、Ca（6.5%）、Si（1.7%）、Na（1.7%）、Al（1.2%），证实了附着物为硅铝凝胶。事实上，对掺有 25%石灰石粉的水玻璃激发偏高岭土基胶凝材料的 SEM 观察表明，在高硅、高铝、低钙的凝胶中还存在着高钙的硅铝凝胶微区（约 2μm），证实石灰石粉有可能释放出 Ca^{2+} 并参与碱激发反应，但这种化学作用很微弱，石灰石粉还是主要起微骨料填充作用[203]。

表 6-9 为不同石灰石粉掺量的 3d、28d 试样的孔隙率。尽管石灰石粉反应活性不高，但其粉体很细，其微骨料填充效应使低掺量试样的孔隙率甚至有少许降低。然而在大掺量条件下，因引入了过多过细粉体，早龄期试样的孔隙率有所上升。对于大掺量、长龄期试样，因产物对孔隙的填充作用，且大颗粒石灰石粉表面覆盖有水化产物，

其孔隙率又降低至正常水平。掺石灰石粉试样孔隙率的这种变化规律，再次印证了其主要起微骨料填充作用。

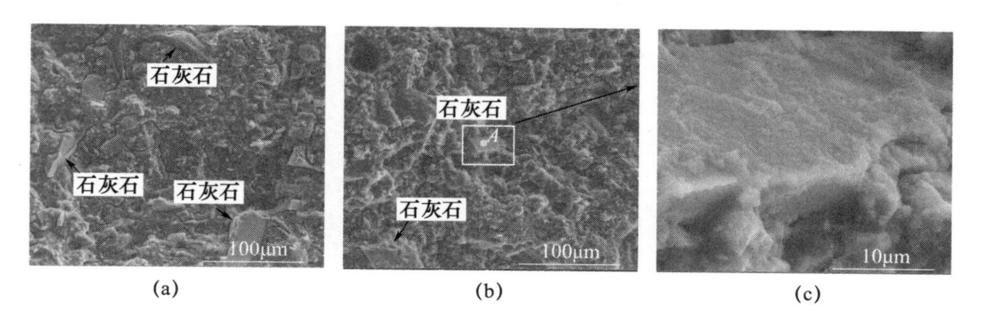

(a) (b) (c)

图 6-11 掺有 25%石灰石粉的 28d 砂浆试样中石灰石粉大颗粒的 ESEM 照片

表 6-9 掺入石灰石粉对试样孔隙率的影响

掺量/%	孔隙率/%	
	3d	28d
0	16.9	15.9
5.0	16.5	15.1
10.0	16.8	15.0
15.0	17.0	15.6
20.0	18.6	15.5
25.0	17.5	15.3

掺入过多石灰石粉会导致早龄期试样孔隙率变大，可由孔径分布曲线得到印证。如图 6-12 所示，掺入 25%石灰石粉的 3d 试样，其孔径分布曲线中明显可见数十微米的大孔分布，而这种孔将显著有害于强度，因此该试样的强度明显偏低。随着碱激发反应的进行，越来越多的产物将填充孔洞，因此 28d 试样中这种大尺寸孔的分布明显变弱。尽管高掺量、长龄期试样同样致密，但由于活性组分（活化尾矿、矿渣）变少，因此其 28d 强度明显低于空白样及低掺量试样的。

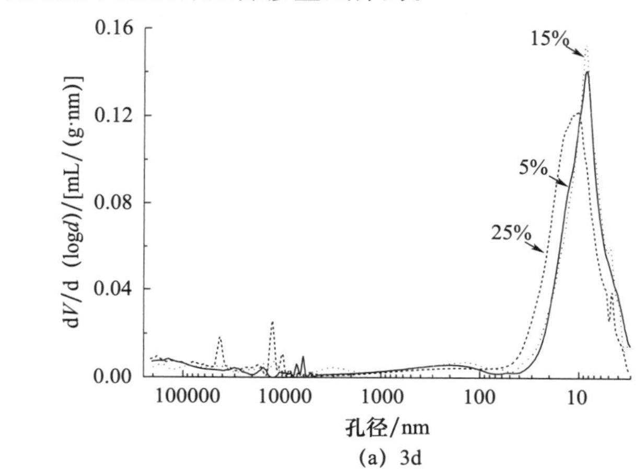

(a) 3d

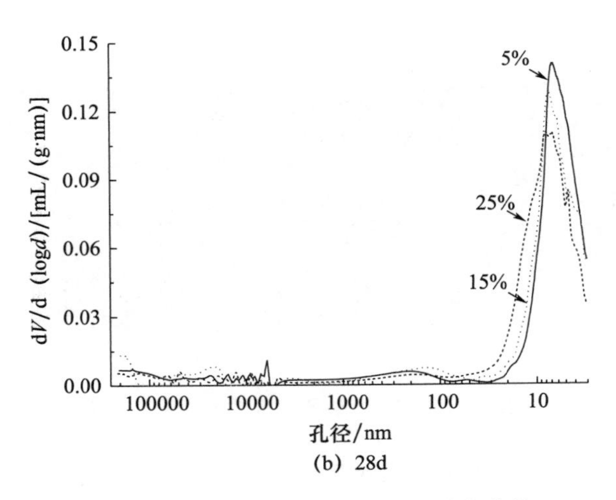

(b) 28d

图 6-12 掺石灰石粉试样的孔径分布曲线

对于掺石灰石粉的早龄期试样，尤其是掺有 25%石灰石粉的 3d 试样，在无水乙醇中浸泡两周并在 65℃下真空烘干 24h 后，明显可见试样表面附着一层针状的白色晶体。用 ESEM（图 6-13）观察发现，这些晶体为箭头状，长 100～200μm，宽数微米。EDS 分析表明，其成分主要为 O（55%）、Na（22.7%）、C（16.5%），这表明该白色晶体有可能是碳酸钠。由于该白色晶体析出的数量还不足以采用 XRD 对其进行成分分析，只能采用诸如热分析、红外光谱等辅助手段进一步确认其成分。对其进行 TG-DSC（图 6-14）分析，发现其在 851.6℃附近存在一明显吸热峰，这对应碳酸钠的熔化[104]；对其进行 FTIR（图 6-15）分析，其在 1439cm^{-1}、880cm^{-1}、700cm^{-1}处存在明显吸收谱带，这对应碳酸钠的振动特征[104]。上述证据证实该白色晶体确实为碳酸钠。

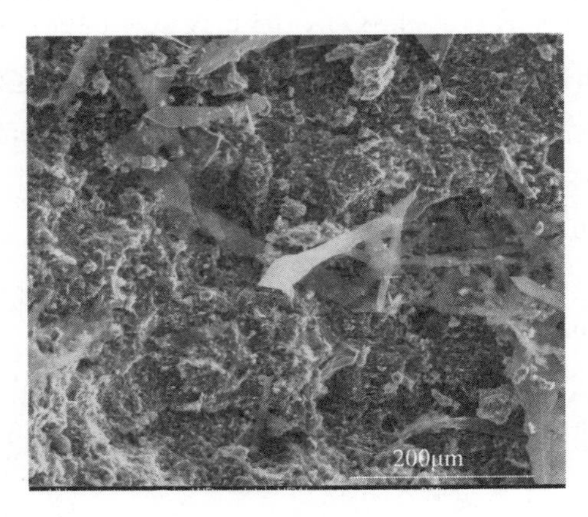

图 6-13 掺有 25%石灰石粉的 3d 试样终止水化、烘干后表面白色晶体的 ESEM 照片

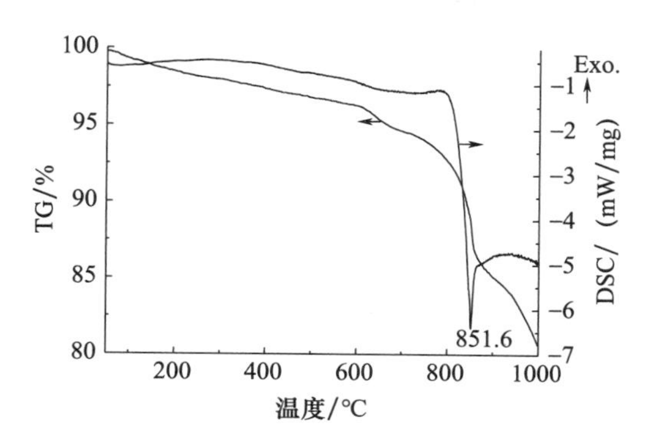

图 6-14 掺有 25%石灰石粉的 3d 试样终止水化、烘干后表面白色晶体的 TG-DSC 曲线

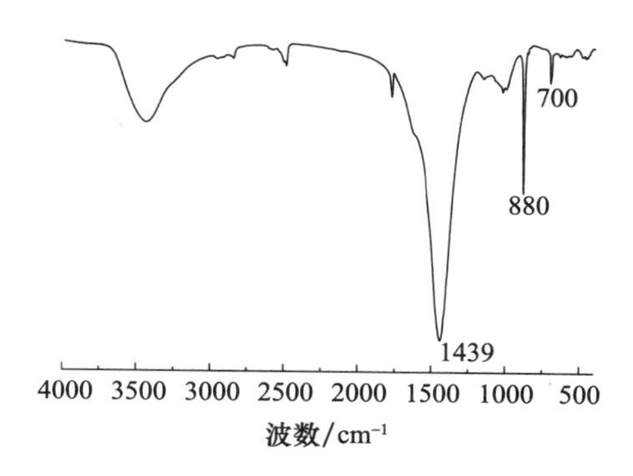

图 6-15 掺有 25%石灰石粉的 3d 试样终止水化、烘干后表面白色晶体的 FTIR 图谱

为什么在 3d 试样中观察到明显的碳酸钠晶体析出，而在 28d 试样中没有观察到此现象？唯一的解释就是石灰石粉对碱激发而言其反应活性不强烈。那么当掺入石灰石粉替代部分粉体后，碱激发胶凝材料中需要消耗水玻璃的硅铝质原料数量相应减少了。因此，相对于“75%活化尾矿＋25%矿渣粉＋30%水玻璃”的较优化配比，在掺石灰石粉的体系中水玻璃就是过量的，并且在早期由于反应程度有限而对水玻璃的消耗有限，导致 3d 试样中有不少硅酸钠仍然以水玻璃形式存在。另外，在水玻璃中添加无水乙醇，因无水乙醇对水分子的争夺使水玻璃浓缩而出现分层，且当无水乙醇过量时甚至会使下层浓缩的水玻璃溶液失去流动性而沉淀为固体[211]。在本实验中，由于采用无水乙醇浸泡试样而终止其水化，因此无水乙醇是过量的。那么，在 3d 试样中仍然存在的较多水玻璃将沉淀于试样的孔洞及表面。又由于水玻璃极易碳化，尽管采用了真空干燥，沉淀的水玻璃还是因碳化而生成碳酸钠。对于 28d 试样，由于硅铝聚合反应持续了较长时间，水玻璃被大量消耗。虽然试样中还有剩余的水玻璃，但其量不足以在终止水化、烘干后试样的表面形成明显的碳酸钠析晶。

6.2 钙的促凝增强作用机制

如前所述，碱激发胶凝材料掺钙后在宏观上表现为凝结时间的缩短及强度的提高，可归因于形成非均匀成核基体及生成凝胶这两大机制。对于非均匀成核基体的机制又可细分为：①与水反应生成新的物质并以晶体形式析出，析出的晶体作为非均匀成核基体；②与 OH^- 作用生成 $Ca(OH)_2$，且因高碱条件下 $Ca(OH)_2$ 溶解度低而析出，析出的晶体作为非均匀成核基体；③因液相局部 pH 值降低而诱发溶液中可溶性硅聚合并沉淀，沉淀物作为非均匀成核基体。第③点为第②点的连锁反应。由此可见，形成非均匀成核基体及生成凝胶都涉及化学过程，而只要是化学过程，必然伴随着能量的变化，这为利用微量热仪研究钙的促凝增强作用机制提供了可能。

6.2.1 碱激发胶凝材料的水化放热

在本实验中，所有钙源均为化学试剂，掺钙量都设定为3%（占活化尾矿的质量百分比）。按照“75%活化尾矿（含3%氧化钙或钙的化合物）+25%矿渣粉”的比例称取500g粉体，密封于塑料罐，并在混料机中持续混料24h；取1g充分混合的粉料，按照水灰比2.0、水玻璃用量30%（占粉体质量百分比，扣除了其水，其含水量为53.26%）加入水玻璃溶液。

图6-16为未掺钙的碱激发胶凝材料的水化放热速率曲线。在该水化放热速率曲线中，出现了三个放热峰。第一放热峰，源于溶液对原料颗粒的润湿及溶解；第二放热峰，源于溶解出来的微量 Ca^{2+} 与溶液中（聚）硅酸根离子间的反应；第三放热峰，源于碱激发反应[7,205]。由该结果可知，碱激发胶凝材料反应非常迅速，其主要发生在5h内。

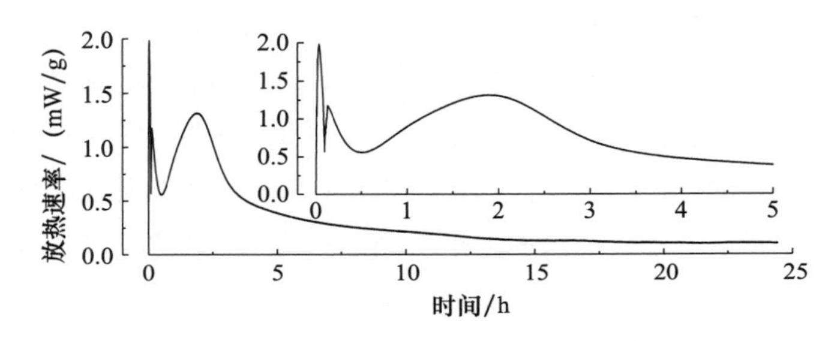

图6-16 碱激发胶凝材料的水化放热速率

在该胶凝材料中掺入钙后，其水化放热情况将有所不同。图6-17为掺钙对碱激发胶凝材料水化放热速率的影响。在本实验中，$Ca(OH)_2$ 以CaO计算掺量，而 $CaCl_2 \cdot 6H_2O$、$Ca(NO_3)_2 \cdot 4H_2O$ 及 $CaSO_4 \cdot 2H_2O$ 等含结晶水的钙盐则扣除了水。由图可知，添加CaO后碱激发胶凝材料的三个放热峰消失，合为一个强烈放热峰，对应CaO与水反应生成 $Ca(OH)_2$ 的放热；添加 $CaCl_2 \cdot 6H_2O$ 后，仅出现一个放热峰，对应 $CaCl_2 \cdot 6H_2O$ 的溶解放热；添加 $Ca(NO_3)_2 \cdot 4H_2O$ 后，反而出现一吸热峰，对应 $Ca(NO_3)_2 \cdot 4H_2O$ 的溶解吸热；添加 $Ca(OH)_2$ 后，出现双峰，第一放热峰对应溶解放热，第二放热峰对应 Ca^{2+} 与水玻璃间的反应生成水化硅酸钙凝胶；添加 $CaSO_4 \cdot 2H_2O$ 后，除溶解放热峰外仍然可观察到碱激发反应持续较长时间的放热峰；添加 $CaCO_3$ 后，试样的放热行为与 $CaSO_4 \cdot 2H_2O$ 的相似。

对于 $CaCl_2 \cdot 6H_2O$、$Ca(NO_3)_2 \cdot 4H_2O$ 等易溶钙盐及CaO，并未在相应试样中观察到碱激发反应的持续放热，其原因可能为前两者的溶解吸/放热及CaO与水反应放热太过剧烈。吸/放热量太大（绝对值大于10mW/g），而碱激发反应放热仅约为1mW/g，这有可能导致碱激发反应的微量放热被掩盖。事实上，即使对放热速率曲线进行局部放大处理，在掺有上述钙盐及氧化钙的试样中也未能观察到碱激发反应引起的曲线隆起。

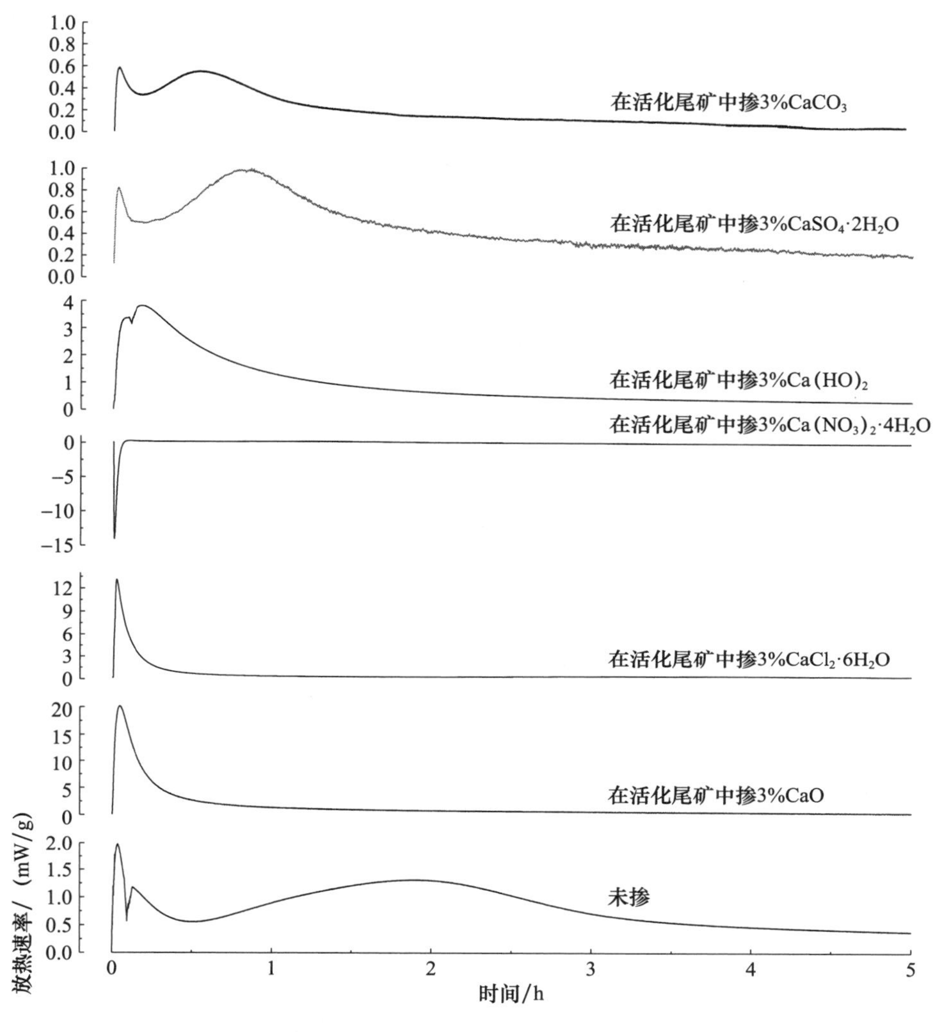

图 6-17　掺钙对碱激发胶凝材料水化放热速率的影响

$CaCl_2\cdot 6H_2O$ 及 $Ca(NO_3)_2\cdot 4H_2O$ 溶解迅速，其溶解的部分 Ca^{2+} 立即与 OH^- 作用，生成 $Ca(OH)_2$ 并沉淀于溶液中，同时有部分与水玻璃作用生成凝胶。上述两个过程极为迅速，故在相应试样的水化放热速率曲线中并未观察到上述反应引起的另一个吸/放热峰，而是与溶解吸/放热合并为一个峰。观察其吸/放热峰的峰形发现，峰宽很窄，这证实了上述过程确实很迅速，不会持续较长时间。$CaCl_2\cdot 6H_2O$ 及 $Ca(NO_3)_2\cdot 4H_2O$ 与溶液中 OH^- 的这种强烈键合，会显著降低液相中局部 OH^- 浓度，进而使聚硅酸根离子失稳而聚合为凝胶[37]，这无疑也会造成试样快凝。

对比分别掺 CaO 及 $Ca(OH)_2$ 试样的放热行为，发现两者有明显区别。掺 CaO 试样的在初始阶段的放热更为剧烈，这是因为 CaO 与水的作用。掺 CaO 试样中并未观察到第二放热峰，其原因可能有两个：①第二放热峰太过低矮，被 CaO 与水作用的强烈放热掩盖；②CaO 与水作用，消耗水而使液相局部碱性增强，这抑制了 $Ca(OH)_2$ 溶解

而释放出 Ca^{2+}，相应地 Ca^{2+} 与水玻璃间的作用受到一定抑制，从而表现为第二放热峰不明显。

同为微溶的 $Ca(OH)_2$ 与 $CaSO_4 \cdot 2H_2O$，两者的放热速率曲线却有所不同。虽然两者的放热都会持续至数小时，但掺后者的试样放热更微弱，因此碱激发反应对应的微弱放热就能表现出来。$CaSO_4 \cdot 2H_2O$ 相对于 $Ca(OH)_2$，多了一个溶解的 Ca^{2+} 与溶液中的 OH^- 作用沉淀为 $Ca(OH)_2$ 的过程［$Ca(OH)_2$ 的溶解度比 $CaSO_4 \cdot 2H_2O$ 的溶解度低］，该过程可能作用于 $CaSO_4 \cdot 2H_2O$ 对试样凝结行为的影响。

6.2.2 水玻璃溶液掺钙的吸/放热及反应产物

在掺钙碱激发胶凝材料的水化热实验中，不排除粉体原料释放的 Ca^{2+} 对结果的干扰，况且因掺钙而生成的低钙硅比水化硅酸钙凝胶与碱激发反应生成的硅铝凝胶并不能区分。另外，无论是形成非均匀成核基体还是生成凝胶的作用机制，都涉及钙与水玻璃溶液间的作用。为此，进行了水玻璃溶液中掺钙实验，在排除粉体原料影响的条件下观察钙与水玻璃间的作用。实验内容包括观察水玻璃溶液中掺钙后的吸放热特征、电导率变化及滤渣的组成、显微形貌等。

在本实验中，按照“75％活化尾矿（掺钙 3％）＋25％矿渣粉＋30％水玻璃”、水灰比 2.0 的参数称取含钙物质、粉体、水玻璃及水。例如，称取 2.25g 含钙物质，则对应 100g 活化尾矿/矿渣复合粉体，需 30g 水玻璃（扣除了水）及 200g 水。模数为 2.0 的水玻璃溶液含水量为 53.26％，因此仅仅是水玻璃溶液中的水还不足以满足设定水灰比。为此，不足的水事先补足于水玻璃溶液中，那么 2.25g 含钙物质则对应 230g 水玻璃稀释溶液。$Ca(OH)_2$ 以 CaO 计算掺量，而 $CaCl_2 \cdot 6H_2O$、$Ca(NO_3)_2 \cdot 4H_2O$ 及 $CaSO_4 \cdot 2H_2O$ 等含结晶水的钙盐则扣除了水。

在水玻璃溶液掺钙的吸/放热实验中，模拟了碱激发胶凝材料水化热实验的条件。在碱激发胶凝材料的水化热实验中，称取的 1g 充分混合物料中含 0.75g 活化尾矿，掺钙量设定为 3％（占活化尾矿的质量百分比），则对应 0.0225g 含钙物质。为了便于称取，在水玻璃溶液掺钙实验中含钙物质的质量放大了 10 倍，故称取 0.225g。为了与碱激发胶凝材料水化热实验的液相环境相同，按照水灰比为 2.0、水玻璃用量 30％（占粉体质量百分比，扣除了其水，其含水量为 53.26％）称取了 2.3g 水玻璃稀溶液（含有 0.3g 硅酸钠）。

在电导率测定实验中，事先称取 230g 水玻璃稀溶液，并将电导率仪的电极浸入溶液中，同时用电磁搅拌机搅拌溶液。待电导率稳定后，读取水玻璃溶液的电导率作为初始值。在搅拌状态下，将 2.25g 含钙物质（粉体）加入水玻璃稀溶液，立即计时，每 10s 记录一次电导率。

在获取水玻璃溶液掺钙后的滤渣实验中，称量 2.25g 含钙物质加入到 230g 水玻璃中，分别搅拌 2min、4min、6min、8min、10min 后，采用中速滤纸立即抽滤，并用去离子水冲洗滤渣 3 次，以洗去水玻璃及可溶的含钙物质，而后用无水乙醇冲洗 1 次，以带走滤渣中的水。整个抽滤过程在 4min 内完成。抽滤完成后，滤渣立即置入 65℃的真空干燥箱中烘干 24h。烘干滤渣用于形貌观察及 XRD、TG-DSC、FTIR 等分析。

6.2.2.1 吸/放热行为

图 6-18 为水玻璃中掺钙后溶液的放热速率曲线及其与水中掺钙的对比。

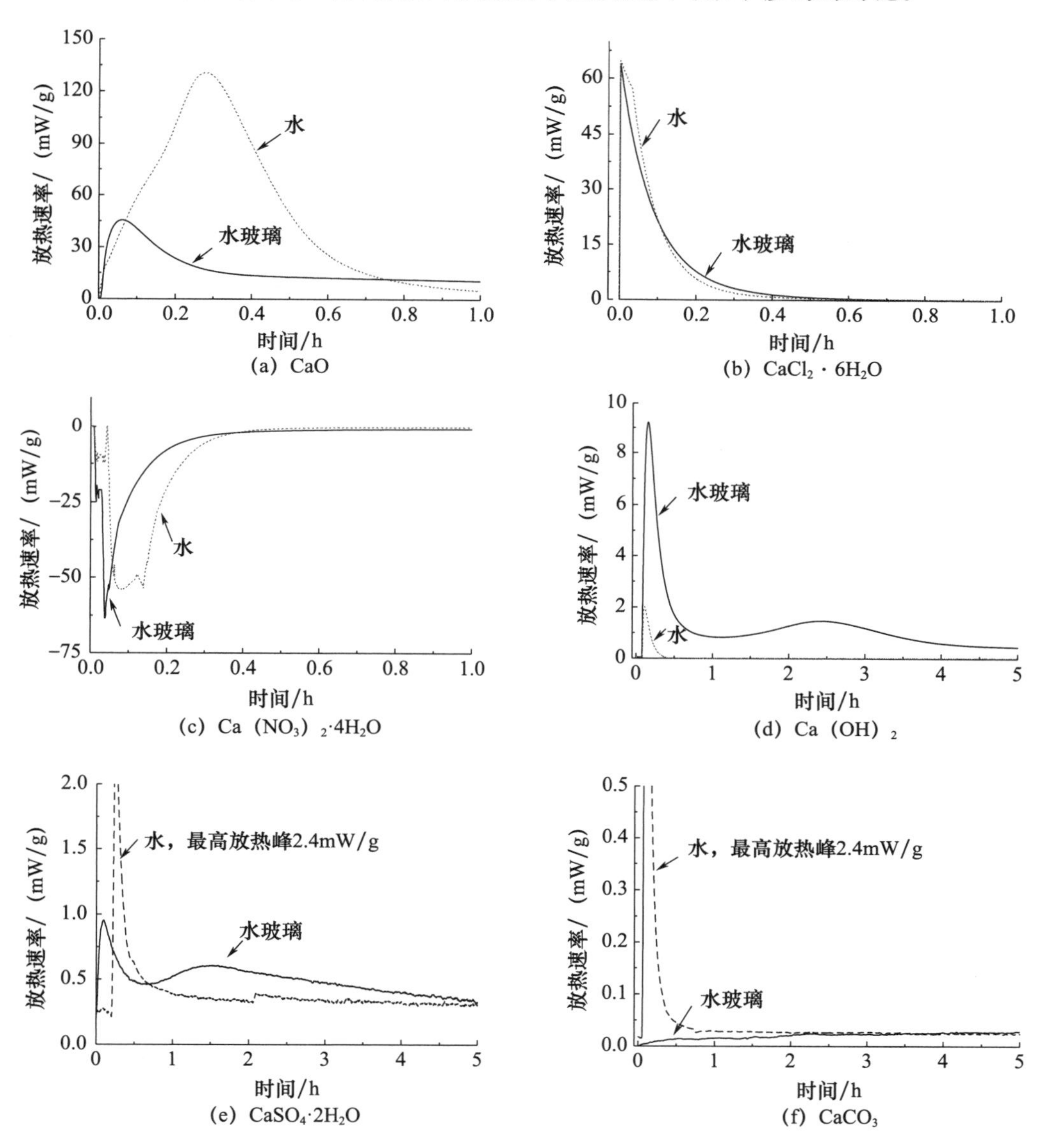

图 6-18 水玻璃中掺钙后溶液的放热速率曲线及其与水中掺钙的对比

与 CaO 加入水中后获得的对称性放热峰不同，加入水玻璃后获得的放热峰在达到极值后缓慢下降并延续数十分钟，这表明除氧化钙与水反应放热外还有其他放热贡献。这种放热极有可能来源于释放的 Ca^{2+} 与水玻璃作用生成凝胶，但因 Ca^{2+} 数量有限

[$Ca(OH)_2$溶解度很低]，这种放热还不足以形成单独的放热峰。另外，CaO加入水玻璃后的放热峰明显低于加入水的放热峰。在本实验中，水是足量的（0.225g CaO完全反应仅需0.07g水）。因此，在具有相同水量（2.0g水）的前提下，按照常理CaO将完全反应生成$Ca(OH)_2$。然而，水玻璃中的水不同于自由水，其所含的水部分键合于胶团、部分以Na^+的水化膜存在，并且覆盖在CaO颗粒表面的凝胶有可能抑制CaO与水的反应，这使掺入水玻璃中的CaO有可能不能完全反应，进而表现为放热量低于在水中的放热量。根据CaO加入水玻璃后的放热行为及与水中放热行为的对比，可推断生成的$Ca(OH)_2$作为非均匀成核基体是导致浆体凝结加速的主导因素，并有可能存在生成凝胶的作用。

对于易溶的$CaCl_2 \cdot 6H_2O$和$Ca(NO_3)_2 \cdot 4H_2O$，其加入水玻璃溶液后吸/放热行为与加入水中的非常相似，这表明溶解是主导过程，或者说速度极快的溶解过程、释放的Ca^{2+}与水玻璃作用过程几乎同时进行，进而仅表现为一个显著的吸/放热峰。需要指出的是，由于$CaCl_2 \cdot 6H_2O$和$Ca(NO_3)_2 \cdot 4H_2O$的吸/放热如此剧烈，这有可能掩盖Ca^{2+}与水玻璃作用的放热。根据$CaCl_2 \cdot 6H_2O$和$Ca(NO_3)_2 \cdot 4H_2O$加入水玻璃后的放热行为及与水中放热行为的对比，可推断释放的Ca^{2+}与OH^-作用而沉淀的$Ca(OH)_2$作为非均匀成核基体似乎是试样凝结时间显著缩短的主因，因为除溶解热外并无其他明显热量变化。

$Ca(OH)_2$与前述几种含钙物质都不同，其加入水玻璃后不仅在早期出现一明显放热峰外，后期还出现了一微弱但持续时间较长的放热峰。$Ca(OH)_2$的赋存形式决定其加入后不会与溶液中的OH^-键合，而仅为溶解并释放出Ca^{2+}。尽管高碱条件下$Ca(OH)_2$的溶解更有限，但由于其与溶液中（聚）硅酸根离子作用生成凝胶而促进了其溶解，因此其在水玻璃中溶解放热峰较在水中的更明显（这种放热也许有Ca^{2+}与水玻璃作用生成凝胶的贡献）。正是由于$Ca(OH)_2$溶解有限，使其与水玻璃间反应持续时间长，以致在后期也能观察到反应放热峰。根据$Ca(OH)_2$加入水玻璃后的放热行为及与水中放热行为的对比，可推断释放的Ca^{2+}与水玻璃间作用生成凝胶是促进试样凝结的主要机制。

同为微溶的$CaSO_4 \cdot 2H_2O$，其加入水玻璃后与$Ca(OH)_2$的相似，但其初始放热并不如水中的明显。其主要原因在于$CaSO_4 \cdot 2H_2O$较$Ca(OH)_2$多了溶解并生成$Ca(OH)_2$的过程，而与这一过程同时进行的“Ca^{2+}与水玻璃间作用生成凝胶”会使硫酸钙颗粒表面覆盖一层凝胶，从而使溶解、生成$Ca(OH)_2$的过程受到抑制，因此其在水玻璃中的放热反而不如在水中的放热明显。根据$CaSO_4 \cdot 2H_2O$加入水玻璃后的放热行为及与水中放热行为的对比，可推断形成非均匀成核基体及生成凝胶是促进浆体加速凝结的共同因素。

对于同样涉及溶解并生成$Ca(OH)_2$过程的$CaCl_2 \cdot 6H_2O$和$Ca(NO_3)_2 \cdot 4H_2O$，其加入水玻璃后在后期为什么没有观察到微弱、持续放热？在本实验设定的碱浓度下，从某种意义上讲，添加 $CaCl_2 \cdot 6H_2O$ 和 $Ca(NO_3)_2 \cdot 4H_2O$ 就相当于添加 $Ca(OH)_2$，因为这两种钙盐溶解度非常高。具体而言，在 0.225g 钙盐与 2.0g 水条件下，其能完全溶解并立即与溶液中 OH^- 作用生成 $Ca(OH)_2$，自此之后其作用机制应该与 $Ca(OH)_2$ 的相同。然而，正是因为其与溶液中 OH^- 作用而导致液相局部环境变化（pH 值降低），这有可能导致溶液中的可溶性硅聚合、沉淀，进而覆盖在 $Ca(OH)_2$ 表面，故其在后期的溶解受到限制，因此也就未能观察到后期的放热行为。如前所述，$CaCl_2 \cdot 6H_2O$ 和 $Ca(NO_3)_2 \cdot 4H_2O$ 剧烈的溶解放热也有可能掩盖这种后期放热行为。

难溶的 $CaCO_3$ 掺入水玻璃后未见任何放热行为，这与其溶解度极低有关。因此，碳酸钙加入碱激发胶凝材料中其化学效应微弱，主要起物理填充作用。

6.2.2.2　水玻璃溶液掺钙后电导率变化

如前所述，加入的氧化钙及钙的化合物或多或少地都会释放出 Ca^{2+}，且还会与溶液中的 OH^- 作用生成微溶的 $Ca(OH)_2$，并有可能使（聚）硅酸根离子聚合、沉淀，即加入的氧化钙及钙的化合物会改变液相中离子浓度。这种离子浓度的改变一定会引起溶液电导率的变化。因此，进行水玻璃溶液中掺钙后其电导率测定实验，以印证放热行为分析时的陈述。

图 6-19 为水玻璃溶液中加入钙的化合物溶液/悬浮液、粉体后其电导率的经时变化。由图可知，当钙以粉体形式加入水玻璃时，即使是易溶的钙盐（如氯化钙、硝酸钙），溶液的电导率在初期稍有变大后几乎不变，即说明一旦有 Ca^{2+} 进入溶液，要么立即沉淀为 $Ca(OH)_2$，要么立即与水玻璃反应生成凝胶，即释放的 Ca^{2+} 不会对溶液的离子浓度有任何贡献。但由于钙的化合物带入的相应阴离子补充，加入含钙物质后溶液的电导率总体上较水玻璃溶液的初始电导率大。当将含钙物质的溶解过程提前至添加入水玻璃之前，即钙以溶液或悬浮液的形式加入时，在 10s 内溶液的导电率就显著下降且随后几乎保持不变，这说明 Ca^{2+} 与水玻璃间的反应极其迅速，且生成了较大颗粒且移动较慢的凝胶。上述这种导电率变化规律恰恰印证了 Ca^{2+} 与水玻璃间存在的化学作用，这种作用必然体现于材料早期的凝结硬化行为。

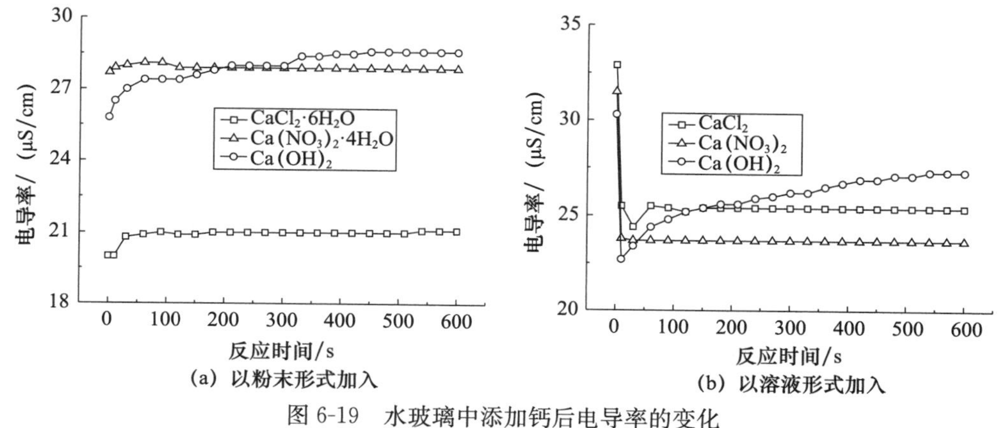

图 6-19　水玻璃中添加钙后电导率的变化

对于 $Ca(OH)_2$ 的悬浮液，其加入水玻璃后电导率的变化与其他溶液的稍有不同。水玻璃电导率在初期显著下降后，随着时间延长又缓慢变大。这可能由于因 Ca^{2+} 的不断消耗，$Ca(OH)_2$ 不断溶解，而释放出 OH^-，且因生成水化硅酸钙凝胶而消耗水，溶液的离子浓度反而变大，故表现为电导率变大。

6.2.2.3 反应产物衍射、红外及热分析

图 6-20 为加入 CaO、$CaCl_2 \cdot 6H_2O$ 与 $Ca(NO_3)_2 \cdot 4H_2O$ 与水玻璃作用不同时间后滤渣的 XRD 图谱。

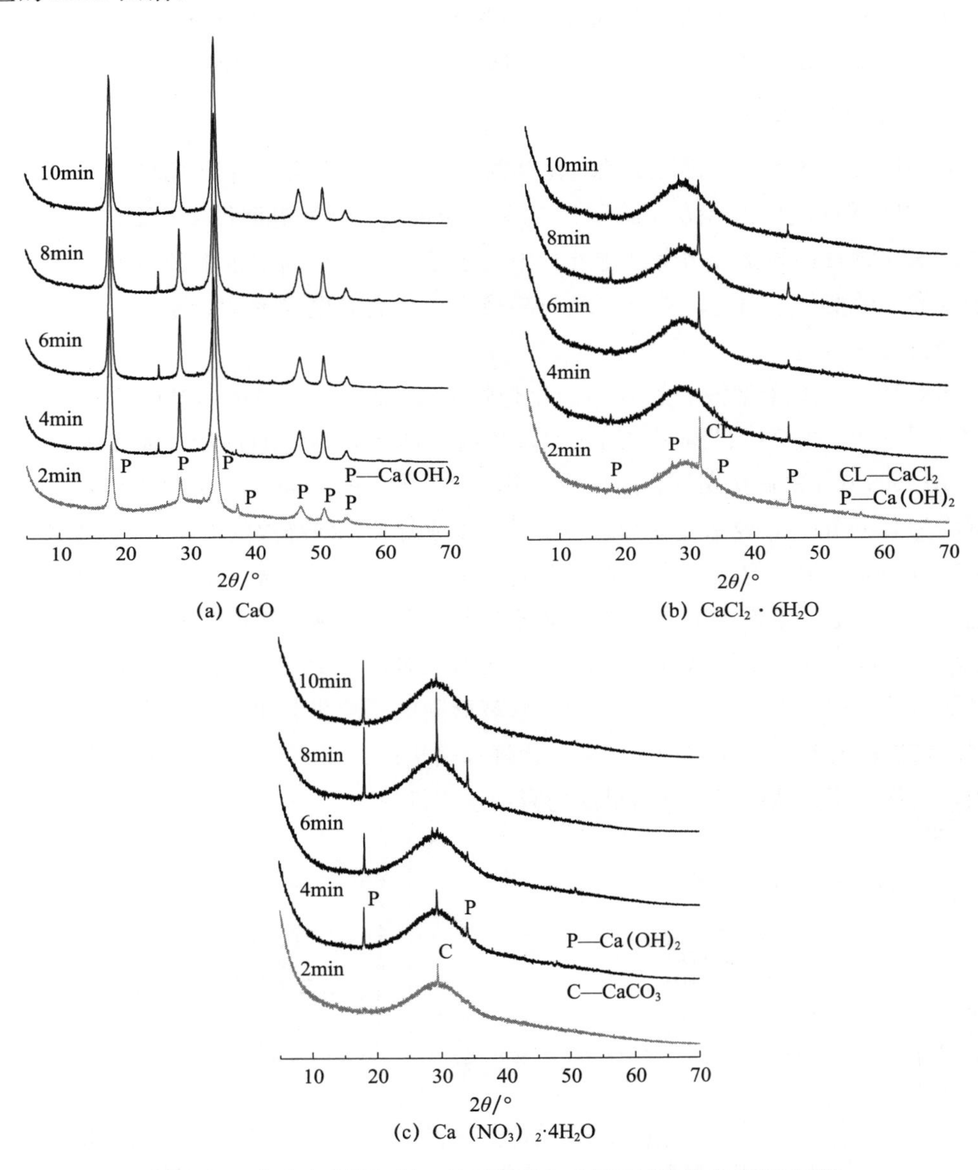

(a) CaO (b) $CaCl_2 \cdot 6H_2O$ (c) $Ca(NO_3)_2 \cdot 4H_2O$

图 6-20 水玻璃中添加钙、经不同反应时间后过滤物的 XRD 图谱

掺入 CaO 后，过滤物的主要晶相为氢氧化钙，即使反应时长达 10min，也未见无定形凝胶引起的明显弥散峰包，这说明“Ca^{2+} 与水玻璃间的反应而生成凝胶”并不是该体系的主要过程，而 CaO 与水作用生成氢氧化钙才是主要过程，这对应形成非均匀成核基体的促凝机制。

掺入 $CaCl_2 \cdot 6H_2O$、$Ca(NO_3)_2 \cdot 4H_2O$ 后，即使仅仅反应了 2min，无定形凝胶对应的弥散峰包也非常明显，这说明易溶钙盐因溶解释放的 Ca^{2+} 会立即与水玻璃溶液中的（聚）硅酸根离子反应，生成低钙硅比的水化硅酸钙凝胶。除弥散峰包外，还明显可见氢氧化钙对应的衍射特征峰，这说明因溶解释放的 Ca^{2+} 也会与溶液中的 OH^- 作用而析出晶体。上述两个过程似乎对 Ca^{2+} 的争夺存在竞争关系，但并不相互抑制，而是同时进行，因此氢氧化钙及无定形凝胶对应的衍射特征都非常明显。除上述衍射特征外，在掺 $CaCl_2 \cdot 6H_2O$ 的试样中还观察到了未被清洗干净的氯化钙；在掺 $Ca(NO_3)_2 \cdot 4H_2O$ 还观察到了碳酸钙，其原因可能为氢氧化钙的碳化。上述衍射特征说明，易溶的 $CaCl_2 \cdot 6H_2O$、$Ca(NO_3)_2 \cdot 4H_2O$ 确实会对试样施加形成非均匀成核基体及生成凝胶的双重促凝作用，因此掺钙试样表现为更快速度的凝结。

由于水玻璃稀溶液中掺入 $Ca(OH)_2$后，其在 1min 内就会呈“豆腐脑”状，即使采取快速滤纸也很难过滤，于是掺 $Ca(OH)_2$的水玻璃溶液的滤渣获取方式更改为：①加入 $Ca(OH)_2$后搅拌 1min、沉淀 1min，取沉淀物过滤；②搅拌 1min、沉淀 3min，取沉淀物过滤；③搅拌 2min，静置 2min，取上层浊液，再静置 2min，移去上层清液，取下层浊液过滤。图 6-21 为这三种滤渣的 XRD 图谱。

由图 6-21 可知，对于短时搅拌、再沉淀获得的滤渣，其主要成分为氢氧化钙。一是因为 $Ca(OH)_2$溶解度有限，即使其溶出的 Ca^{2+} 与溶液中的（聚）硅酸根离子反应，其进行的程度也有限；二是因为水玻璃溶液呈现果冻状，进而使组分溶解及离子扩散受到影响，且 $Ca(OH)_2$颗粒被果冻状物质包裹，故掺入的 $Ca(OH)_2$仍然多数以原始赋存状态存在。然而，当掺钙溶液经短时澄清，并取上层浊液再次澄清后，获得的滤渣中虽然仍然具有氢氧化钙的衍射特征，但也伴随着无定形凝胶的弥散峰包，说明该条件有利于 $Ca(OH)_2$溶解并释放出 Ca^{2+}，进而获得较多凝胶。滤渣的这一衍射特征，证实了掺入 $Ca(OH)_2$因 Ca^{2+} 与水玻璃间作用生成凝胶而促进试样凝结的作用机制。

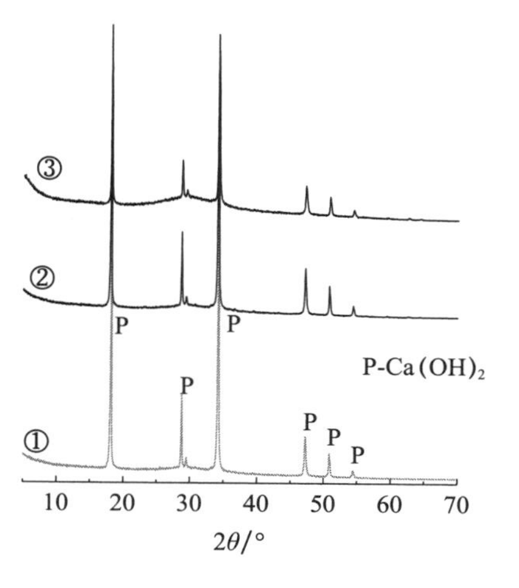

图 6-21　水玻璃中添加 $Ca(OH)_2$后过滤物的 XRD 图谱

对于水玻璃中掺钙后获得的滤渣中是否存在因与 OH^- 作用而沉淀的氢氧化钙及与（聚）硅酸根作用而生成的水化硅酸钙凝胶，热分析可以提供有力的证据，因为两者均具有独特的吸放热及失重特征。

图 6-22 为在水玻璃中掺不同含钙物质后滤渣的 TG-DSC 曲线。图中，1 指掺 CaO 并搅拌 10min 后的过滤物；2 指掺 $CaCl_2 \cdot 6H_2O$ 并搅拌 2min 后的过滤物；3 指掺 $Ca(NO_3)_2 \cdot 4H_2O$ 并搅拌 2min 后的过滤物；4 指掺 $Ca(OH)_2$并搅拌 2min、静置 2min 后取上层浊液、再静置 2min 后的过滤物。

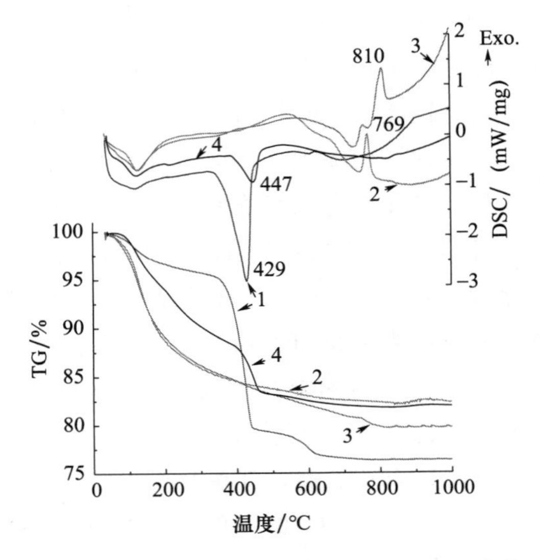

图 6-22　水玻璃中掺钙后滤渣的 TG-DSC 曲线

1—CaO；2—$CaCl_2 \cdot 6H_2O$；3—$Ca(NO_3)_2 \cdot 4H_2O$；4—$Ca(OH)_2$

在 TG 曲线中，400℃附近的显著吸热峰及失重阶段对应氢氧化钙的分解；在 DSC 曲线中，800℃左右的显著放热峰为水化硅酸钙结晶为 β-硅灰石[206]。

由图可知，掺 CaO 及 $Ca(OH)_2$获得的滤渣，氢氧化钙分解引起的失重及吸热特征明显，这与 XRD 分析时得到的氢氧化钙为滤渣主晶相的结论一致。比较两者的氢氧化钙分解特征发现，尽管掺量一样，但掺 CaO 获得的滤渣的吸热及失重较掺 $Ca(OH)_2$的更明显，这说明 CaO 掺入水玻璃溶液后往往更多以氢氧化钙形式存在，即其促凝作用主要来自形成非均匀成核基体，因此其在高掺量（约 5%）条件下试样才快凝以致不能成型。掺 $CaCl_2 \cdot 6H_2O$、$Ca(NO_3)_2 \cdot 4H_2O$ 获得的滤渣，水化硅酸钙高温结晶的放热特征明显，这证实了滤渣中存在大量这种凝胶。虽然 XRD 分析表明，对于掺 $Ca(OH)_2$ 获得的滤渣中含有无定形凝胶，但 TG-DSC 曲线中其结晶放热的特征并不明显，其原因可能为量太少而被其他信号掩盖。虽然 XRD 分析表明，对于掺 $CaCl_2 \cdot 6H_2O$、$Ca(NO_3)_2 \cdot 4H_2O$ 获得的滤渣含有氯化钙、氢氧化钙及碳酸钙，但 TG-DSC 曲线中其吸放热及失重特征并不明显，原因同上。基于上述分析，滤渣的吸放热及失重特征强调了 CaO 的形成非均匀成核基体及 $CaCl_2 \cdot 6H_2O$、$Ca(NO_3)_2 \cdot 4H_2O$ 的生成凝胶的促凝机制。

FTIR 的吸收谱带也可证实水玻璃溶液中掺钙后是否生成了水化硅酸钙凝胶，因为约 1000cm^{-1}及 470cm^{-1}附近的吸收谱带对应了 Si—O—Si 的振动特征。图 6-23 为水玻璃中掺不同含钙物质后滤渣的 FTIR 图谱。图中各试样与图 6-22 所示的试样一致。由图 6-23 可知，除掺 CaO 的滤渣外，其他滤渣都显示了明显的 Si—O—Si 振动特征，这证实了上述钙的化合物因溶解而释放出的 Ca^{2+} 与水玻璃溶液中的（聚）硅酸根离子作用而生成水化硅酸钙。对于掺 CaO 和 $Ca(OH)_2$ 的滤渣，OH^- 振动对应的吸收谱（$3643cm^{-1}$）带尤其明显，这证实了氢氧化钙在上述滤渣中的存在，也再次说明 CaO 的促凝机制为形成非均匀成核基体。

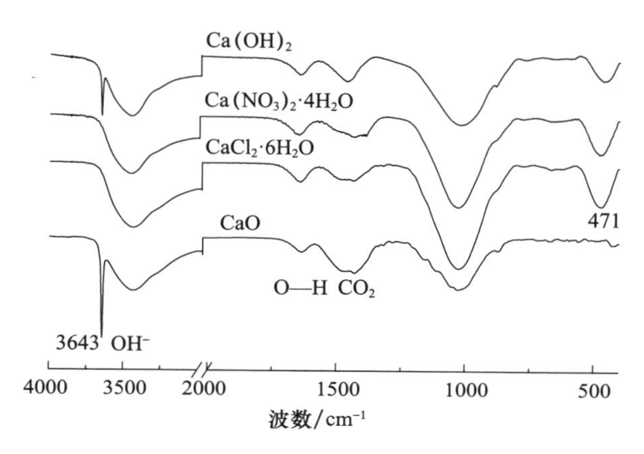

图 6-23 水玻璃中掺钙后滤渣的 FTIR 图谱

6.2.2.4 反应产物氮吸附特征

水化硅酸钙具有多孔结构，且平均孔径仅 10nm 左右，其具有高比表面特征[207]。因此，一旦水玻璃溶液掺钙后获得的滤渣中确实含有水化硅酸钙，那么氮吸附给出的 BET 比表面积将显示出较大数值。

表 6-10 为水玻璃溶液中掺钙且经历不同反应时间后滤渣的氮吸附测定结果。表中，①、②、③指水玻璃溶液中掺 $Ca(OH)_2$ 后滤渣的获取方式，与图 6-21 所示的方式一致。

表 6-10 水玻璃溶液中掺钙后过滤物的 BET 比表面积、孔体积

钙源	搅拌时间/min	比表面积/（m^2/g）	孔体积/（cm^3/g）
CaO	2	9.410	0.040
	4	6.466	0.063
	6	5.180	0.029
	8	6.420	0.038
	10	5.092	0.041
$CaCl_2\cdot 6H_2O$	2	50.829	0.271
	4	41.969	0.153
	6	42.912	0.220
	8	32.140	0.168
	10	39.747	0.188

续表

钙源	搅拌时间/min	比表面积/（m^2/g）	孔体积/（cm^3/g）
$Ca(NO_3)_2 \cdot 4H_2O$	2	60.800	0.196
	4	44.804	0.244
	6	45.433	0.220
	8	35.835	0.206
	10	29.864	0.267
$Ca(OH)_2$	①	4.423	0.045
	②	5.077	0.045
	③	3.100	0.032

由表可知，掺 CaO 和 $Ca(OH)_2$获得的滤渣，其比表面积过小，因此可推断其所含的水化硅酸钙数量有限；而掺 $CaCl_2 \cdot 6H_2O$、$Ca(NO_3)_2 \cdot 4H_2O$ 获得的滤渣，比表面积显然更大。结合前文的 XRD、TG-DSC 及 FTIR 分析结果，可推断这种大表面积是由高比表面的水化硅酸钙引起的。上述结果的异同，再次说明 $CaCl_2 \cdot 6H_2O$、$Ca(NO_3)_2 \cdot 4H_2O$ 的促凝作用还来自溶出的 Ca^{2+} 与水玻璃溶液中的（聚）硅酸根离子反应而生成水化硅酸钙。

在水玻璃溶液中掺 $CaCl_2 \cdot 6H_2O$、$Ca(NO_3)_2 \cdot 4H_2O$，随时间的延长，反应将进行得越来越充分，水化硅酸钙凝胶的数量将越多。然而，滤渣的比表面积随反应时间的延长而呈逐渐变小的趋势，其原因可能为随着反应的进行水化硅酸钙的颗粒将变得更为粗大，也可能因为沉积的氢氧化钙颗粒因凝胶的包裹而逐渐变大。

图 6-24 为水玻璃溶液中掺钙后获得的滤渣的 N_2 吸附-脱附等温线。图中各试样与图 6-22 所示的试样一致。由图可知，分别掺 CaO 和 $Ca(OH)_2$获得的滤渣，其吸附量过低，这是其比表面积过低的直接后果，这也证实水化硅酸钙并不是滤渣的主要组成。对于分别掺 $CaCl_2 \cdot 6H_2O$、$Ca(NO_3)_2 \cdot 4H_2O$ 获得的滤渣，其吸附量显著增加，这对应其大比表面积，也说明多孔、高比表面水化硅酸钙凝胶在滤渣中的绝对存在。这两种滤渣的吸附-脱附等温线都存在“磁滞回线”现象，说明其存在 50nm 这一尺度范围内的孔，这是水化硅酸钙的典型特征[208]，从而再次证实了掺上述易溶钙盐生成了水化硅酸钙凝胶。

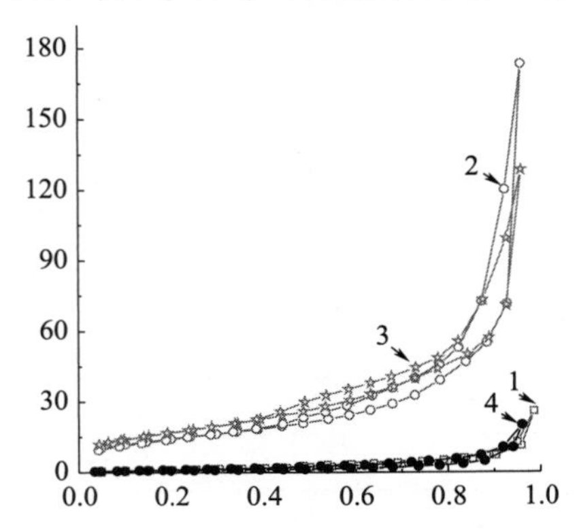

图 6-24 水玻璃掺钙后滤渣的 N_2吸附-脱附等温线

1—CaO；2—$CaCl_2 \cdot 6H_2O$；3—$Ca(NO_3)_2 \cdot 4H_2O$；4—$Ca(OH)_2$

图 6-25 为水玻璃溶液中掺 $CaCl_2 \cdot 6H_2O$、$Ca(NO_3)_2 \cdot 4H_2O$ 获得滤渣的累积孔容曲线及孔径分布曲线。滤渣为水玻璃溶液中分别掺入上述两种钙盐并搅拌 2min 后的过滤物。

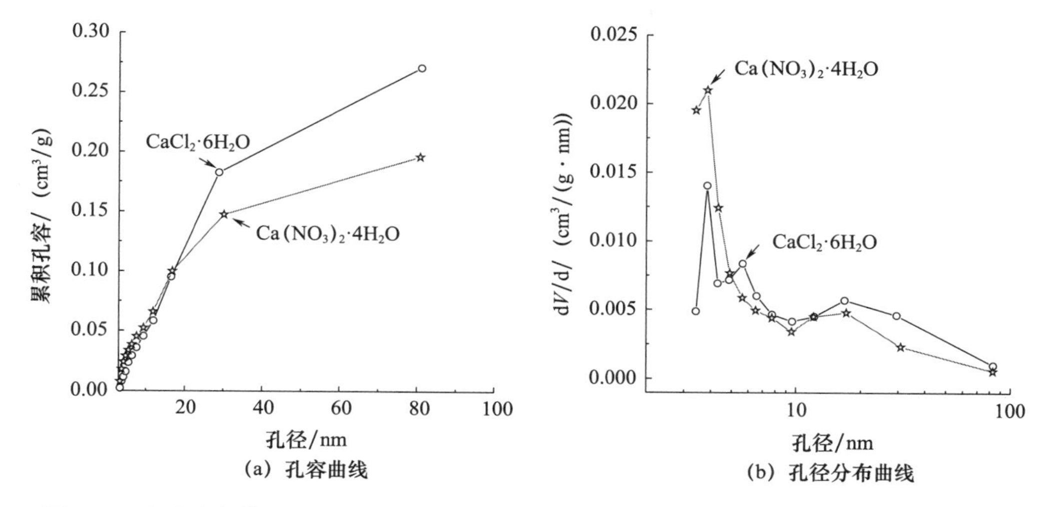

图 6-25　水玻璃中掺 $CaCl_2 \cdot 6H_2O$、$Ca(NO_3)_2 \cdot 4H_2O$ 后滤渣的累积孔容及其孔径分布曲线

由于掺 CaO 和 $Ca(OH)_2$获得的滤渣，其吸附量过低，氮吸附测试结果不可信，故图中并未给出两者的上述曲线。由图可知，掺 $CaCl_2 \cdot 6H_2O$、$Ca(NO_3)_2 \cdot 4H_2O$ 获得滤渣的累积孔容曲线在小尺寸范围内上升陡峭，这说明在上述滤渣中存在数量较多的小尺寸孔。这种孔结构反映于孔径分布曲线就是孔集中分布于 10nm 以下。上述这种孔结构特征无疑再次证实水玻璃溶液中掺入易溶的 $CaCl_2 \cdot 6H_2O$、$Ca(NO_3)_2 \cdot 4H_2O$ 会导致水化硅酸钙凝胶的生成。

综上所述，水玻璃溶液中掺钙后获得滤渣的氮吸附特征表明，掺 CaO 获得的滤渣不具备多孔、大比表面积特征，这从侧面证实其与溶液中（聚）硅酸根离子作用生成水化硅酸钙的数量有限，那么其促凝作用主要来自形成非均匀成核基体；与之相反，掺 $CaCl_2 \cdot 6H_2O$、$Ca(NO_3)_2 \cdot 4H_2O$ 获得的滤渣具有多孔、大比表面积且孔集中分布于 10nm 以下的特征，这证实生成了水化硅酸钙，那么试样掺钙而引起的快凝当然少不了生成凝胶这一机制的作用。

6.2.2.5　反应产物微观形貌

图 6-26 至图 6-29 为水玻璃溶液中掺入不同钙、经不同反应时间后滤渣的 ESEM 照片。

图 6-26　水玻璃溶液中掺 CaO、搅拌 10min 后滤渣的 ESEM 照片

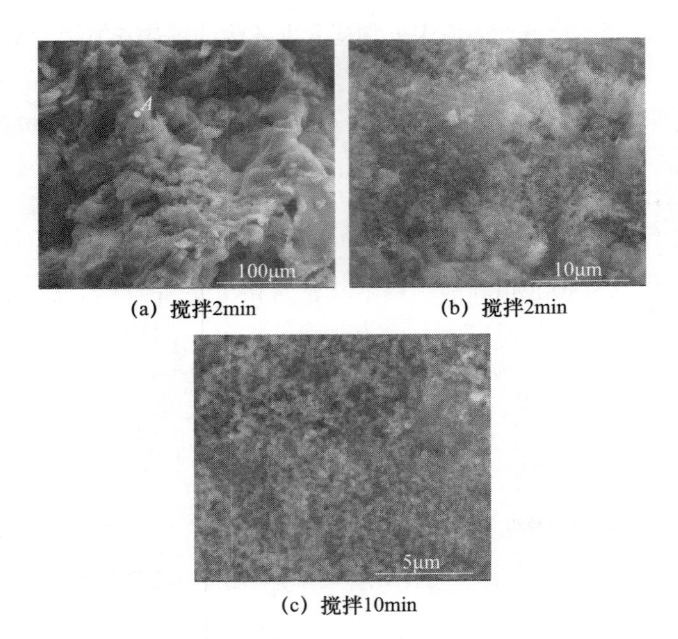

(a) 搅拌2min　(b) 搅拌2min

(c) 搅拌10min

图 6-27　水玻璃溶液中掺 $CaCl_2 \cdot 6H_2O$ 后滤渣的 ESEM 照片

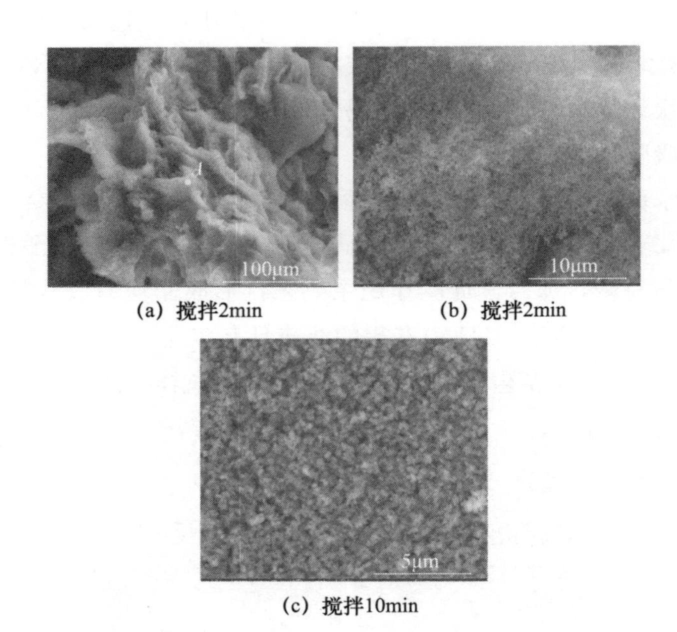

(a) 搅拌2min　(b) 搅拌2min

(c) 搅拌10min

图 6-28　水玻璃溶液中掺 $Ca(NO_3)_2 \cdot 4H_2O$ 后滤渣的 ESEM 照片

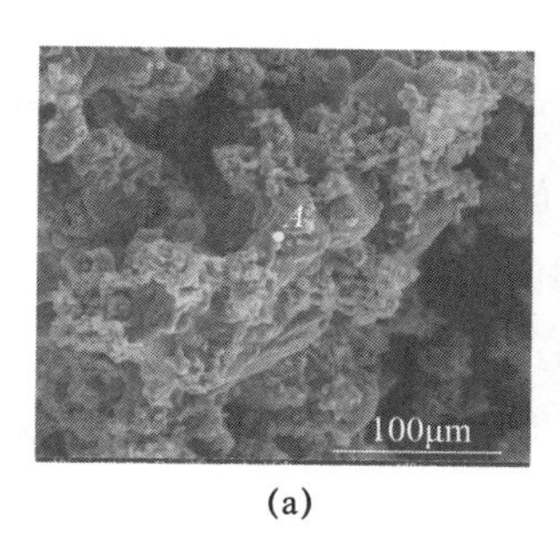

(a)

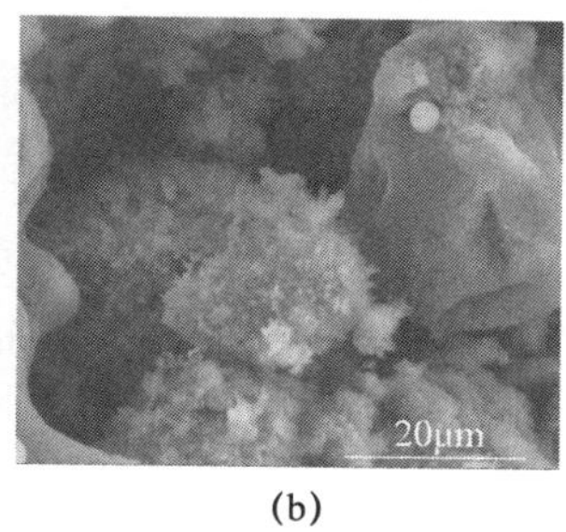

(b)

图 6-29 水玻璃溶液中掺 $Ca(OH)_2$、搅拌 2min、静置 2min、取上层浊液再静置 2min 后滤渣的 ESEM 照片

掺 CaO 获得的滤渣，其多为数微米的颗粒，少见絮状或绒毛状凝胶（图 6-26）。这种颗粒聚集体的 EDS 成分主要为 O（79.2%）、Ca（16.1%）、Si（3.2%）、Na（1.5%），因此推断该颗粒主要为 CaO 与水作用而生成的细小氢氧化钙颗粒。ESEM（带 EDS）分析结果又一次证实 CaO 的促凝主要源于形成非均匀成核基体。

掺 $CaCl_2 \cdot 6H_2O$、$Ca(NO_3)_2 \cdot 4H_2O$ 获得的滤渣，显示出凝胶胶结的迹象［图 6-27（a）、图 6-28（a）］。对其分别进行 EDS 分析表明，图 6-27（a）中 *A* 点的主要成分为 O（75.1%）、Si（13.9%）、Ca（6.7%）、Na（3.9%）；图 6-28（a）中 *A* 点的主要成分为 O（73.9%）、Si（14.5%）、Ca（7.9%）、Na（3.7%）。因此，从成分判断这种滤渣中可能有水化硅酸钙存在。在高倍数下进一步观察上述滤渣的微观形貌，发现多见绒毛状物质［图 6-27（b）、图 6-28（b）］，而这些绒毛状物质由众多纳米颗粒黏结而成［图 6-27（c）、图 6-28（c）］，这是水化硅酸钙的典型形貌。因此，ESEM（带 EDS）观察结果证实掺易溶钙盐的滤渣中存在着大量水化硅酸钙凝胶。这种凝胶的钙硅比极低（0.48～0.54），它只能来源于钙盐溶解释放的 Ca^{2+} 与溶液中（聚）硅酸根离子（来自水玻璃）的作用。由于这种凝胶的覆盖、包裹，并未观察到呈现颗粒状的氢氧化钙。基于上述描述，ESEM（带 EDS）观察结果支持 $CaCl_2 \cdot 6H_2O$、$Ca(NO_3)_2 \cdot 4H_2O$ 等易溶钙盐释放的 Ca^{2+} 与水玻璃作用、生成凝胶而促凝的结论。

掺 $Ca(OH)_2$ 获得的滤渣，虽然同掺 CaO 的一样仍然显示微米级颗粒堆积的特征（图 6-29），但在这些颗粒表面附着絮状物质。DES 分析表明，滤渣的主要成分为 O（71.3%）、Si（15.3%）、Na（9.6%）、Ca（3.8%）［图 6-29（a）中 *A* 点］，说明生成了水化硅酸钙凝胶。上述结果证实，$Ca(OH)_2$ 具备生成凝胶而促凝的作用机制，但不比易溶钙盐的明显。

6.3 不同钙源的促凝增强作用机制及比较

根据前文所述，不同含钙物质因具有不同物理化学性质而表现为不同的促凝增强效果，而不同效果又归因于不同含钙物质具有不同的促凝增强主导因素。因此，不同含钙物质的促凝增强机制取决于其物理化学性质。

促凝增强的最直接原因为：①因掺钙而形成新的液-固界面，该界面作为非均匀成核基体，促进硅铝聚合反应；②因掺钙而释放的Ca^{2+}直接与溶液中的（聚）硅酸根离子反应，生成凝胶。上述过程均发生在液相中，故液相局部环境会随之改变。碱激发胶凝材料的溶解-聚合过程离不开溶液，因此液相局部环境的改变也会导致试样凝结硬化行为的变化。上述过程主要发生在早期，即浆体的塑性阶段，因为此时有充足的溶液。这种早期行为必然会影响试样的凝结硬化行为及强度发展。

CaO会与水发生强烈作用而生成氢氧化钙。由于在高碱条件下，氢氧化钙溶解度低，因此生成的氢氧化钙会结晶而从溶液中析出。析出的细小氢氧化钙颗粒形成了众多的液-固界面，这为非均匀成核创造了条件，从而有利于溶液中硅铝组分聚合、生成硅铝凝胶。由于CaO与水作用历时较长，且氢氧化钙溶解有限，故溶液中Ca^{2+}的数量有限，因此试样发生快凝（终凝时间<10min）时对应的CaO掺量可达5%。正是由于CaO与水作用历时较长，CaO颗粒有可能被早期生成的凝胶包裹，这进一步导致释放于溶液中Ca^{2+}的数量有限，故其与（聚）硅酸根离子反应生成凝胶的促凝机制不明显。另外，由于CaO与水反应而导致液相局部浓度变大，即碱性变强，这显然有利于原料颗粒中硅铝组分的溶解，进而促进硅铝聚合反应的发生。基于上述分析，CaO的主要促凝增强机制为形成非均匀成核基体，并伴有因液相局部浓度提高而对碱激发反应的促进。

$CaCl_2 \cdot 6H_2O$、$Ca(NO_3)_2 \cdot 4H_2O$等易溶钙盐不仅会析出氢氧化钙，更是会与（聚）硅酸根离子反应生成凝胶。上述钙盐溶解度大且溶解迅速，其与液相接触后就会立即溶解并释放出Ca^{2+}，而这些Ca^{2+}会键合溶液中的OH^-而沉淀为氢氧化钙；由于Ca^{2+}几乎是集中释放，在数量众多的Ca^{2+}中总有部分来不及沉淀，而是与水玻璃溶液中的（聚）硅酸根离子直接作用生成低钙硅比的水化硅酸钙。这些水化硅酸钙起搭接颗粒、填充孔洞的作用。由于上述易溶钙盐溶解迅速，故引起试样快凝的对应掺量远远低于CaO，仅约1%。另外，由于Ca^{2+}对溶液中OH^-的争夺，会导致液相局部碱性变弱，进而引起水玻璃失稳而聚合、沉淀。基于上述分析，易溶钙盐的促凝增强是形成非均匀成核基体与生成凝胶的共同作用，并伴随有因液相局部pH值降低而导致的水玻璃沉淀。

$Ca(OH)_2$本就以氢氧化钙的形式赋存，故相对于其他含钙物质，其少了与溶液（水或溶液中的OH^-）作用的过程，仅仅涉及溶解并释放出Ca^{2+}的过程。由于在高碱条件下$Ca(OH)_2$的溶解度更低，因此其释放的Ca^{2+}数量有限，相应地“Ca^{2+}与溶液中（聚）硅酸根离子作用生成凝胶”进行的程度有限，那么其使试样发生快凝对应的掺量比易溶钙盐的高，约为1.5%。正是由于$Ca(OH)_2$仅涉及溶解过程，其历程比CaO的短，故其促凝效果较后者显著。基于上述分析，$Ca(OH)_2$的促凝增强作用主要来自生成凝胶。

$CaSO_4 \cdot 2H_2O$与$Ca(OH)_2$同为微溶，其经历了溶解并释放出Ca^{2+}、Ca^{2+}键合溶液中OH^-等过程，其促凝效果可能有形成非均匀成核基体机制的贡献，但$CaSO_4 \cdot$

$2H_2O$溶解度低，这一机制的作用并不突出。因此，其促凝增强机制与$Ca(OH)_2$的类似，这使两者具有相似的促凝增强效果。

$CaCO_3$由于溶解度极低，其掺入试样后几乎不涉及化学过程，其仅仅起到微骨料填充效应。尽管在长龄期试样中观察到了$CaCO_3$颗粒表面附着有水化产物，但量极其有限，这再次强调了其微骨料效应。基于上述分析，$CaCO_3$不具备促凝增强作用。

6.4　本章小结

本章针对掺钙会导致碱激发胶凝材料凝结时间缩短这一现象，研究了不同钙源的促凝增强效果，探讨了不同钙源的促凝机制，获得了如下结论：

（1）含钙物质对碱激发胶凝材料的凝结硬化行为有显著影响。易溶钙盐［$CaCl_2 \cdot 6H_2O$、$Ca(NO_3)_2 \cdot 4H_2O$］促凝效果最显著，掺量不超过1%就使得试样的凝结时间由数百分钟缩短至10min以内。微溶钙的化合物［$CaSO_4 \cdot 2H_2O$、$Ca(OH)_2$］也具有促凝作用，但其使试样快凝（凝结时间少于10min）对应的掺量要高于易溶钙盐的掺量。难溶钙盐（$CaCO_3$）不具备促凝作用，仅仅起微骨料填充作用。CaO也具有较好促凝效果，5%掺量时可使试样快凝。

（2）易溶钙盐［$CaCl_2 \cdot 6H_2O$、$Ca(NO_3)_2 \cdot 4H_2O$］溶解速度快，释放Ca^{2+}速度快，溶液中会在短时间内存在大量Ca^{2+}，其在高碱条件下会立即沉淀为$Ca(OH)_2$而作为凝胶生成的模板（非均匀成核基体），且其在可溶性硅［（聚）硅酸根离子，由水玻璃带入］充足的初始阶段与硅反应生成低钙的水化硅酸钙凝胶。另外，由于Ca^{2+}对OH^-的争夺，溶液局部pH值急剧降低，进而使水玻璃失稳而絮凝为沉淀，这在宏观上也会表现为浆体快凝。生成的凝胶搭接颗粒、填充孔洞，进而表现为增钙试样早期强度的提高。

（3）微溶$Ca(OH)_2$本身就以氢氧化物形式存在，故与溶液中OH^-作用而沉淀的作用机制不存在，且不会对液相环境造成影响。尽管其溶解度低，但释放的Ca^{2+}会立即转变为低钙比水化硅酸钙凝胶而沉淀，这会不断促进$Ca(OH)_2$的溶解，进而表现为浆体凝结时间缩短。同为微溶的$CaSO_4 \cdot 2H_2O$，由于其溶解度低而释放的Ca^{2+}数量有限且释放速度慢，因此其形成非均匀成核基体这一促凝机制体现得不明显，试样的快凝主要是生成凝胶的作用。

（4）相比于上述易溶、微溶钙的化合物，CaO会与水作用生成$Ca(OH)_2$，即会争夺溶液中的水分子，这会导致液相局部水变少、碱性变强，为$Ca(OH)_2$沉淀创造了条件，并为原料中硅铝组分的溶解、聚合过程提供了局部强碱环境。另外，生成的$Ca(OH)_2$溶解度有限，且碱激发反应速度快，那么早期生成的凝胶有可能包裹$Ca(OH)_2$等颗粒。因此，“Ca^{2+}与（聚）硅酸根离子反应生成凝胶”的促凝机制对CaO来说不明显，其促凝作用主要来自其对液相环境的改变及沉淀的$Ca(OH)_2$作为非均匀成核基体的作用。

7 碱激发胶凝材料的应用与前景

7.1 道路材料

为进一步探索碱激发铝业固废混凝土在实际工程施工中的施工工艺，并结合内蒙古地区的原材料选取、气候环境等因素，在内蒙古大唐国际再生资源开发有限公司厂区进行了 70m 道路的工程化试验。在此基础上，进行了铝业固废碱激发混凝土 1500m 示范道路工程建设，详细情况如下。

7.1.1 施工基础条件

所用铝业固废取自内蒙古大唐国际再生资源开发有限公司的硅钙渣。其主要成分见表 7-1。采用尺寸为 ϕ2.4m×22m 回转式窑对硅钙渣进行烘干，如图 7-1 所示。烘干前平均水分含量为 45%，烘干后为 4.5%。烘干后的硅钙渣如图 7-2 所示。

表 7-1 硅钙渣的主要成分（质量分数,%）

成分	SiO_2	Al_2O_3	CaO +MgO	Na_2O
含量	27.30	6.04	56.25	3.98

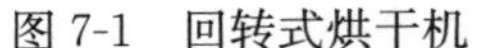

图 7-1 回转式烘干机

图 7-2 烘干后的硅钙渣

所用砂取自示范工程周边和林格尔县（和林砂），所用碎石取自示范工程周边清水河县（清水河石子）。其颗粒级配分别见表 7-2 及表 7-3。

表 7-2 和林砂粒级级配

砂子粒径/mm	质量/g	百分含量/%
>10	59	2.95
>5～10	176	8.80
>2.5～5	285	14.25
>1.25～2.5	315	15.75
>0.63～1.25	505	25.25
>0.315～0.63	310	15.50
>0.16～0.315	230	11.50
>0.08～0.16	80	4.00
≤0.08	40	2.00
合计	2000	100.00

表 7-3 清水河石子粒级级配

石子粒径/mm	质量/g	百分含量/%
>25	30	1.50
>20～25	545	27.25
>16～20	483	24.15
>10～16	731	36.55
>5～10	198	9.90
>2.5～5	11	0.55
≤2.5	2	0.10
合计	2000	100.00

和林砂、清水河石子的 XRF 分析结果见表 7-4，XRD 分析结果如图 7-3、图 7-4 所示。可以看出，和林砂为石英砂，其主要成分为石英；清水河石子为石灰石石子，其主要成分为方解石、白云石和石英。

表 7-4 和林砂、清水河石子的 XRF 分析结果（质量分数,%）

样品	SiO_2	Al_2O_3	CaO	Fe_2O_3	K_2O	Na_2O	MgO	TiO_2	LOI	合计
和林砂	71.53	9.69	3.77	3.55	5.10	1.91	0.60	0.46	3	99.61
清水河石子	6.23	1.44	43.47	2.08	0.80	0.04	2.85	0.23	42.6	99.74

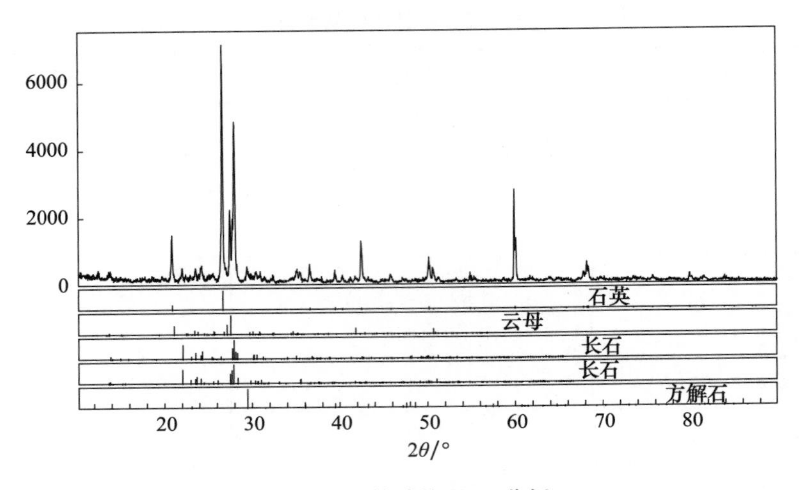

图 7-3　和林砂的 XRD 分析

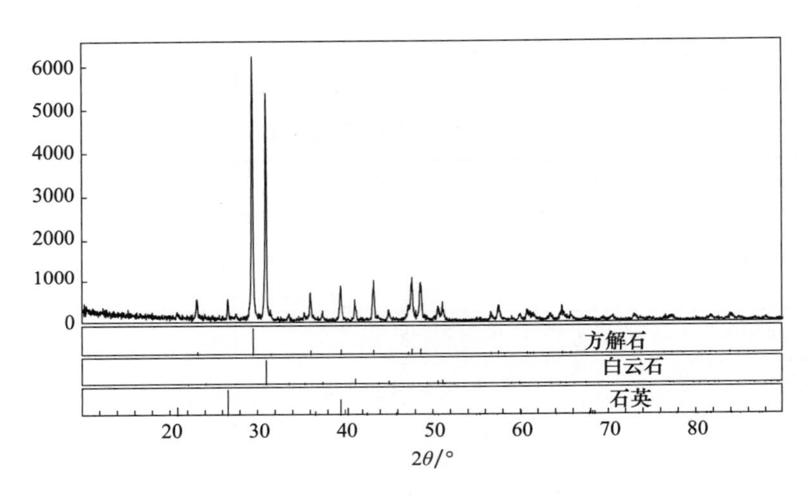

图 7-4　清水石子的 XRD 分析

矿粉取自包头钢铁（集团）有限责任公司。

粉煤灰取自内蒙古大唐国际托克托电厂储灰场，化学成分见表 7-5。

表 7-5　粉煤灰的主要成分（质量分数，100%）

成分	SiO_2	Al_2O_3	Fe_2O_3	MgO	CaO	Na_2O	K_2O	TiO_2	MnO_2	P_2O_5	(Cl)	LOI	合计
含量	37.8	48.5	2.27	0.31	3.62	0.15	0.36	1.64	0.012	0.15	0.28	4.91	99.76

激发剂为液体水玻璃，取自内蒙古大唐国际再生资源开发有限公司。

7.1.2　示范道路工程建设

在前期 70m 工业化试验道路的基础上，进行示范道路工程建设，以验证大面积使用硅钙渣作为路基、路面材料时，其施工性能能否达到二级及二级以上公路基层（水泥稳定土）标准和 C30 混凝土强度要求。

示范道路厚度为200mm，下层为220mm厚的路基基层材料，其宽度为5.3m。结构示意图如图7-5所示。

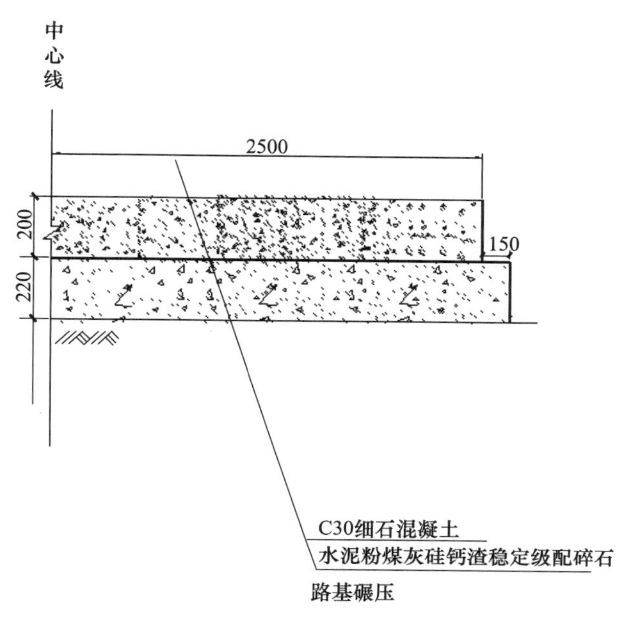

图7-5　硅钙渣碱激发胶凝材料示范道路示意图

7.1.2.1　示范道路路基工程建设

(1) 路基工程配比。所试验的硅钙渣路基基层原料配比见表7-6。

表7-6　路基基层原料配比

原料	级配碎石	硅钙渣（干基）	粉煤灰	脱硫石膏	激发剂
含量/%	40	45	8	4	3

注：激发剂含量以所含固体硅酸钠的含量计。

所用级配碎石指标要求见表7-7。

表7-7　级配碎石指标要求

	筛孔尺寸/mm							液限/%	塑性指数
	31.5	19.0	9.5	4.75	2.36	0.6	0.075		
通过质量百分率/%	100	85～100	52～74	29～54	17～37	8～20	0～7	<28	<9

(2) 路基施工工艺。试验路段施工严格按照《公路路面基层施工技术细则》(JTG/T F20) 中心站集中厂拌法施工，施工工艺流程为原材料试验→测量放样→施工准备→拌和站拌和→混合料运输→混合料摊铺→碾压→接缝及调头处的处理→养护→检查验收。具体施工步骤如下。

①按路基基层尺寸用挖掘机挖出路堑，然后用15t三轮压路机进行4遍碾压检验。在碾压过程中，发现土过干、表面松散现象，现场进行了适当洒水。

②按《公路路面基层施工技术细则》（JTG/T F20）进行验收，达到标准后，开始铺筑硅钙渣路基材料。

③在土基上恢复中线，直线段每20m设一桩，平曲线段每15m设一桩，并在两侧路肩边缘外设指示桩，且在两侧指示桩上用明显标记标出硅钙渣路基层边缘的设计高。

④将拌和好的硅钙渣路基材料等间隔地堆放于土基上，立即用平地机初步整形。在直线段，平地机由两侧向路中心进行刮平；在平曲线段，平地机由内侧向外侧进行刮平。

⑤用压路机立即在初平的路段上快速碾压一遍，以暴露潜在的不平整。整形前应用齿耙将轮迹低洼处表层5cm以上耙松，并用新拌的硅钙渣路基材料进行找平，再用平地机整形一次，将高出料直接刮出路外。

⑥整形后，当硅钙渣路基材料的含水量为2%左右时，立即用轻型压路机并配合15t三轮压路机在结构层全宽内进行碾压。直线和不设高的平曲线段，由两侧路肩进行碾压。设超高的平曲线段，由内侧路肩向外侧路肩进行碾压。碾压时，重叠1/2轮宽，后轮超过两段的接缝处，后轮压完路面全宽时，即为一遍。共进行6遍，两侧应多压2遍。压路机的碾压速度：前两遍采用1.5～1.7km/h，以后采用2.0～2.5km/h。

⑦220mm厚的路基基层分两次铺筑，头层基层养护7d后铺设二层基层。在铺筑上层基层之前，始终保持下层基层表面湿润。养护过程中使用洒水车进行洒水，每天洒水3次。整个养护期间应始终保持基层表面潮湿。

（3）路基工程施工。级配碎石来自喇嘛湾石料厂黑色玄武岩石子，如图7-6所示。施工过程如图7-7所示。经7d养护后，对其进行了如图7-8所示的抗压强度、回弹模量、渗水性、压实度的检测。结果见表7-8。检测结果表明，除路基的7d抗压强度略低外；其他指标均可以达到国家标准要求。原因主要为使用的是新鲜硅钙渣，其含水量较高，搅拌时其与干粉煤灰和石子混合均匀较困难，导致路基的强度发展缓慢。然而，28d取样表明强度达到了国家标准的3MPa要求。

图7-6　路基所用石子

(a) 计量　(b) 搅拌　(c) 摊平　(d) 压实

图 7-7　试验道路硅钙渣路基施工过程

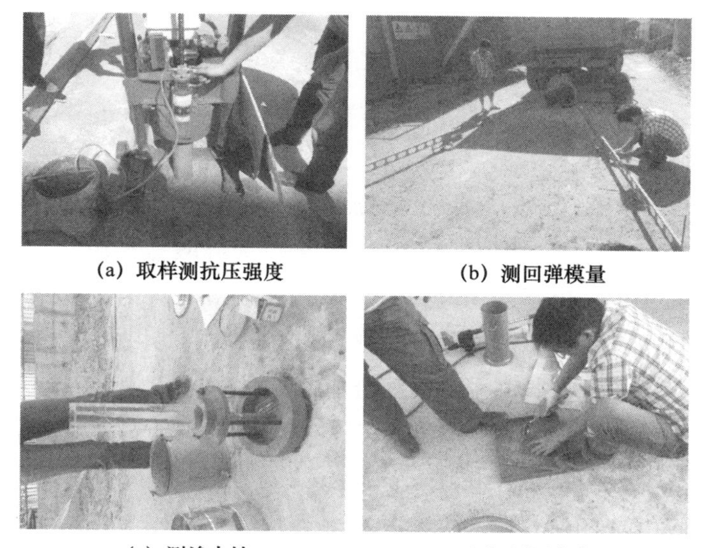

(a) 取样测抗压强度　(b) 测回弹模量　(c) 测渗水性　(d) 测压实度

图 7-8　硅钙渣路基各性能测试过程

表 7-8　硅钙渣路基检测结果

物性	抗压强度/MPa	回弹模量/MPa	渗水性/（mL/min）	压实度/%
检测结果	2.3	168.5	12.3	85.9

7.1.2.2　示范道路路面工程建设

在胶凝材料配比“70%硅钙渣+30%矿粉+5%水玻璃（外掺，以其 Na_2O 含量占胶凝材料粉料的质量百分比计）”的基础上，采用30%粉煤灰等量取代胶凝材料粉料制备碱激发胶凝材料，在胶凝材料用量400kg/m³、砂率45%、水灰比0.50的条件下，所制备的碱激发混凝土的坍落度可达到215mm，28d抗压强度可达到56.0MPa。依据该配比进行碱激发混凝土示范道路路面工程建设，具体配比见表7-9。施工7d、28d后钻芯取样检测，试验结果（表7-10）显示碱激发硅钙渣基混凝土路面达到了C30的设计标准。

表7-9　碱激发混凝土路面配比

配比/（kg/m³）							坍落度/mm		
硅钙渣	矿粉	粉煤灰	激发剂	砂	石	水	初始	0.5h	1.0h
196	84	120	66	790	960	200	215	185	110

注：激发剂以所含固体硅酸钠的含量计。

表7-10　示范道路路面检测结果

物性	7d抗压强度/MPa	28d抗压强度/MPa
检测结果	38.1	53.4

7.1.3　示范道路实施效果评价

在如上所述的1500m示范道路工程中，混凝土用量约3100m³，含路基累计资源化利用硅钙渣约2100t。

众所周知，每生产1t硅酸盐水泥约排放0.6t的CO_2，而碱激发材料由于在制备过程中无须经历高温煅烧过程，因此其CO_2排放量仅为硅酸盐水泥的1/2甚至更低。在该示范道路建设过程中，由于采用硅钙渣基碱激发胶凝材料为胶凝组分，因此与采用硅酸盐水泥混凝土相比，该示范道路可减排CO_2约1200t。另外，由于硅钙渣无须脱碱处理，因此该示范道路还回收利用了硅钙渣中的碱约90t。

考虑到我国西北地区严寒、盐蚀等环境特点，现有硅酸盐水泥材料往往难以满足工程建设的要求。与硅酸盐水泥相比，碱激发胶凝材料具有早期强度高、抗蚀性好等特点，因此其在西北地区具有广阔应用前景。

7.2　墙体材料

由于缺乏长龄期数据的支撑及标准、规范的指导，再加上其收缩大、脆性大等性能不足，碱激发胶凝用作结构材料还存在着明显局限性[3,91]。因此，将其用于制备各种制品不失为发挥其胶凝性能好、耐久性好等性能优势的好手段。

本节利用碱激发胶凝材料强度高、强度发展较快的优势，以其作为胶凝材料制备砂浆板。该砂浆板可用于非外墙用墙体材料，因此重点关注了其隔热保温性能，并以导热系数来表征这种性能。

按照“65%活化尾矿+35%矿渣粉+30%水玻璃”的配比成型砂浆板，其水灰比为0.5，胶砂比为1/3，所用砂为ISO标准砂。采用振捣成型，在砂浆振实台上振动120s。带模板材在标准条件下养护1d后拆模，转移至60℃中养护1d，然后置入标准条件下继续养护直至28d。结果表明，砂浆板导热系数高达1.039W/（K·m），其原因在于试样过于致密（压汞测试结果表明，其孔隙率约为16%）。

为了降低其导热系数，拟在砂浆中掺入具有起泡作用的引气剂。然而，提高孔隙率必然要以牺牲强度为代价。对水泥基胶凝材料的研究表明，每增加1%引气量，强度将下降5%[106]。对于活化尾矿制备的碱激发胶凝材料，初步试验结果表明，当掺入0.5%的引气剂后，强度下降了约10MPa，但其制备的砂浆板导热系数由1.039W/（K·m）降低至0.890W/（K·m）。

为了保证试样不至于因引气剂的加入而使强度下降太多，于是拟掺入具有减水、引气双重作用的引气剂，在提高试样孔隙率的同时降低成型用水量，以补偿孔洞增多造成的强度下降。

图7-9为掺入具有引气、减水功效的引气剂后砂浆试样的28d强度（砂浆块经历了与砂浆板相同的养护制度）。由图可知，掺入引气剂后因孔隙率增加，强度确实下降明显。然而，因引气剂的减水作用，试样成型可以采用较低水灰比（降低至0.45）。实验发现，在掺入1.0%引气剂的条件下，该配方的流动度可达到200mm左右，与高水灰比（0.5）试样相比其具有相当流动性能。因此，在保证工作性能相当的前提下，低水灰比对强度的增长作用可以抵偿引气剂对强度的降低作用，这使掺有1%引气剂砂浆的28d抗压强度仍然可高达67.8MPa。

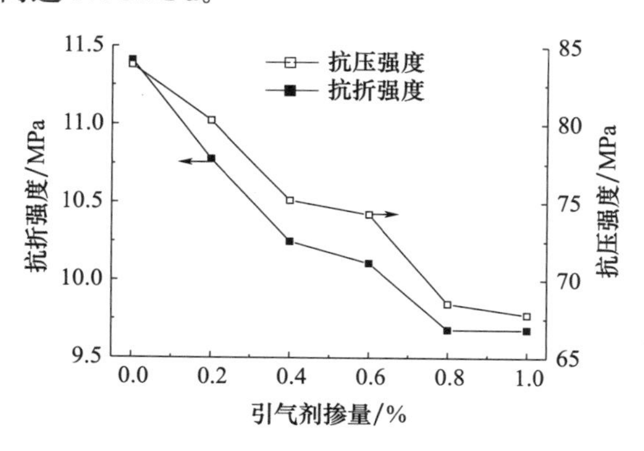

图7-9 掺入引气剂对砂浆试样强度的影响

掺入1%引气剂后，砂浆板（图7-12）的导热系数可降低至0.439 W/（K·m），低于常见的烧结砖[110]及普通混凝土多孔砖[111]，而与烧结多孔砖处于同一水平[110]，因此其具有较好的隔热保温性能。

图 7-10　碱激发胶凝材料制备的砂浆板

7.3　应用前景

我国经济已由高速增长阶段转向高质量发展阶段。优化产业结构、推动节能减排、促进绿色低碳发展已成为我国工业深化供给侧结构性改革、实现高质量发展的一项重要内容。水泥行业是重要的基础材料产业，也是主要的能源资源消耗和二氧化碳排放行业之一。通常情况下，水泥生产过程中排放的 CO_2 可占全球工业 CO_2 排放总量的 5%～8%。我国水泥年产量占世界水泥总产量的 50%以上，是水泥生产及消费第一大国。我国水泥行业的 CO_2 排放量更是达到了全国 CO_2 总排放量的 10%～12%。因此，节能环保、绿色低碳转型是我国水泥工业的必由之路；加大节能减排降碳力度已成为我国水泥行业面临的一项艰巨而紧迫的任务。研究和开发资源能源消耗低、环境负荷低的新型低碳胶凝材料是水泥工业未来实现节能减排目标的重要途径。以硅铝质工业固废为原材料，且生产过程中无需经历高温煅烧过程的碱激发胶凝材料，正是这样一种新型的低碳胶凝材料。

在当前“双碳”目标下，由于其显著的低碳属性，加之早期强度发展快、耐化学腐蚀性能优异等性能特点，碱激发胶凝材料引起了水泥科技工作者的广泛关注。纵观碱激发胶凝材料的发展历史，其经历了最初的制备技术研究、性能调控及优化研究，最终发展到应用技术开发阶段，这是任何一种新鲜事物必须经历的历程。在当前，碱激发胶凝材料研究已经跨入应用技术开发的门槛，因此其发展趋势必然是实现碱激发胶凝材料的大规模应用。

参考文献

[1] SCRIVENER K L, KIRKPATRICK R J. Innovation in use and research on cementitious material [J]. Cement and Concrete Research, 2008, 38: 128-136.

[2] 蒋明麟. 我国节能减排形势及对水泥工业提出的新要求（节选）[J]. 中国水泥, 2008 (1): 19-22.

[3] PROVIS J L, BERNAL S A. Geopolymers and related alkali-activated materials [J]. Annual Review of Materials Research, 2014 (44): 299-327.

[4] DUXSON P, JIMÉNEZ A F, PROVIS J L, et al. Geopolymer technology: The current state of the art [J]. Journal of Materials Science, 2007 (42): 2917-2933.

[5] MCLELLAN B C, WILLIAMS R P, LAY J, et al. Costs and carbon emissions for geopolymer pastes in comparison to ordinary portland cement [J]. Journal of Cleaner Production, 2011 (19): 1080-1090.

[6] PROVIS J L, VAN DEVENTER J S J. Geopolymers: structure, processing, properties and industrial applications [M]. New York: CRC Press and Woodhead Publishing Limited, 2009.

[7] 史才军, 巴维尔·克利文科, 黛拉·罗伊. 碱-激发水泥和混凝土 [M]. 北京: 化学工业出版社, 2008.

[8] NODEHI M, TAGHVAEE V M. Alkali-Activated Materials and Geopolymer: a Review of Common Precursors and Activators Addressing Circular Economy [J]. Circular Economy and Sustainability, 2022 (2): 165-196.

[9] SHI C, JIMÉNEZ A F, PALOMO A. New cements for the 21st century: The pursuit of an alternative to Portland cement [J]. Cement and Concrete Research, 2011 (41): 750-763.

[10] TORGAL F P, GOMES J C, JALALI S. Alkali-activated binders: A review Part 1. Historical background, terminology, reaction mechanisms and hydration products [J]. Construction and Building Materials, 2008 (22): 1305-1314.

[11] 韩仲琦. 中国水泥工业的历史和发展（上）[J]. 中国水泥, 2002 (8): 8-12.

[12] 佚名. 无熟料钢渣水泥试制成功 [J]. 科技简报, 1971 (20): 17-18.

[13] 株洲石料厂, 河南省建筑研究所. 煤矸石无熟料水泥与制品试制小结 [J]. 硅酸盐建筑制品, 1973 (4): 28-33.

[14] 颜松波. 粉煤灰无熟料水泥阶段试验小结: 水泥基本力学性能部分 [J]. 广西水利电力科技, 1974 (S2): 1-17.

[15] 戴丽莱, 陈建南, 芮君渭. 碱-矿渣-粉煤灰水泥 第Ⅰ部份 配合比试验设计和影响强度的诸因素 [J]. 南京工业大学学报（自然科学版）, 1985 (1): 1-9.

[16] BUCHWALD A, VANOOTEGHEM M, GRUYAERT E, et al. Purdocement: application of al-

kali-activated slag cement in Belgium in the 1950s [J]. Materials and Structures，2015 (48)：501-511.

[17] SHI C，KRIVENKO P V，ROY D M. Alkali-activated cements and concretes [M]. Abingdon，UK：Taylor & Francis. 2006.

[18] KAVALEROVA E S，KRIVENKO P V，ROSTOVSKAYA G S. New national standard of Ukraine for heavy-weight alkali activated cement concretes [A]. Changsha，China，2014：449-458.

[19] DAVIDOVITS J. 30 years of successes and failures in geopolymer applications. Market trends and potential breakthroughs [A]. Melbourne，Australia，October，2002：1-16.

[20] 曾路，余意恒，任毅，等．碱激发钢渣-矿渣加气混凝土的制备研究 [J]．建筑材料学报，2019，22 (2)：206-213.

[21] LIU Z，ZHANG D，LI L，et al. Microstructure and phase evolution of alkali-activated steel slag during early age [J]. Construction and Building Materials，2019 (204)：158-165.

[22] YOU N，LI B，CAO R，et al. The influence of steel slag and ferronickel slag on the properties of alkali-activated slag mortar [J]. Construction and Building Materials，2019 (227)：116614.

[23] 成潇潇，马琨，夏举佩，等．碱激发磷渣地聚物复合胶凝材料的制备及其力学性能研究 [J]．硅酸盐通报，2018，37 (3)：949-952，973.

[24] XIE F，LIU Z，ZHANG D，et al. Reaction kinetics and kinetics models of alkali activated phosphorus slag [J]. Construction and Building Materials，2020 (237)：117728.

[25] 申屠倩芸，钱晓倩，钱匡亮．炉渣基地聚合物抗压强度及微观结构研究 [J]．新型建筑材料，2019，46 (5)：67-70，75.

[26] SATHONSAOWAPHAK A，CHINDAPRASIRT P，PIMRAKSA K. Workability and strength of lignite bottom ash geopolymer mortar [J]. Journal of Hazardous Materials，2009，168 (1)：44-50.

[27] XIE T，OZBAKKALOGLU T. Behavior of low-calcium fly and bottom ash-based geopolymer concrete cured at ambient temperature [J]. Ceramics International，2015，41 (4)：5945-5958.

[28] 杨峻．碱激发镍渣的机理和性能研究 [D]．北京：清华大学，2018.

[29] ZHANG Q，JI T，YANG Z，et al. Influence of different activators on microstructure and strength of alkali-activated nickel slag cementitious materials [J]. Construction and Building Materials，2020 (235)：117449.

[30] KOMNITSAS K，YURRAMENDI L，BARTZAS G，et al. Factors affecting co-valorization of fayalitic and ferronickel slags for the production of alkali activated materials [J]. Science of the Total Environment，2020 (721)：137753.

[31] YANG T，ZHANG Z，ZHU H，et al. Re-examining the suitability of high magnesium nickel slag as precursors for alkali-activated materials [J]. Construction and Building Materials，2019 (213)：109-120.

[32] 张默，王诗彧．常温制备赤泥-低钙粉煤灰基地聚物的试验和微观研究 [J]．材料导报，2019，33 (6)：980-985.

[33] 韩乐，刘泽，张延博，等．煅烧锂渣基地质聚合物的微观结构及性能研究 [J]．新型建筑材料，2020，47 (6)：9-13.

［34］KARRECH A，DONG M，ELCHALAKANI M，et al. Sustainable geopolymer using lithium concentrate residues［J］. Construction and Building Materials，2019（228）：116740.
［35］WANG J，HAN L，LIU Z，et al. Setting controlling of lithium slag-based geopolymer by activator and sodium tetraborate as a retarder and its effects on mortar properties［J］. Cement and Concrete Composites，2020（110）：103598.
［36］GAO X，YUAN B，YU Q L，et al. Characterization and application of municipal solid waste incineration（MSWI）bottom ash and waste granite powder in alkali activated slag［J］. Journal of Cleaner Production，2017（164）：410-419.
［37］LIU J，HU L，TANG L，et al. Utilisation of municipal solid waste incinerator（MSWI）fly ash with metakaolin for preparation of alkali-activated cementitious material［J］. Journal of Hazardous Materials，2020（402）：123451.
［38］HUANG G，JI Y，ZHANG L，et al. Advances in understanding and analyzing the anti-diffusion behavior in complete carbonation zone of MSWI bottom ash-based alkali-activated concrete［J］. Construction and Building Materials，2018（186）：1072-1081.
［39］MORAES J C B，TASHIMA M M，AKASAKI J L，et al. Effect of sugar cane straw ash（SCSA）as solid precursor and the alkaline activator composition on alkali-activated binders based on blast furnace slag（BFS）［J］. Construction and Building Materials，2017（144）：214-224.
［40］DE MORAES J C B，TASHIMA M M，MELGES J L P，et al. Optimum use of sugar cane straw ash in alkali-activated binders based on blast furnace slag［J］. Journal of Materials in Civil Engineering，2018，30（6）：04018084.
［41］GERALDO R H，OUELLET-PLAMONDON C M，MUIANGA E A D，et al. Alkali-activated binder containing wastes：a study with rice husk ash and red ceramic［J］. Cerâmica，2017，63（365）：44-51.
［42］HWANG C-L，HUYNH T-P. Effect of alkali-activator and rice husk ash content on strength development of fly ash and residual rice husk ash-based geopolymers［J］. Construction and Building Materials，2015（101）：1-9.
［43］ESCALANTE-GARCIA J I N. 城市废玻璃作为水泥基材料在化学激发胶凝材料中的潜在应用（英文）［J］. 硅酸盐学报，2015，43（10）：1441-1448.
［44］VAFAEI M，ALLAHVERDI A. High strength geopolymer binder based on waste-glass powder［J］. Advanced Powder Technology，2017（28）：215-222.
［45］TORRES-CARRASCO M，PUERTAS F. Waste glass in the geopolymer preparation. Mechanical and microstructural characterisation［J］. Journal of Cleaner Production，2015（90）：397-408.
［46］AMIN S K，EL-SHERBINY S A，ABO EL-MAGD A A M，et al. Fabrication of geopolymer bricks using ceramic dust waste［J］. Construction and Building Materials，2017（157）：610-620.
［47］何益方. 碱激发红砖粉胶凝材料［D］. 深圳：深圳大学，2018.
［48］REIG L，TASHIMA M M，BORRACHERO M V，et al. Properties and microstructure of alkali-activated red clay brick waste［J］. Construction and Building Materials，2013（43）：98-106.
［49］李长明，张婷婷，王立久. 砒砂岩火山灰活性及碱激发改性［J］. 硅酸盐学报，2015，43（8）：

1090-1098.

[50] LI C, ZHANG T, WANG L. Mechanical properties and microstructure of alkali activated Pisha sandstone geopolymer composites [J] . Construction and Building Materials, 2014, 68: 233-239.

[51] DONG J, LI C, LIU H, et al. Investigating the mechanical property and reaction mechanism of geopolymers cement with red Pisha Sandstone [J] . Construction and Building Materials, 2019 (201): 641-650.

[52] XU H, VAN DEVENTER J S J. The geopolymerisation of alumino-silicate minerals [J] . International Journal of Mineral Processing, 2000 (59): 247-266.

[53] ALLAHVERDI A, MEHRPOUR K, KANI E N. Investigating the possibility of utilizing pumice-type natural pozzonal in production of geopolymer cement [J] . Ceramics-Silikaty, 2008, 52 (1): 16-23.

[54] BONDAR D, LYNSDALE C J, MILESTONE N B, et al. Effect of type, form, and dosage of activators on strength of alkali-activated natural pozzolans [J] . Cement and Concrete Composites, 2011, 33 (2): 251-260.

[55] VAN JAARSVELD J G S, VAN DEVENTER J S J, LORENZEN L. The potential use of geopolymeric materials to immobilise toxic metals: Part I. Theory and applications [J] . Minerals Engineering, 1997, 10 (7): 659-669.

[56] LI C, SUN H, LI L. A review: The comparison between alkali-activated slag (Si+Ca) and metakaolin (Si+Al) cements [J] . Cement and Concrete Research, 2010, 40 (9): 1341-1349.

[57] GARCÍA-LODEIRO I, FERNÁNDEZ-JIMÉNEZ A, PALOMO A, et al. Effect of calcium additions on N-A-S-H cementitious gels [J] . Journal of the American Ceramic Society, 2010, 93 (7): 1934-1940.

[58] GARCÍA-LODEIRO I, MALTSEVA O, PALOMO A, et al. Hybrid alkaline cements. Part I: Fundamentals [J] . Romanian Journal of Materials, 2012, 42 (4): 330-335.

[59] ROVNANÍK P. Effect of curing temperature on the development of hard structure of metakaolin-based geopolymer [J] . Construction and Building Materials, 2010 (24): 1176-1183.

[60] PULIGILLAS, MONDAL P. Co-existence of aluminosilicate and calcium silicate gel characterized through selective dissolution and FTIR spectral subtraction [J] . Cement and Concrete Research, 2015 (70): 39-49.

[61] L'HÔPITAL E, LOTHENBACH B, SCRIVENER K, KULIK D A. Alkali uptake in calcium alumina silicate hydrate (C-A-S-H) [J] . Cement and Concrete Research, 2016 (85): 122-136.

[62] WALKLEY B, SAN NICOLAS R, SANI M-A, et al. Phase evolution of C- (N) -A-S-H/N-A-S-H gel blends investigated via alkali-activation of synthetic calcium aluminosilicate precursors [J] . Cement and Concrete Research, 2016 (89): 120-135.

[63] GARCIA-LODEIRO I, PALOMO A, FERNÁNDEZ-JIMÉNEZ A, et al. Compatibility studies between N-A-S-H and C-A-S-H gels. Study in the ternary diagram Na_2O-CaO-Al_2O_3-SiO_2- H_2O [J] . Cement and Concrete Research, 2011, 41 (9): 923-931.

[64] DUXSON P, FERNÁNDEZ-JIMÉNEZ A, PROVIS J L, LUKEY G C, PALOMO A, VAN DEVENTER J S J. Geopolymer technology: the current state of the art [J] . Journal of Materials

Science，2006，42（9）：2917-2933.

[65] DAVIDOVITS J. Geopolymer-Chemistry & Applications [M] . 2nd ed. Saint-Quentin，France：Geopolymer Institute，2008.

[66] FERNÁNDEZ-JIMÉNEZ A，PALOMO A，CRIADO M. Microstructure development of alkali-activated fly ash cement：a descriptive model [J] . Cement and Concrete Research，2005，35（6）：1204-1209.

[67] DUXSON P，PROVIS J L. Designing precursors for geopolymer cements [J] . Journal of the American Ceramic Society，2008，91（12）：3864-3869.

[68] 施惠生，夏明，郭晓潞．粉煤灰基地聚合物反应机理及各组分作用的研究进展 [J]．硅酸盐学报，2013，41（07）：972-980.

[69] 叶家元．活化铝土矿选尾矿制备碱激发胶凝材料及其性能变化机制 [D]．北京：中国建筑材料科学研究总院，2015.

[70] HUANG Y，HAN M，YI R. Microstructure and properties of fly ash-based geopolymeric materialwith 5A zeolite as a filler [J] . Construction and Building Materials，2012（33）：84-89.

[71] CRIADO M，PALOMO A，JIMÉNEZ A F. Alkali activation of fly ashes. Part 1：Effect of curing conditions on the carbonation of the reaction products [J] . Fuel，2005（84）：2048-2054.

[72] BAKHAREV T. Geopolymeric materials prepared using class F fly ash and elevated temperature curing [J] . Cement and Concrete Research，2005（35）：1224-1232.

[73] ZHANG Z，PROVIS J L，REID A，WANG H. Fly ash-based geopolymers：The relationship between composition，pore structure and efflorescence [J] . Cement and Concrete Research，2014（64）：30-41.

[74] ARBIN K，PALOMO A，JIMÉNEZ A F. Alkali-activated blends of calcium aluminate cement and slag/diatomite. Ceramic International，2013，39（8）：9237-9245.

[75] 约瑟夫·戴维德维斯（著）．地聚物化学及应用 [M]．王克俭，译．北京：国防工业出版社，2011.

[76] KANI E A，ALLAHVERDI A. Effects of curing time and temperature on strength development of inorganic polymeric binder based on natural pozzolan [J] . Jornal of Materials Science，2009（44）：3088-3097.

[77] ADAK D，SARKAR M，MANDAL S. Effect of nano-silica on strength and durability of fly ash based geopolymer mortar [J] . Construction and Building Materials，2014（70）：453-459.

[78] SUWAN T，FAN M. Influence of OPC replacement and manufacturing procedures on the properties of self-cured geopolymer [J] . Construction and Building Materials，2014（73）：551-561.

[79] PANGDAENG S，PHOO-NGERNKHAM T，SATA V，et al. Influence of curing conditions on properties of high calcium fly ash geopolymer containing Portland cement as additive [J] . Materials and Design，2014（53）：269-274.

[80] KOUAMO H T，ELIMBI A，MBEY J A，et al. The effect of adding alumina-oxide to metakaolin and volcanic ash on geopolymer products. A comparative study [J] . Construction and Building Materials，2012（35）：960-969.

[81] HU M，ZHU X，LONG F. Alkali-activated fly ash-based geopolymers with zeolite or bentonite as

additives [J]. Cement and Concrete Composites, 2009 (31): 762-768.

[82] HANJITSUWAN S, HUNPRATUB S, THONGBAI P, et al. Effects of NaOH concentrations on physical and electrical properties of high calcium fly ash geopolymer paste [J]. Cement and Concrete Composites, 2014 (45): 9-14.

[83] 王四清，蒋荣，彭建文. 建筑垃圾自保温混凝土多孔砖的研制 [J]. 硅酸盐通报，2015，34 (1)：255-259.

[84] LANCELLOTTI I, CATAURO M, PONZONI C, et al. Inorganic polymers from alkali activation of metakaolin: Effect of setting and curing on structure [J]. Journal of Solid State Chemistry, 2013 (200): 341-348.

[85] ANDINI S, CIOFFI R, COLANGELO F, et al. Coal fly ash as raw material for the manufacture of geopolymer-based products [J]. Waste Management, 2008, 28 (2): 416-423.

[86] ZUHUA Z, XIAO Y, HUAJUN Z, et al. Role of water in the synthesis of calcined kaolin-based geopolymer [J]. Applied Clay Science, 2009 (43): 218-223.

[87] KOUAMO H T, ELIMBI A, MBEY J A, et al. The effect of adding alumina-oxide to metakaolin and volcanic ash on geopolymer products: A comparative study [J]. Construction and Building Materials, 2012 (35): 960-969.

[88] BARBHUIYA S, MUKHERJEE S, NIKRAZ H. Effects of nano-Al_2O_3 on early-age microstructural properties of cement paste [J]. Construction and Building Materials, 2014 (52): 189-193.

[89] 陈建波，赵连生，曹素改，等. 利用低硅尾矿制备蒸压砖的研究 [J]. 新型建筑材料，2006 (12)：58-61.

[90] BERNAL S A, PROVIS J L, ROSE V, et al. High-resolution x-ray diffraction and fluorescence microscopy characterization of alkali-activated slag-metakaolin binders [J]. Journal of American Ceramic Society, 2013, 96 (6): 1951-1957.

[91] KUMAR R, BHATTACHARJEE B. Porosity, pore size distribution and in situ strength of concrete [J]. Cement and Concrete Research, 2003, 33 (1): 155-164.

[92] PALACIOS M, PUERTAS F. Effect of carbonation on alkaliactivated slag paste [J]. Journal of the American Ceramic Society, 2006, 89 (10): 3211-322.

[93] BERTOS M F, SIMONS S J R, HILLS C D, et al. Areview of accelerated carbonation technology in the treatment of cement-based materials and sequestration of CO_2 [J]. Journal of Hazardous Materials, 2004 (B112): 193-205.

[94] BROUGH A R, ATKINSON A. Sodium silicate-based, alkali-activated slag mortars. Part I. Strength, hydration and microstructure [J]. Cement and Concrete Research, 2002 (32): 865-879.

[95] REN J, ZHANG L, SAN NICOLAS R. Degradation process of alkali-activated slag/fly ash and Portland cement-based pastes exposed to phosphoric acid [J]. Construction and Building Materials, 2020 (232): 117209.

[96] NICOLAS R S, BERNAL S A, DE GUTIÉRREZ R M, et al. Distinctive microstructural features of aged sodium silicate-activated slag concretes [J]. Cement and Concrete Research, 2014 (65): 41-51.

[97] BERNAL S A, PROVIS J L, WALKLEY B, et al. Gel nanostructure in alkali-activated binders

based on slag and fly ash, and effects of accelerated carbonation [J] . Cement and Concrete Research, 2013 (53): 127-144.

[98] BADAR M S, PATIL K K, BERNAL S A, et al. Corrosion of steel bars induced by accelerated carbonation in low and high calcium fly ash geopolymer concretes [J] . Construction and Building Materials, 2014 (61): 79-89.

[99] BERNAL S A, NICOLAS R S, PROVIS J L, et al. Natural carbonation of aged alkali-activated slag concretes [J] . Materials and Structures, 2014 (47): 693-707.

[100] PUERTAS F, PALACIOS M, VÁZQUEZ T. Carbonation process of alkali-activated slag mortars [J] . Journal of Materials Science, 2006 (41): 3071-3082.

[101] BERNAL S A, D E GUTIERREZ R M, ROSE V, et al. Effect of silicate modulus and metakaolin incorporation on the carbonation of alkali silicate-activated slags [J] . Cement and Concrete Research, 2010, 40 (6): 898-907.

[102] XU H, PROVIS J L, VAN DEVENTER J S J, et al. Characterization of aged slag concretes [J] . ACI Materials Journal, 2008, 105 (2): 131-139.

[103] BAKHAREVA T, SANJAYANA J G, CHENG Y B. Resistance of alkali-activated slag concrete to carbonation [J] . Cement and Concrete Research, 2001 (31): 1277-1283.

[104] 杨南如，岳文海．无机非金属材料图谱手册 [M]．武汉：武汉工业大学出版社，2000.

[105] BAKHAREV T. Durability of geopolymer materials in sodium and magnesium sulfate solutions [J] . Cement and Concrete Research, 2005 (35): 1233-1246.

[106] LODEIRO I G, MACPHEE D E, PALOMO A, et al. Effect of alkalis on fresh C-S-H gels. FTIR analysis [J] . Cement and Concrete Research, 2009, 39 (3): 147-153.

[107] KHAN M S H, KAYALI O, TROITZSCH U. Effect of NaOH activation on sulphate resistance of GGBFS and binary blend pastes [J] . Cement and Concrete Composites, 2017 (81): 49-58.

[108] PARK S, YOON H N, SEO J H, et al. Structural evolution of binder gel in alkali-activated cements exposed to electrically accelerated leaching conditions [J] . Journal of Hazardous Materials, 2020 (387): 121825.

[109] KWASNY J, AIKEN T A, SOUTSOS M N, et al. Sulfate and acid resistance of lithomarge-based geopolymer mortars [J] . Construction and Building Materials, 2018 (166): 537-553.

[110] DAS B B, KONDRAIVENDHAN B. Implication of pore size distribution parameters on compressive strength, permeability and hydraulic diffusivity of concrete [J] . Construction and Building Materials, 2012, 28 (1): 382-386.

[111] TEMUUJIN J, RICKARD W, LEE M, van Riessen A. Preparation and thermal properties of fire resistant metakaolin-based geopolymer-type coatings [J] . Journal of Non-Crystalline Solids, 2011 (357): 1399-1404.

[112] NGERNKHAM T P, CHINDAPRASIRT P, SATA V, et al. The effect of adding nano-SiO_2 and nano-Al_2O_3 on properties of high calcium fly ash geopolymer cured at ambient temperature [J] . Materials and Design, 2014 (55): 58-65.

[113] ISMAIL I, BERNAL S A, PROVIS J L, et al. Modification of phase evolution in alkali-activated blast furnace slag by the incorporation of fly ash [J] . Cement and Concrete Composites, 2014

(45)：125-135.

[114] 薛群虎，杨源，袁广亮，等．粉煤灰理化性质及微观形貌研究［J］．砖瓦，2008（1）：14-16.

[115] ZUDA L，ČERNÝ R. Measurement of linear thermal expansion coefficient of alkali-activated aluminosilicate composites up to 1000℃［J］. Cement and Concrete Composites，2009，31（4）：263-267.

[116] OUESLATI O，DUCHESNE J. The effect of SCMs and curing time on resistance of mortars subjected to organic acids［J］. Cement and Concrete Research，2012，42（1）：205-214.

[117] BAKHAREV T. Resistance of geopolymer materials to acid attack［J］. Cement and Concrete Research，2005，35（4）：658-670.

[118] DOMBROWSKI K，BUCHWALD A，WEIL M. The influence of calcium content on the structure and thermal performance of fly ash based geopolymers［J］. Journal of Materials Science，2006，42（9）：3033-3043.

[119] GARCÍA-LODEIRO I，FERNÁNDEZ-JIMÉNEZ A，BLANCO M T，et al. FTIR study of the sol-gel synthesis of cementitious gels：C-S-H and N-A-S-H［J］. Journal of Sol-Gel Science and Technology，2007，45（1）：63-72.

[120] YE H，HUANG L. Degradation mechanisms of alkali-activated binders in sulfuric acid：The role of calcium and aluminum availability［J］. Construction and Building Materials，2020（246）：118477.

[121] 金惠玲，孙振平，庞敏，等．水泥基材料酸腐蚀破坏现象及提高耐酸腐蚀性的措施［J］．混凝土世界，2020（4）：44-52.

[122] DOSEN A，GIESE R F. Thermal decomposition of brushite，$CaHPO_4 \cdot 2H_2O$ to monetite $CaHPO_4$ and the formation of an amorphous phase［J］. American Mineralogist，2011，96（2/3）：368-373.

[123] SADANGI J K，MUDULI S D，NAYAK B D，et al. Effect of phosphate ions on preparation of fly ash based geopolymer［J］. Journal of Applied Chemistry，2013，4（3）：20-26.

[124] ZHANG J，SHI C，ZHANG Z，et al. Durability of alkali-activated materials in aggressive environments：A review on recent studies［J］. Construction and Building Materials，2017（152）：598-613.

[125] YE H，CHEN Z，HUANG L. Mechanism of sulfate attack on alkali-activated slag：The role of activator composition［J］. Cement and Concrete Research，2019（125）：105868.

[126] LUO Y，ZHOU S，WANG C，et al. Effects of cations in sulfate on the thaumasite form of sulfate attack of cementitious materials［J］. Construction and Building Materials，2019（229）：116865.

[127] 郑娟荣，杨长利，陈有志．碱激发胶凝材料抗硫酸盐侵蚀机理的探讨［J］．郑州大学学报（工学版），2012，33（3）：1-4.

[128] CRIADO M，JIMÉNEZ A F，PALOMO A. Effect of sodium sulfate on the alkali activation of fly ash［J］. Cement and Concrete Composites，2010，32（8）：589-594.

[129] BERNARD E，LOTHENBACH B，LE GOFF F，et al. Effect of magnesium on calcium silicate hydrate（C-S-H）［J］. Cement and Concrete Research，2017（97）：61-72.

［130］BELTRAME N A M，DA LUZ C A，PERARDT M，et al. Alkali activated cement made from blast furnace slag generated by charcoal：Resistance to attack by sodium and magnesium sulfates ［J］. Construction and Building Materials，2020（238）：117710.

［131］LI X，LI O X，RAO F，et al. Microstructural evolution in sulfate solutions of alkali-activated binders synthesized at various calcium contents ［J］. Journal of Materials Research and Technology，2020，9（5）：10377-10385.

［132］LONG T，WANG Q，GUAN Z，et al. Deterioration and Microstructural Evolution of the Fly Ash Geopolymer Concrete against $MgSO_4$ Solution ［J］. Advances in Materials Science and Engineering，2017（4247217）：1-11.

［133］李秋菊，刘华彦，卢晗锋，等. pH 值对氢氧化镁晶体生长的影响 ［J］. 材料科学与工程学报，2007（4）：609-611，619.

［134］TORGAL F P，ABDOLLAHNEJAD Z，CAMÕES A F et al. Durability of alkali-activated binders：A clear advantage over Portland cement or an unproven issue? ［J］. Construction and Building Materials，2012（30）：400-405.

［135］FU Y，CAI L，WU Y. Freeze-thaw cycle test and damage mechanics models of alkali-activated slag concrete ［J］. Construction and Building Materials，2011（25）：3144-3148.

［136］SLAVIK R，BEDNARIK V，VONDRUSKA M，et al. Preparation of geopolymer from fluidized bed combustion bottom ash ［J］. Journal of Materials Processing Technology，2008（200）：265-270.

［137］BONDAR D，LYNSDALE C J，MILESTONE N B，et al. Effect of heat treatment on reactivity-strength of alkali-activated natural pozzolans ［J］. Construction and Building Materials，2011（25）：4065-4071.

［138］BAKHAREV T. Geopolymeric materials prepared using class F fly ash and elevated temperature curing ［J］. Cement and Concrete Research，2005（35）：1224-1232.

［139］BAKHAREVA T，SANJAYANA J G，CHENG Y B. Effect of elevated temperature curing on properties of alkali-activated slag concrete ［J］. Cement and Concrete Research，1999（29）：1619-1625.

［140］库马·梅塔，等. 混凝土：微观结构、性能和材料 ［M］. 覃伟祖，等译. 北京：中国电力出版社，2008.

［141］RICKARD W D A，VAN RIESSEN A. Thermal character of geopolymers synthesized from class f fly ash containing high concentrations of iron and α-quartz ［J］. International Journal of Applied Ceramic Technology，2010，7（1）：81-88.

［142］DUXSON P，LUKEY G C，VAN DEVENTER J S J. Thermal evolution of metakaolin geopolymers：Part 1-Physical evolution ［J］. Journal of Non-Crystalline Solids，2006，352（52/54）：5541-5555.

［143］PROVIS J L，YONG C Z，DUXSON P，et al. Correlating mechanical and thermal properties of sodium silicate-fly ash geopolymer's ［J］. Colloids Surface A：Physicochemical and Engineering Aspects，2009，336（1-3）：57-63.

［144］FLETCHER R A，MACKENZIE K J D，NICHOLSON C L，et al. The composition range of aluminosilicate geopolymer's [J]. Journal of the European Ceramic Society, 2005, 25 (9): 1471-1477.

[145] 陆佩文．无机材料科学基础（硅酸盐物理化学）[M]．武汉：武汉理工大学出版社，2003.

[146] ZUDA L, PAVLÍK Z, ROVNANÍKOVÁ P, et al. Properties of alkali activated aluminosilicate material after thermal load [J]. International Journal of Thermophysics 2006, 27 (4): 1250-1263.

[147] PAN Z, SANJAYAN J, RANGAN B V. An investigation of the mechanisms for strength gain or loss of geopolymer mortar after exposure to elevated temperature [J]. Journal of Materials Science, 2009, 44 (7): 1873-1880.

[148] BAKHAREV T. Thermal behaviour of geopolymers prepared using class F fly ash and elevated temperature curing [J]. Cement and Concrete Research, 2006, 36 (6): 1134-1147.

[149] KONG D L Y, SANJAYAN J G. Damage behavior of geopolymer composites exposed to elevated temperature [J]. Cement and Concrete Research, 2008, 30 (10): 986-991.

[150] GUERRIERI M, SANJAYAN J, FRANK COLLINS. Residual compressive behavior of alkali-activated concrete exposed to elevated temperatures [J]. Fire and Materials, 2009, 33 (1): 51-62.

[151] ZUDA L, ČERNÝ R. Measurement of linear thermal expansion coefficient of alkali-activated aluminosilicate composites up to 1000℃ [J]. Cement and Concrete Composites, 2009, 31 (4): 263-267.

[152] RICKARD W D A, TEMUUJIN J, VAN RIESSEN A. Thermal analysis of geopolymer pastes synthesised from five fly ashes of variable composition [J]. Journal of Non-Crystalline Solids, 2012, 358 (15): 1830-1839.

[153] 金鑫，杜红秀．细骨料种类对高温后高性能混凝土力学性能的影响 [J]．三峡大学学报（自然科学版），2015，37 (2)：47-50.

[154] BAKHAREV T. Durability of geopolymer materials in sodium and magnesium sulfate solutions [J]. Cement and Concrete Research, 2005 (35): 1233-1246.

[155] CRIADO M, PALOMO A, JIMÉNEZ A F. Alkali activation of fly ashes. Part 1: Effect of curing conditions on the carbonation of the reaction products [J]. Fuel, 2005 (84): 2048-2054.

[156] BARBHUIYA S, MUKHERJEE S, NIKRAZ H. Effects of nano-Al_2O_3 on early-age microstructural properties of cement paste [J]. Construction and Building Materials, 2014 (52): 189-193.

[157] ANDINI S, CIOFFI R, COLANGELO F, et al. Coal fly ash as raw material for the manufacture of geopolymer-based products [J]. Waste Management, 2008, 28 (2): 416-423.

[158] KOUAMO H T, ELIMBI A, MBEY J A, et al. The effect of adding alumina-oxide to metakaolin and volcanic ash on geopolymer products. A comparative study [J]. Construction and Building Materials, 2012 (35): 960-969.

[159] LECOMTE I, HENRIST C, LIÉGEOIS M, et al. (Micro) -structural comparison between geopolymers, alkali-activated slag cement and Portland cement [J]. Journal of European Ceramic Society, 2006, 26 (16): 3789-3797.

[160] LODEIRO I G, JIMÉNEZ A F, BLANCO M T, et al. FTIR study of the sol-gel synthesis of

cementitious gels：C-S-H and N-A-S-H ［J］. Journal of Sol-Gel Science and Technology，2008，45（1）：63-72.

［161］KUMAR R，BHATTACHARJEE B. Porosity，pore size distribution and in situ strength of concrete ［J］. Cement and Concrete Research，2003，33（1）：155-164.

［162］BARBHUIYA S，MUKHERJEE S，NIKRAZ H. Effects of nano-Al_2O_3 on early-age microstructural properties of cement paste ［J］. Construction and Building Materials，2014（52）：189-193.

［163］吴永全，尤静林，蒋国昌．铝酸钙熔体结构的分子动力学模拟研究［J］．无机材料学报，2003，18（3）：619-626.

［164］PRASETYOKO D，RAMLI Z，ENDUD S，et al. Conversion of rice husk ash to zeolite beta ［J］. Waste Management，2009，26（10）：1173-1179.

［165］DEJONG M J，ULM F J. The nanogranular behavior of C-S-H at elevated temperatures（up to 700℃）［J］. Cement and Concrete Research，2007，37（1）：1-12.

［166］CHAN Y N，LUO X，SUN W. Compressive strength and pore structure of high-performance concreteafter exposure to high temperature up to 800℃ ［J］. Cement and Concrete Research，2000，30（2）：247-251.

［167］李善评，胡振，曹翰林．钕改性钛基 SnO_2/Sb 电催化电极的制备及表征［J］．中国稀土学报，2008，26（3）：291-297.

［168］KJELLSEN K O，DETWILER R J. Reaction-kinetics of Portland-cement mortars hydrated at different temperatures ［J］. Cement and Concrete Research，1992，22（1）：112-120.

［169］王培铭，徐玲琳，张国防．0～20℃下硅酸盐水泥的水化性能［A］.

［170］王培铭，徐玲琳，张国防．0～20℃养护下硅酸盐水泥水化时钙矾石的生成及转变［J］．硅酸盐学报，2012，40（5）：646-650.

［171］蒋正武，李雄英．超低温下砂浆力学性能的试验研究［J］．硅酸盐学报，2010，38（4）：602-607.

［172］蒋正武，李雄英，张楠．超低温下高强砂浆强度发展［J］．硅酸盐学报，2011，39（4）：703-707.

［173］BARBOSA V F F，MACKENZIE K J D. Synthesis and thermal behaviour of potassium sialate geopolymer's ［J］. Materials Letters，2003，57（9/10）：1477-1482.

［174］TEMUUJIN J，RICKARD W，LEE M，et al. Preparation and thermal properties of fire resistant metakaolin-based geopolymer-type coatings ［J］. Journal of Non-Crystalline Solids，2011（357）：1399-1404.

［175］ZUHUA Z，XIAO Y，HUAJUN Z，et al. Role of water in the synthesis of calcined kaolin-based geopolymer ［J］. Applied Clay Science，2009（43）：218-223.

［176］DUXSON P，LUKEY G C，VAN DEVENTER J S J. Evolution of gel structure during thermal processing of Na-geopolymer gels ［J］. Langmuir，2006，22（21）：8750-8757.

［177］KHAN M S H，KAYALI O. Chloride binding ability and the onset corrosion threat on alkali-activated GGBFS and binary blend pastes ［J］. European Journal of Environmental and Civil Engineering，2016，22（8）：1023-1039.

［178］TENNAKOON C，SHAYAN A，SANJAYAN J G，et al. Chloride ingress and steel corrosion in

geopolymer concrete based on long term tests [J]. Materials & Design，2017（116）：287-299.
[179] García-Lodeiro I，Fernández-Jiménez A，Palomo A，et al. Effect of calcium additions on N-A-S-H cementitious gels [J]. Journal of the American Ceramic Society，2010，93（7）：1934-1940.
[180] BROUGH A R，HOLLOWAY M，SYKES J，ATKINSON A. Sodium silicate-based alkali-activated slag mortars-Part Ⅱ. The retarding effect of additions of sodium chloride or malic acid [J]. Cement and Concrete Research，2000（30）：1375-1379.
[181] LEE W K W，DEVENTER J S J V. The effects of inorganic salt contamination on the strength and durability of geopolymers [J]. Colloids and Surfaces A：Physicochemical and Engineering Aspects，2002（211）：115-126.
[182] PHAIR J W，DEVENTER J S J V. Effect of silicate activator pH on the leaching and material characteristics of waste-based inorganic polymers [J]. Minerals Engineering，2001，14（3）：289-304.
[183] DE WEERDT K，JUSTNES H. The effect of sea water on the phase assemblage of hydrated cement paste [J]. Cement and Concrete Composites，2015（55）：215-222.
[184] DE WEERDT K，JUSTNES H，GEIKER M R. Changes in the phase assemblage of concrete exposed to sea water [J]. Cement and Concrete Composites，2014（47）：53-63.
[185] 刘祥伍，陈明政．混凝土中钢筋的腐蚀机理及影响因素分析 [J]．山西建筑，2017，43（27）：41-43.
[186] 孔燕．混凝土中钢筋锈蚀机理及其影响因素分析 [J]．科技视界，2015（11）：85.
[187] WANG W，CHEN H，LI X，et al. Corrosion behavior of steel bars immersed in simulated pore solutions of alkali-activated slag mortar [J]. Construction and Building Materials，2017（143）：289-297.
[188] ZHAO K，LIANG Y，JI T，et al. Effect of activator types and concentration of CO_2 on the steel corrosion in the carbonated alkali-activated slag concrete [J]. Construction and Building Materials，2020（262）：120044.
[189] 陈杉檬，曹备，马珂．pH 及 Cl^- 对不同表面钢筋钝化行为的影响 [J]．腐蚀与防护，2014，35（8）：808-812.
[190] 喻骁，蒋林华，高海浪，等．钢筋在碱激发矿渣模拟孔溶液中的钝化及腐蚀性能 [J]．四川大学学报（工程科学版），2015，47（5）：203-210.
[191] 杜玉娇，金祖权，陈永丰．碱矿渣激发剂对钢筋钝化膜形成与破坏的影响 [J]．腐蚀与防护，2018，39（8）：592-598，602.
[192] GERDES A，WITTMANN F H. 复碱化混凝土孔溶液的 pH 值（英文）[J]．建筑材料学报，2003（2）：111-117.
[193] MUNDRA S，CRIADO M，BERNAL S A，et al. Chloride-induced corrosion of steel rebars in simulated pore solutions of alkali-activated concretes [J]. Cement and Concrete Research，2017（100）：385-397.
[194] TITTARELLI F，MOBILI A，GIOSUÈ C，et al. Corrosion behaviour of bare and galvanized steel in geopolymer and Ordinary Portland Cement based mortars with the same strength class exposed to chlorides [J]. Corrosion Science，2018（134）：64-77.

[195] BADAR M S，KUPWADE-PATIL K，BERNAL S A，et al. Corrosion of steel bars induced by accelerated carbonation in low and high calcium fly ash geopolymer concretes [J]. Construction and Building Materials，2014 (61)：79-89.

[196] GUNASEKARA C，LAW D，BHUIYAN S，et al. Chloride induced corrosion in different fly ash based geopolymer concretes [J]. Construction and Building Materials，2019 (200)：502-513.

[197] PRUSTY J K，PRADHAN B. Effect of GGBS and chloride on compressive strength and corrosion performance of steel in fly ash-GGBS based geopolymer concrete [J]. Materials Today：Proceedings，2020，32 (4)：850-855.

[198] 刘志勇，吕永高，周新刚，等. 含氯盐混凝土碳化过程钢筋锈蚀阈值与使用寿命预测 [J]. 工业建筑，2005 (10)：50-53.

[199] YIP C K，LUKEY G C，VAN DEVENTER J S J. The coexistence of geopolymeric gel and calcium silicate hydrate at the early stage of alkaline activation [J]. Cement and Concrete Research，2005 (35)：1688-1697.

[200] RICHARDSON I G. The nature of C-S-H in hardened cements [J]. Cement and Concrete Research，1999 (29)：1131-1147.

[201] TEMUUJIN J，VAN RIESSEN A，WILLIAMS R. Influence of calcium compounds on the mechanical properties of fly ash geopolymer pastes [J]. Journal of Hazardous Materials，2009，167 (1-3)：82-88.

[202] 黄赟. 碱激发胶凝材料的研究进展 [J]. 水泥，2011 (2)：9-13.

[203] YIP C K，PROVIS J L，LUKEY G C，et al. Carbonate mineral addition to metakaolin-based geopolymer's [J]. Cement and Concrete Composites，2008 (30)：979-985.

[204] 乔梁，王鑫，郑精武，等. 添加乙醇对水玻璃溶液的影响机制 [J]. 无机盐工业，2011，43 (7)：25-28.

[205] GRANIZO M L，ALONSO S，VARELA M T B，et al. Alkaline activation of metakaolin：Effect of calcium hydroxide in the pof reaction [J]. Journal of American Ceramic Society，2002，85 (1)：225-231.

[206] 何娟，何俊红. 碱矿渣水泥石碳化产物研究 [J]. 硅酸盐通报，2005，34 (1)：90-94.

[207] 常钧，房延凤，李勇. 钙硅比对水化硅酸钙加速碳化的影响 [J]. 硅酸盐学报，2014，42 (11)：1377-1382.

[208] 张文生，叶家元，王妍萍，等. 掺杂有机大分子水化硅酸钙的孔结构及表面分形特征 [J]. 硅酸盐学报，2006，36 (12)：1497-1502.

致　　谢

本书的成稿，得到了多方面的帮助，作者在此诚挚地表达谢意。

感谢史迪博士在海水拌养实验及数据方面提供的支持。

感谢相关合作伙伴提供铝土矿选尾矿及硅钙渣等原材料。

感谢国家“863”计划课题“硅铁烟尘与高铝粉煤灰硅钙资源协同利用关键技术及示范”之子课题“硅钙渣碱激发胶凝控制技术”的参加单位，协同推进道路示范工程建设。

感谢罗凯博士及翟牧楠、陈家俊、闫福璐等研究生在文字校正、图片编排等方面提供的帮助。

著　者

2024 年 7 月